가지

가지

형태들을 연결하는 관계

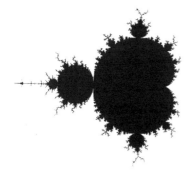

Branches

필립 볼 형태학 3부작

김명남 옮김

사이언스북스
SCIENCE BOOKS

가지를 뻗다

강물이 여러 갈래로 벌어지고 갈라지는 모습에서, 자연 철학자들은 정맥과 동맥을 떠올렸다. 정맥과 동맥은 또한 나뭇가지를 떠올리게 한다. 왜 아니겠는가? 그 모두가 무엇인가 중요한 액체를 퍼뜨리기 위한 망이니까 말이다. 그런 가지들을 만드는 법칙은 무엇일까? 왜 벼락은 하늘에서 땅으로 내려오면서 여러 갈래로 갈라질까? 왜 한 줄로 나아가던 균열이 갑자기 이리저리 흔들리고 갈라질까? 가지를 친 분지 형태들은 무질서와 결정론 사이에서 타협점을 찾는다. 이것은 새롭고 특이한 기하학을 알리는 현상이다. 그러나 때로는 그 속에서 질서가 다시 모습을 나타낸다. 가령 눈송이의 팔들은 언제나 육각형을 이룬다. 가끔은 가지들이 서로 교차해 그물망을 이루기도 하는데, 그런 망에서는 한 목적지로 가는 경로가 여러 개 존재한다. 우리가 그런 망에서 길을 찾을 때나 무엇인가가 망을 타고 전파될 때, 그 방식은 가지들의 연결 패턴에 따라 달라진다.

가지

서문과 감사의 말

내가 1999년에 낸 책 『스스로 짜이는 융단: 자연의 패턴 형성(The Self-Made Tapestry: Pattern Formation in Nature)』이 절판된 뒤, 가끔 그 책을 읽고 싶어 하는 사람들이 어디에서 구할 수 있느냐고 묻고는 했다. 그 책이 헌책방에서 원래 정가보다 상당히 더 비싼 가격에 거래된다는 사실을 안 것은 그 때문이었다. 그것은 그것대로 고마운 일이었지만, 그보다도 원하는 사람은 누구나 책을 구할 수 있으면 더 좋을 것 같았다. 그래서 옥스퍼드 대학교 출판부의 라타 메논에게 재판을 찍으면 어떻겠느냐고 물었다. 그러나 라타는 좀 더 근본적인 계획을 품고 있었고, 그 덕분에 새로운 3부작이 나오게 되었다. 라다는 『스스로 짜이는 융단』의 구성과 포장이 내용에 최선으로 어울리는 형태는 아니라고 보왔는데, 일리가 있었다. 부디 새로운 형태가 내용을 더 잘 담아냈기를 바란다.

처음에는 세 권으로 나누자는 제안이 꽤 도전적인 과제로 느껴졌지만, 일단 어떻게 해야 할지를 깨달으니 이렇게 해야만 좀 더 주제를 부각한 구성이 되리라는 판단이 들었다. 각 권은 자기 완결적이므로, 다른 권들을 꼭 읽을 필요는 없다. 그러나 물론 불가피하게 상호 참조를 한 대목들이 있다. 『스스로 짜이는 융단』을 읽었던 독자라면 익숙한 이야기들을 만나겠지만, 새로운 이야기도 많이 만날 것이다. 나는 새로운 내용을 더하는 과정에서 많은 과학자의 도움을 얻었다. 그들은 사진, 자료, 의견을 아낌없이 제공해 주었다. 특히 새 원고의 일부를 읽고 의견을 준 숀 캐럴, 이언 쿠진, 안드레아 리날도에게 고맙다. 레이서는 예상했던 것보다 더 많은 일을 내게 안겼지만, 3부작에 대한 그녀의 구상과 그 구상을 실현하는 과정에서 그녀가 내게 보낸 격려에 더없이 감사할 뿐이다.

2007년 10월
런던에서
필립 볼

가지

차
례

육각형의 겨울 왕국: 눈송이의 형태학

눈송이는 혼돈에서 형성된다. 마구잡이로 휘돌던 수증기 분자들이 하나씩 응결해 형성된다. 그런데 왜 하필 6각일까?

피타고라스(Pythagoras, 기원전 580?~기원전 500년?)의 추종자들은 이상한 것을 많이 믿었다. 콩을 먹으면 안 된다거나, 빵을 찢으면 안 된다거나, 화환의 꽃을 뜯으면 안 된다거나, 지붕에 제비가 앉게 해서는 안 된다거나 등등. 정신 나간 신비주의자들이 아닌가 싶겠지만, 피타고라스주의자들의 사상은 플라톤(Platon, 기원전 427?~기원전 347년?)에게 영향을 미침으로써 이후 서구 합리주의 사상에 거듭 등장하는 중요한 주제를 우리에게 남겼다. 우주는 근본적으로 기하학적이라는 생각, 모든 자연 현상은 수와 규칙성에 바탕을 둔 조화를 드러낸다는 생각이다. 비례와 화음의 관계, 가령 하나의 현을 단순한 길이 비로 나누어 뜯으면 듣기 좋은 음정들이 만들어진다는 사실을 발견한 사람도 피타고

11

라스였다고 한다. '천구의 음악', 즉 천체들이 각각의 궤도 크기에 따라 천상의 화음을 낸다는 생각은 궁극적으로 피타고라스적이다.

"모든 것은 수이다." 피타고라스는 이렇게 말했다. 그러나 우리가 지금 그 말만 가지고 뜻을 정확히 헤아리기는 어렵다. 피타고라스가 정수(整數)야말로 세상을 구성하는 기본 단위라고 믿은 것은 어느 정도 사실이었다. 버트런드 아서 윌리엄 러셀(Bertrand Arthur William Russell, 1872~1970년)은 위의 발언을 세상은 "다양한 형태로 배열된 원자들로 구성된 분자들로 이루어진다."라는 뜻으로 해석했는데, 아무래도 다소 현대적이다. 플라톤이 원자 자체도 기하학적 성격을 띤다고 말했지만 말이다. 플라톤은 원자들이 육면체나 사면체 같은 규칙적 형태를 띠며, 그런 원자로 구성된 고전적인 원소들의 경험적 속성은 원자의 형태에서 비롯한다고 말했다. 좌우간에 만일 피타고라스주의자들이 세상의 어떤 규칙적인 패턴과 형상은 자발적으로 생겨난다는 말을 들었다면(늘 꽃잎 5장으로 이루어진 꽃, 규칙적인 결정면 등) 분명 우리보다 훨씬 덜 놀랐을 것이다. 그들은 세상 만물의 구조에 그런 질서가 새겨져 있다고 이미 예상했을 테니까.

고대 그리스 인들만 그렇게 생각했던 것이 아니다. 중국 철학자들은 오래전부터 서구 철학자들 못지않게 열심히 자연과 수학을 탐구했고, 어느 모로 보나 좀 더 관찰력이 있었다. 유럽에서는 구체적인 자연 현상을 다른 것에 종속시키지 않고 연구하는 아리스토텔레스적 전통이 서구에 스며들기 시작한 중세에 와서야, 13세기 바이에른의 원시 과학자였다고 부를 만한 알베르투스 마그누스(Albertus Magnus, 1200?~1280년)가 맨눈으로 볼 수 있는 눈송이의 '별 모양'을 기록으로 남겼다. 반면에 중국인들은 1,000년 이상 앞섰다. 기원전 135년경 철학자 한영(韓嬰)은 『한시외전(韓詩外傳)』에서 "화초와 나무의 꽃은 보통 5각이지만 눈꽃이라고 불리는 눈송이는 언제나 6각이다."라고 말했다. 누구나 아는 사실을 언급할 뿐이라는 듯 무심한 발언이다.

후대의 중국 시인들과 철학자들도 이것을 당연한 사실로 여겼다. 6세기에 소통(蕭統)은 이렇게 썼다.

> 짙푸른 하늘에 사방으로 불그레 뜬 구름들
> 흰 눈송이는 여섯 잎 꽃으로 피었구나.

17세기가 되면 중국 철학자들은 좀 더 체계적이고 과학적인 접근법을 썼다. 사조제(謝肇淛, 1567~1624년, 사재항(謝在杭)이라고도 한다. ─ 옮긴이)는 『오잡조(伍雜組)』(1600년경)에서 "매년 겨울이 끝나고 봄이 시작될 무렵이면 나는 손수 눈의 결정들을 수집하여 꼼꼼히 관찰했다."라고 썼다. 그는 아마도 확대경을 썼을 텐데, 그리하여 결국 "모든 결정들이 6각"이라는 결론에 도달했다.

중국 현자들에게는 눈송이의 6각 형태가 놀라운 일이 아니었다. 그들의 자연관은 피타고라스주의자만큼이나 속속들이 수비학(數秘學)적일 때가 많았기 때문이다. 요즘도 중국인의 사상에서는 수 체계가 핵심적인 질서 부여 원칙으로 기능한다. 불교의 팔정도가 그렇고, 마오쩌둥(毛澤東, 1893~1976년)을 "네 가지 위대한 호칭"으로 부르며 숭배했던 것도 그렇다. 서구의 신비주의 전통과 유사한 중국인들의 '조화' 체계에서는 원소 각각에 상응하는 숫자가 있는데, 12세기 위대한 철학자 주희(朱熹, 1130~1200년)가 말했듯이 "땅에서 생성된 6은 완벽한 물의 숫자"이다. 따라서 어느 철학자는 "6은 진정한 물의 숫자이기 때문에 물이 굳어서 눈꽃이 되면 6각을 띠는 것이 당연하다."라고 말했다.

이런 체계는 그 이상의 탐구를 억압한다는 문제가 있다. '설명'이 이미 주어졌으므로 (우리가 보기에는 동어 반복에 지나지 않지만) 더 이상 왈가왈부할 필요가 없는 것이다. 심오한 신비는 단지 상식적인 사실로 환원된다. 중국학자 조지프 니덤(Joseph Needham, 1900~1995년)의 말을 빌리면, "중국인들은 (눈송이의) 6각 대칭을 발견한 뒤 그것을 자연의 당연한 사실로 받아들이는 데 만족했다."

이 사실은 과학적 태도가 세상에 대한 경이감을 무디게 만들기 쉽다는 비난에 대한 반박이 될 수 있다. 신비주의자의 목적론적 세상에서 질서와 패턴은 당연히 기대되는 현상이다. 그것들은 이른바 위대한 설계의 일부이기 때문이다. 그래도 이런 세계관이 무가치하지는 않다. 이런 시각은 자연에 존재하는 규칙성을 쉽게 알아차리도록 돕는다. 우리가 미리 규칙성을 기대하고 보기에 망정이지, 그렇지 않으면 영영 못 볼 수도 있으니 말이다. 오히려 모든 신비주의는 **지나치게 많은 질서**를 보게 만드는 것이 문제다. 그래서 우리는 우연만이 작용하는 곳에서도 굳이 의미를 찾아낸다. 인간의 마음은 이런 실수에 취약하다. 패턴 인식 능력은 아마도 생존에 꼭 필요한 도구여서, 우리는 수비학부터 화성 표면의 '얼굴'을 읽는 일까지 갖가지 성가신 부작용을 견디며 사는 수밖에 없는 듯하다.

우주를 기하학적이고 질서 있는 것으로 보는 플라톤식 신비주의 세계관이 초기 서구 과학의 기반을 닦았지만, 세상의 진정한 작동 방식을 이해하려면 그보다 더 경험적이고 더 비판적이고 더 회의적인 세계관으로 바꿔야 했다. 눈송이는 그 과정을 잘 보여 주는 흥미로운 사

가지

례다. 우리가 눈송이의 경이로움을 제대로 음미하려면 그것을 더 심오한 어떤 자연 원칙의 상징으로서가 아니라 그 자체로 바라보아야 하기 때문이다. 내가 볼 때 눈송이의 정교함과 아름다움은 자연에서 달리 비교 상대가 없다. 눈송이들이 하나의 단순한 주제를 창의적으로 변주하는 능력, '6각 형성'과 '가지 뻗기'의 상호 작용 속에서 대칭성을 한계까지 밀어붙이는 능력을 보면 바흐조차 입을 다물 것이다. (그림 1.1과 도판 1 참조) 눈송이는 혼돈에서 형성된다. 마구잡이로 휘돌던 수증기 분자들이 하나씩 하나씩 응결해 형성된다. 분자들을 안내하는 밑그림 따위는 없다. 그런데 이런 가지들이 어떻게 만들어질까? 왜 하필 6각일까?

케플러의 공들

르네상스가 쇠퇴할 무렵 서구에 등장한 기계론적 세계관은 수비학에 의존하는 것만으로는 눈송이의 놀라운 대칭성을 설명할 수 없다고 보았다. 당시 사조에 따라, 사람들은 어떤 사건에 대해서든 그것이 고유한 방식으로 펼쳐지도록 이끄는 인과력을 찾아야 한다고 생각했다. 설령 신이 최초에 그 인과력을 개시했더라도 나날의 일상에서는 신도 그 힘을 통해서만 세상에 작용할 수 있다고 믿었다.

영국의 토머스 해리엇(Thomas Harriot, 1560~1621년)은 눈송이에 매력을 느낀 사람 중 하나였다. 그는 1591년 일기에 눈송이는 모두 6각이라고 적어 두었다. 해리엇은 대수 분야의 업적으로 유명한 뛰어난 수학자였지만, 엘리자베스 1세 시대의 지식인들이 으레 그랬듯이 천문학, 점성술, 언어학 등 여러 잡다한 분야에 열의를 보였다. 그는 월터 롤리(Walter Raleigh, 1552?~1618년)에게 수학을 가르쳤고, 롤리가 1585년에 신세계로 항해를 나설 때는 항법사로 고용되었다. 두 사람은 자신들의 처녀 여왕을 기려 항해에서 발견한 땅에 버지니아라는 이름을 붙였다. 롤리가 해리엇에게 갑판에 포탄을 효율적으로 쌓는 방법에 대해 전문가적 조언을 구한 것도 그 항해에서였다.

해리엇은 그 질문 때문에 구형의 물체들을 빽빽하게 쌓는 방법을 이론적으로 연구하기 시작했다. 1606년에서 1608년 사이의 언제인가, 그는 역시 천문학자인 독일의 요하네스 케플러(Johannes Kepler, 1571~1630년)에게 자신의 생각을 알렸다. 당시 케플러는 신성 로마 제국 황제 루돌프 2세(Rudolf II, 1552~1612년)의 후원을 얻어 유명한 프라하 궁정에서 지내고 있었다. 케플러와 해리엇의 대화는 빛의 굴절과 무지개의 기원에 관한 내용이 대부분이었지만, 둘은 원자론에 대

가지

해서도 토론했다. 원자란 무엇일까? 원자들 사이에 빈 공간이 존재할 수 있을까? 자연은 진공을 혐오한다는 믿음에서 생겨난 이 의문은 오래된 논제였지만, 당시에도 여전히 해결할 수 없는 문제로 보였다. 해리엇은 원자들이 어떻게 서로 맞닿는가 하는 문제를 생각하다가 롤리의 포탄을 떠올렸고, 케플러의 생각을 물었다. 1611년에 케플러는 포탄 쌓기 문제를 다룬 짧은 논문을 써서 포탄을 벌집과 같은 육각형으로 쌓는 것이 가장 빽빽하게 배열하는 방법이라고 말했다. "동일한 용기에 더 많은 탄알을 넣는 배열 방법은 없기 때문에" 아마도 육각형 쌓기가 "가능한 한 가장 빽빽하게 쌓는 방법일 것"이라고 했다.[1] 케플러는 이 결론이 담긴 소논문을 후원자 요한 마테우스 바커 폰 바켄펠스(Johann Matthäus Wacker von Wackenfels, 1550~1619년)에게 새해 선물로 바쳤는데, 꽤 시기에 어울리는 일이라 할 수 있었다. 왜냐하면 소논문 제목에는 케플러가 빽빽하게 쌓기에 관해 생각하다 떠올린 또 다른 물체가 언급되었기 때문이다. 그 제목은 「육각형 눈송이에 관하여 (Strena Seu de Nive Sexangula)」였다.

케플러는 이렇게 썼다. "눈이 육각형 별 모양인 데는 이유가 있을 것이다. 우연일 리는 없다. 우연이라면 왜 언제나 6각이겠는가? 원인을 재료에서 찾아서는 안 될 것이다. 수증기는 형체 없이 흐르기 때문이다. 원인은 동인(動因)에서 찾아야 할 것이다." 그러나 케플러는 자신이 수수께끼를 풀었다고는 주장하지 않았다. 실제로 그 논문은 저자의 곤혹감, 잘못된 추측들, 아리송한 심정이 고스란히 담겨 있어서 더 매력적인 탐구물이었는데, 그럼에도 그 속에는 중요한 발상의 씨앗이 들어 있었다. 케플러는 해리엇과의 토론에서 영감을 얻어, 어떤 물체의 구성 입자들이 포탄처럼 빽빽하게 쌓여 있을 때 물체가 어떤 기하학적 형태를 취할지 생각해 보기 시작했다. 케플러는 자신이 그 겨울에 수집하여 관찰한 눈송이들의 6각 대칭은 작은 물 '덩어리'들이 빽빽하게 밀집한 결과일 것이라고 추측했다. 그 덩어리가 원자는 아니다. 케플러는 "수증기가 엄습하는 추위를 느끼자마자 응집해서 일정한 크기의 덩어리를 이룬다."라고 말했고, 그것은 작은 물방울과 비슷한 완벽한 구형이라고 했다.

그러나 결국 케플러는 자신의 발상을 기각했다. 우리는 탄알을 다른 규칙적인 패턴으로 쌓을 수도 있는데(가령 4각으로 배열할 수도 있는데) 그럼에도 사각형 눈송이는 결코 관찰되지 않기 때문이다. 케플러는 꽃들의 머리가 흔히 오각형이라고 지적하면서(『모양』 참조) 그것은 '형성 능력', 즉 식물의 영혼 때문이라고 했다. 그러나 "눈송이 하나하나에 개별적인 영혼이 있다고 상상하는 것은 터무니없이 어리석다." 따라서 "눈송이의 형태는 식물의 형태처럼 영혼의 작동으로부터 유추할 수 있는 것이 아니다." 그렇다면 어떻게 수증기에 형성 능력이 있을까? 그것은 결국 신의 작품일 수밖에 없다. 우리에게는 이 결론이 조건부 항복처럼 보이지만, 사실 이것은 17세기 초 철학자들의 신비주의에 가까운 신념을 반영한 결론이었다. 자연에는 '숨은' 힘들이 있고 그 힘들이 형상을 결정한다는 신념이다. 그렇다면 수증기의 형성 능력이 대칭적으로 드러나는 이 현상은 대체 어떤 목적을 만족시키려는 것일까? 케플러는 목적 따위는 없다고 결론지었다. "눈송이의 형태에서는 아무런 목적도 관찰할 수 없다. …… 형성의 원리는 반드시 어떤 목적을 위해서 작동하는 것은 아니다. 그것은 그저 꾸미기 위해 작용하기도 한다. …… 또한 그것은 금세 스쳐가는 순간순간과 희롱하는 습성이 있다." 언뜻 제멋대로 내린 결론처럼 보이지만, 우리는 여기에서 한

가지

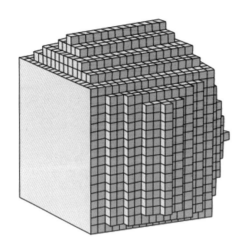

그림 1.2

르네 쥐스트 아위(René Just Haüy, 1743~1822년)의 『광물학 논문(*Traité de Minéralogie*)』(1801년)에 실렸던 그림이다. 아위와 같은 초기의 결정학자들은 구성 원자들이 쌓인 방식으로 결정의 다면체적 형태를 설명했다.

가지 유효하고 심오한 사실을 읽어 낼 수 있다. 내가 이 3부작에서 여러분에게 알리고 싶은 내용이기도 한데, 자연은 흡사 억누를 수 없는 충동에 이끌리기라도 하는 듯이 틈만 나면 패턴을 형성하려는 성향이 있다는 사실이다. 케플러는 심지어 그런 충동이 생물체에게도 적용된다는 말을 무심코 덧붙였다. 이것은 후에 다윈주의가 규정할 엄격한 공리적 사고와는 극명하게 대비되는 생각이었다.

케플러의 눈송이 논문은 딱히 이렇다 할 결론이 없었지만, 결정의 기하학적 형태가 그 구성 단위들의 질서 있는 배열과 관계있다는 생각만큼은 굳혀 주었다. 이 기초적인 개념으로부터 결정학이 탄생했다. 18세기 후반에 시작된 결정학은 광물 결정의 다면체적 속성을 그 원자들과 분자들의 밀집 형태를 동원해서 설명했다. (그림 1.2 참조) 그리고 눈송이의 성장 이면에 거의 생기론에 가까운 보송의 원리가 있을 것이라고 했던 케플러의 말, 즉 식물의 성장을 이끄는 '영혼'과 (같

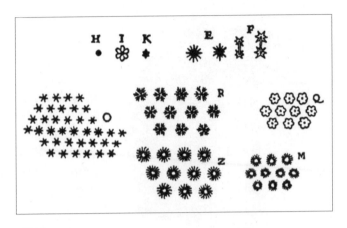

그림 1.3

데카르트가 1637년에 그린 눈송이들

지는 않아도) 비슷한 무엇인가가 있을 것이라고 했던 말은 우리가 눈송이에서 흔히 느끼는 혼란을 반영한 말이었다. 눈송이의 6각 대칭은 우리에게 결정과 너무나 완벽해서 황량해 보일 지경인 규칙성을 환기시킨다. 그러나 또 한편으로 눈송이의 가지들은 생명과 성장을 암시한다. 무언가 자라나는 것, 생기 있는 것을 연상시킨다.

초기 계몽주의 시대의 으뜸가는 기계론자였던 르네 데카르트 (René Descartes, 1596~1650년)도 눈송이의 매력에 저항하지 못했다. 그는 1637년에 『기상학(Les Météores)』을 쓰기 위해 연구하면서 눈송이를 스케치했는데, 일반적인 육각형 별 모양 외에도 보기 드문 다양한 형태들을 기록했다. (그림 1.3 참조)

한 폭풍우 구름이 지나간 뒤에 다른 구름이 왔다. 그 구름에서는 둥그런 반원형 이빨이 6개씩 달린 작은 장미나 바퀴를 닮은 눈송이만 내렸다.

가지

그림 1.4
정상적인 두 육각형 눈송이가
중심을 맞추되 30도쯤
비틀어서 겹치면 십이각형
눈송이가 만들어진다.

…… 그것은 상당히 투명하며 납작했고 …… 상상할 수 있는 한 가장 완벽한 대칭을 이루었다. 그다음에는 그런 바퀴들이 한 축에 둘씩 이어진 눈송이가 내렸는데, 처음에는 축이 꽤 두꺼웠기 때문에 아예 작은 결정형 기둥의 양끝에 기둥보다 약간 더 큰 여섯 잎 장미들이 붙은 모양이라고 묘사해도 될 정도였다. 그러나 그다음에는 더 정교한 형태들이 만들어졌다. 양 끝의 두 장미 혹은 별이 서로 다르게 생긴 것도 있었다. 그러더니 다음에는 갈수록 축이 점점 짧아졌고, 결국에는 두 별이 완전히 붙어 겹쳐졌다. 12개의 꼭짓점 혹은 바퀴살은 제법 길쭉하고 완벽하게 대칭적이었으며, 어떤 경우에는 다 같게 생겼고 또 어떤 경우에는 하나씩 번갈아 가며 다르게 생겼다.

우리는 데카르트의 생생한 묘사에서 몇 가지 희귀한 눈송이 형태들을 확인할 수 있다. 성교한 해시계마냥 프리즘형 기둥의 양 끝에 마개가

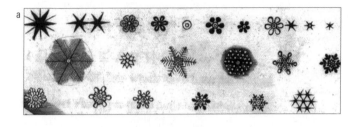

그림 1.5

(a) 훅은 초기의 현미경을 써서 눈송이의 특징적인 '크리스마스트리식' 가지 뻗기 패턴을 기록했다.

(b) 카시니가 1692년에 그린 그림은 식물과의 유사성을 표현한 것처럼 보인다.

달린 형태, 두 육각형 눈송이가 뭉쳐서 꼭짓점 12개의 별이 된 형태 등이다. (그림 1.4 참조)

영국의 과학자 로버트 훅(Robert Hooke, 1635~1703년)은 유명한 저작 『마이크로그라피아(*Micrographia*)』(1665년)에 현미경으로 관찰한 눈송이 그림을 실었다. 훅은 '눈꽃'이 단순한 육각형만은 아니고 위계적이며 반복적인 방식으로 가지를 뻗은 모양임을 보여 주었다. (그림 1.5a 참조) 이탈리아 천문학자 조반니 도메니코 카시니(Giovanni Domenico Cassini, 1625~1712년)가 1692년에 그린 그림에서는 눈 결정과 유기체의 연관성이 더욱 뚜렷하게 나타난다. 카시니의 눈 결정들은 거의 잎사귀처럼 보인다. (그림 1.5b 참조) 생물학자 토머스 헨리 헉슬리(Thomas Henry Huxley, 1825~1895년)는 1869년에 이 성질을 깨달아, 눈송이는 "식물의 가장 복잡한 잎 모양들을 서리가 모방한 것이다."라고 말했다.

이 말은 '생명의 물리적 기반'을 주제로 다룬 에세이에 나오는데, 그 글에서 헉슬리는 훌륭한 실증주의자답게 유기체에게는 모종의 생명력이 있기 때문에 무기물과는 근본적으로 다르다는 세간의 통념을 배제하려고 애썼다. 헉슬리에게 눈송이의 '유기적' 형상은 우리가 생물계의 복잡한 형태들을 설명하기 위해 반드시 어떤 신비롭고 생기론적인 조각(彫刻) 메커니즘을 끌어들일 필요가 없다는 사실을 보여 주는 증거였다. 물이 얼어 눈송이가 되는 단순한 과정에서는 그런 메커니즘이 작동하지 않는 것이 확실하기 때문이다.

> '물의 성질'이라고 부를 만한 무엇인가가 존재한다는 가정, 그리고 그것이 수소 산화물이 형성되자마자 그 속에 침투한 뒤 물 입자들을 각자의 자리로 안내해서 결정의 면이나 서리의 잎사귀를 만들어 낸다는 가정을 나는 도무지 인정할 수 없다.

이것은 충분히 합리적인 발언이었지만, 의문은 남았다. 눈송이의 형성에 '유기적' 성질이 없는 것이 사실이라면, 왜 꼭 그런 것처럼 보일까?

필름에 새겨진 눈송이들

데카르트가 넌지시 암시했듯, 눈송이의 형태는 날씨에 따라 진화하고 바뀐다. 프리드리히 마르텐스(Friedrich Martens, 1635~1699년, 독일의 의사이자 박물학자 — 옮긴이)는 1675년에 노르웨이의 스피츠베르겐에서 그린란드로 항해하던 중, 기상 조건이 다르면 눈송이 형태가 달라진다는 사실을 알아차렸다. 영국 탐험가 윌리엄 스코즈비(William Scoresby, 1789~1857년)도 1820년에 쓴 『북극 고래잡이의 역사와 묘사를 곁들인 북극 안내서(*Account of the Arctic Regions with a History and Description of the Northern Whale-Fishery*)』에서 최고로 멋지고 대칭적인 눈송이가 만들어지려면 북극의 냉기가 필요하다고 말했다. 스코즈비는 유례 없을 만큼 상세하고 정교하게 눈송이를 관찰해, 대단히 폭넓고 다양한 형태들을 기록으로 남겼다. (그림 1.6 참조) 19세기의 기록들 중에서 매력적인 것을 또 하나 꼽으라면, 1864년 미국 메인 주에서 어느 목사의 아내가 제작한 것이 있다. 요즘 우리가 크리스마스에 장식물을 만들 때 그러는 것처럼, 프랜시스 놀튼 치커링이라는 그 부인은 접은 종이를 잘라 도일리 같은 눈송이를 만들어 냈다. 물론 그녀가 그 기법을 발명한 것은 아니었지만, 그녀의 종이 눈송이들은 손재주의 극치를 보여 주는 걸작이었다. 그녀는 직접 관찰했던 기억에 의지해 양치류의 잎처럼 정교한 가지들을 잘라 냈고, 그 결과물을 모아『구름 결정: 눈송이 앨범(*Cloud Crystals: A Snow-Flake Album*)』이라는 책으로 엮었다. 이 책을 보노라면 저자가 자연의 '예술적 기예'를 암암리에 인정한다는 느낌이 든다.『모양』에서 이야기했듯이 생물학자 에른스트 하인리히 필리프 아우구스트 헤켈(Ernst Heinrich Philipp August Haeckel, 1834~1919년)도 후에 해양 생물을 그린 삽화들을 소개하면서 자연의 그런 기예를 칭송한 바 있다.

눈송이를 시각적으로 기록할 때는 정확성에 한계가 있었다. 현미경의 배율만 문제가 아니라 화가가 무심결에 복잡한 기하학적 형상을 단순화하거나 이상화하고 부풀리기 마련이라는 점도 문제였다. 그러나 사진이라는 신기술을 현미경의 배율과 결합하는 방법이 발견되자 문제가 깨끗이 풀렸다. 현미경 사진 기술은 19세기 말에 이미 발달되어 있었다. 그 기술을 가장 창의적으로 활용했던 사람은 미국 버몬트

가지

그림 1.6

1820년에 탐험가 스코즈비는 북극으로 여행하다가
목격한 눈송이들을 정교한 그림으로 남겼다.

주의 농부였던 윌슨 앨윈 벤틀리(Wilson Alwyn Bentley, 1865~1931년)다.
그는 1885~1931년에 5,000개가 넘는 눈송이를 사진판에 포착했다.
그 사진들은 눈송이의 놀라운 다양성과 아름다움을 가장 종합적으
로 탐구한 기록이었다. (그림 1.7 참조) 1920년대 말에 벤틀리는 그중에
서 2,000장을 골라, 미국 기상국에서 일하던 물리학자 윌리엄 잭슨 험
프리스(William Jackson Humphreys, 1862~1949년)와 함께 『눈 결정(*Snow
Crystals*)』이라는 책을 엮었다. 벤틀리는 1931년 11월에 책이 출간되고
서 몇 주 지나지 않아 죽었다. 전하는 말로는 혹한의 뉴잉글랜드에서
또 한 번 눈송이 관찰에 나섰다가 폐렴에 걸린 탓이었다고 한다.

『눈 결정』은 마땅히 감탄스러운 작품이거니와 실은 그 이상이었
다. 과학자들은 육각형 얼음꽃이라는 하나의 주제가 거의 무한히 변
주되는 듯한 모습을 페이지마다 목격하면서, 일찌기 무생물계에서는
접하지 못했던 어려운 수수께끼에 맞닥뜨렸다. 그 형태들은 이루 형언

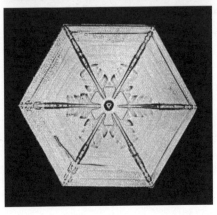

그림 1.7
벤틀리가 1885년부터 40년
동안 찍은 사진들은 지금도
눈송이의 무한히 다양한
형태들을 제일 잘 보여 주는
기록으로 남아 있다.

가지

할 수 없이 복잡할 뿐 아니라 종류가 끝이 없었기 때문이다.

벤틀리의 사진집은 순수한 묘사에 그쳤다. 험프리스가 자연 과학의 입장에서 한두 마디 설명을 보태기는 했지만 미미한 수준이었다. 1930년대 들어서 일본 홋카이도 대학교의 핵물리학자 나카야 우키치로(中谷宇吉郎, 1900~1962년)는 벤틀리의 책에서 영감을 얻어 눈송이의 성장을 좀 더 분석적으로 살펴보기로 했다. 나카야는 눈송이 성장에 영향을 미치는 요인들을 처음 체계적으로 정리하는 과정에서 스코즈비 같은 이들이 자연에서 관찰한 다양한 형태들에는 여러 **종류**가 있다고 결론 내렸다. 눈송이를 몇 가지 범주로 나눌 수 있다는 점을 깨달은 것이었다. 나카야는 이어 어떤 조건에서 그런 다양한 종류들이 생기는지 알아보기 위해 실험실을 꾸렸다.

결코 편한 작업은 아니었다. 벽이 나무로 된 실험실은 영하 30도까지 내려갔고, 나카야 우키치로는 얼굴을 보호하기 위해서 마스크를 쓴 채 솜옷을 입고 일했다. 원래 눈송이는 대기에서 낙하하며 서서히 자란다. 그러나 나카야 우키치로는 실험실에서 그 기나긴 하강을 재현하는 대신 상황을 역전시켰다. 눈송이를 고정한 뒤, 차갑고 축축한 공기를 일정 속도로 눈송이에 흘리는 방법이었다. 다만 눈송이를 어디에 붙잡아 둘 것인가가 문제였다. 나카야는 성장하는 얼음 결정을 고정하는 용도로 각종 섬유들을 시험했지만, 대부분은 순식간에 서리에 뒤덮였다. 결국 그는 토끼털이 최선임을 알아냈다. 토끼털을 감싼 천연 기름 덕분에 얼음 결정 여러 개가 동시에 핵을 형성하는 일이 방지되었다. (그림 1.8 참조) 나카야 우키치로와 동료들은 이 장치를 써서 눈 결정의 형태가 온도와 습도라는 두 핵심 요인에 좌우된나는 사실을 확인했다. 습도가 낮으면, 결정은 가지가 6개 달린 고전적 형태의 눈송이

그림 1.8

나카야 우키치로가 1930년대에 인위적으로 만든
눈송이들. 왼쪽 사진에는 결정핵이 형성되는 도구로
쓰인 토끼털이 보인다.

로 자라지 않고 육각형 판이나 프리즘처럼 밀도가 좀 더 높은 형태를
취했다. 습도가 약간 높더라도 온도가 몹시 낮으면(대략 영하 20도 미만),
여전히 그런 형태가 나타났다. 그러나 온도가 그보다 높은 경우에는
습도가 높을수록 눈송이가 더욱 정교해지고 복잡해져서 가지를 아
주 많이 뻗은 별 모양이 되었다. 그리고 온도가 영하 약 3도에서 5도 사
이일 때는 그 대신 바늘 모양 결정이 나타났다. (그림 1.9 참조)

　나카야 우키치로는 자신이 발견한 형태들을 사진집으로 묶었고,
벤틀리와 험프리스에게서 영감을 얻은 것이 분명한 그 책에 『눈 결정:
자연적인 것과 인공적인 것(*Snow Crystals: Natural and Artificial*)』(1954년)
이라는 제목을 붙였다. 나카야 우키치로의 연구는 각양각색인 얼음
들의 세계에 약간의 질서를 부여했다. 그러나 보통 단단한 프리즘이나
다각형을 만들 때가 많은 단순한 결정화 과정이 왜 이때는 마치 생명
을 지닌 것처럼 보이는 구조들을 낳는지, 그 근본적인 작동 방식을 이

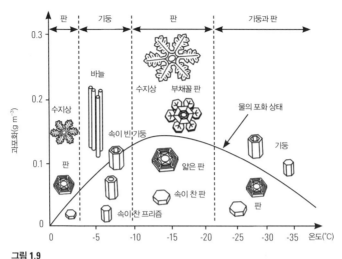

그림 1.9

온도와 습도(과포화)에 따른 눈송이의 변화를 보여 주는 '형태학 도표'

해하는 데는 별로 도움이 되지 못했다.

내가 『모양』과 『흐름』에서 이야기했듯이, 복잡한 형태들의 생성 과정을 현대적이며 과학적인 언어로 설명하려고 처음으로 애쓴 사람은 스코틀랜드의 동물학자 다시 웬트워스 톰프슨(D'Arcy Wentworth Thompson, 1860~1948년)이었다. 톰프슨이 1917년에 쓴 『성장과 형태(*On Growth and Form*)』는 내가 3부작에서 다루는 모든 주제들의 밑바탕을 구축한 책이다. 그는 1942년 개정판에 벤틀리의 사진을 본뜬 눈송이 그림들을 추가하고, "눈 결정은 규칙적인 육각형 판이나 얇은 프리즘 모양이다."라고 썼다. 그리고 이렇게 덧붙였다. "자연은 그 기본형을 여러 가지로 바꾸면서, 일차적인 육각형 위에 무한히 다양한 조합으로 판과 프리즘을 덧붙인다. 그런 요소들의 가도는 눈송이마다 다 같지만 길이는 저마다 다르다. 자연은 또 육각형의 한 축에 적용했던 꾸밈과 장식을 다른 축들에도 대단히 대칭적인 방식으로 모두 적용한다."
한마디로 눈송이의 모든 팔들이 다 똑같아 보인다는 말이다. 톰프슨
은 "눈 결정의 아름다움은 수학적 규칙성과 대칭성에 달려 있다."라고
하며, 이어 다음과 같이 말했다.

> 그러나 하나의 종류가 무한히 변형된다는 사실, 결정들이 모두 비슷하
> 지만 똑같은 것은 절대로 없다는 사실이 우리를 더욱 즐겁게 하고 감탄
> 하게 한다. 그 아름다움은 일본의 화가가 골풀이 우거진 화단이나 대나
> 무 숲에서 바람이 살랑거리는 것을 볼 때의 아름다움만큼 특별하고, 꽃
> 이 봉오리로 막 벌어지려 할 때부터 시들어 갈 때까지 차례로 보여 주는
> 아름다움만큼 단계적이다.

여기에도 얼음을 꽃에 빗댄 비유가 등장한다. 그러나 케플러와 마찬가
지로 톰프슨도 그 이상은 말할 수 없었다. 톰프슨은 힘, 균형, 기하학에
대해 많은 생각을 품었으면서도 여전히 생물계와의 비유에 의지할 수
밖에 없었다.

무한한 종류의 가지들

나카야 우키치로의 책이 나올 무렵, 과학자들은 문제를 공략할
방법을 찾았다. 얼음은 대단히 대칭적이고 독립적인 덩어리를 이룬다
는 점에서 독특해 보이지만, 사실 눈송이의 한 팔처럼 길죽한 바늘에
잔가지들이 규칙적으로 돋은 모양으로 결정화하는 물질은 그밖에도
많다. 덴드라이트(dendrite, 그리스 어로 '나무'를 뜻하는 단어에서 왔다.), 즉
수지상(樹枝狀) 구조는 녹은 금속이 굳을 때도 나타나고, (그림 1.10a 참

조) 소금이 용액에서 침전될 때도 나타나고, 전기 도금과 비슷한 전착 (electrodeposition) 과정에서 대전된 전극에 금속이 붙을 때도 나타난다. (그림 1.10b) 수지상 구조는 보통 끝이 뱃머리처럼 둥글고, 뒤로는 배의 옆면에서 튀어나온 노 같은 것들이 크리스마스트리 모양으로 자란다. 수지상 구조는 일반적으로 응고 과정이 급속히 진행될 때 나타난다. 가령 녹은 금속을 차가운 곳에 담가 퀜치(급냉)시킬 때 그렇다. 이 사실은 중요한 단서이다. 『모양』에서 이야기했듯 복잡한 패턴과 형태는 열역학적 평형으로부터 상당히 먼 계에서 생길 때가 많다. 대단히 불안정한 계라는 말이다. 평형 상태의 계는 더 이상 변하지 않는 데 비해, 평형에서 먼 계는 우리가 그것을 가만히 내버려 두면 안정된 평형 상태를 달성하기 위해 스스로 '노력한다.' 그러나 만일 에너지가 지속적으로 유입된다면, 계는 계속 목표로부터 먼 상태를 유지한다. 『흐름』에서 살펴보았던 대류 현상(액체를 밑에서 가열할 때 나타나는 흐름)은 바로 그런 비평형 상태를 낳는다. 어는점 아래로 갑작스럽게 냉각된 액체도 비평형계다. 고체 상태에 비해 상대적으로 불안정하기 때문이다. 그런 불안정성 때문에 빠른 변화가 일어나고, 그때 쉽게 패턴이 나타난다. 그와는 대조적으로 평형에 가까운 상태에서 형성된 결정, 가령 어는점과 가까운 온도에서 형성된 결정은 서서히 자라며, 수지상 구조가 아니라 앞에서 말했던 밀도 높은 다면체로 발달하는 편이다.

1947년 러시아 수학자 이반트소프(G. P. Ivantsov)는 녹은 상태에서 빠르게 응고하는 금속이 바늘 같은 돌출 구조를 만든다는 사실을 이론으로 보여 주었다. 그의 계산에 따르면, 그런 바늘들은 수학자들이 포물신이라고 부르는 형태를 취할 것이었다. 포물선은 뭉툭한 정점을 가운데 두고 양쪽으로 완만하게 굽은 경사가 이어진 곡선으로, 공

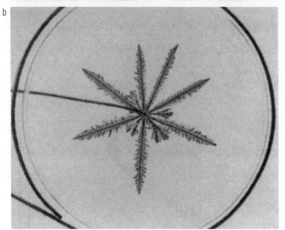

그림 1.10

(a) 녹은 금속이 재빨리 응고할 때 형성된 수지상 돌기들

(b) 전착 과정에서 자란 금속

가지

중에 던진 돌멩이가 중력 때문에 도로 떨어질 때 그리는 궤적과 같은 모양이다. 이반트소프는 모든 형태의 포물선 바늘들이 형성될 수 있지만 그중에서 가장 가는 바늘이 가장 빨리 자란다고 계산했다. 그렇다면 정말로 바늘처럼 뾰족한 돌기는 용융 상태의 금속 표면에서 더 빠르게 솟아오를 것이고 좀 더 굵은 돌기는 더 느리게 솟아오를 것이다.

그러나 1970년대 중반 뉴욕 렌셀러 폴리테크닉 대학교의 마틴 에덴 글릭스먼(Martin Eden Glicksman, 1937년~)과 동료들은 세심한 실험으로 사실은 그렇지 않다는 것을 보여 주었다. 금속이 빠르게 응고할 때는 모든 형태의 포물선 돌기들이 등장하지 않고 오로지 한 형태의 돌기만 등장한다는 것이다. 과냉각 온도를 고정한 상태에서는 특정한 형태의 돌기가 다른 형태들을 압도했다. 이유는 모르겠지만 이반트소프의 다양한 포물선들 중에서 한 종류는 유독 특별한 듯했다.

수수께끼는 거기서 그치지 않았다. 1963년에 피츠버그에 있는 카네기 멜론 대학교의 미국인 연구자 윌리엄 윌슨 멀린스(William Wilson Mullins, 1927~2001년)와 로버트 플로이드 세케르카(Robert Floyd Sekerka, 1937년~)가 이반트소프의 포물선들은 **어느 하나도** 안정적일 수 없다고 주장했기 때문이다. 그들의 계산에 따르면, 포물선 돌기의 성장에 아주 사소한 교란이라도 발생하면 그것이 저절로 증폭될 것이었다. 그래서 결정의 가장자리에 우연히 솟아난 작은 융기는 금세 가는 손가락처럼 길어질 것이었다. 멀린스-세케르카 불안정성이라고 불리는 이 현상 때문에 돌기에서는 잔가지들이 마구 돋아야 한다.

멀린스-세케르카 불안정성은 '양의 되먹임' 과정에 해당한다. 나는 『모양』과 『흐름』에서 양의 되먹임 사례를 몇 가지 소개했는데, 요컨대 다음과 같은 현상이다. 액체는 얼면서 열을 내놓는다. 그것이 숨은열(잠열)이다. 숨은열은 어떤 물질이 같은 온도에서 액체일 때와 고체일 때의 결정적인 차이점이다. 예를 들어 0도에서는 얼음도 물도 존재할 수 있지만, 물은 숨은열을 내놓아서 덜 '들뜬' 상태로 바뀌어야만, 즉 분자들의 격렬한 흔들림이 멎어야만 얼음이 될 수 있다.

과냉각된 액체는 숨은열을 내놓아야만 언다는 말인데, 이때 어는 속도는 차츰차츰 앞으로 나아가며 고체로 얼어 가는 부분(동결 전선)의 가장자리에서 열이 얼마나 빨리 전도되는가에 달려 있다. 한편 그 전도 속도는 동결 전선에 가까운 액체와 먼 액체의 온도 차이에 달렸다. 온도 기울기가 가파를수록 열이 더 빨리 흐르기 때문이다. (동결 전선에 가까운 액체가 먼 액체보다 더 따뜻하다는 사실이 이상하게 느껴지겠지만, 숨은열이 바로 그 전선에서 배출되기 때문에 그렇다. 이 실험에서 액체는 어는점 아래로 급속 냉각되었지만 미처 얼 여유가 없었다는 점을 상기하자.)

그런데 가만히 두면 평평한 면으로 전진할 동결 전선에 어쩌다 약간 튀어나온 부분이 생기면, 예를 들어 원자들과 분자들의 무작위 운동 때문에 그렇게 되면, 그 부분 근처에서는 온도 기울기가 더 가팔라진다. 더 짧은 거리 만에 온도가 떨어지기 때문이다. (그림 1.11 참조) 따라서 융기 근처는 양 옆의 다른 지점들보다 숨은열을 더 빨리 발산하고, 그래서 융기가 더 자란다. 특히 꼭대기가 제일 빨리 자란다. 그래서 봉우리는 갈수록 뾰족해지고, 치솟는 속도도 갈수록 빨라진다.

이론적으로는 고체 전선에 나타난 불규칙한 돌기가 처음에 아무리 작더라도 멀린스-세케르카 불안정성 때문에 금세 증폭되어 길게 자라날 것이다. 그러나 현실에서는 돌기 폭의 최소 한계를 규정하는 요인이 하나 더 있다. 유리컵에 담긴 물 표면처럼 고체와 액체가 접한 면에서는 표면 장력이 작용한다. 『모양』에서 설명했듯이, 표면 장력이 있

가지

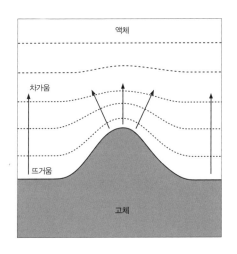

그림 1.11

멀린스–세케르카 불안정성 때문에, 응고 중인 물질의 표면에 돋아난 돌기는 불안정하다. 돌기에서도 끄트머리의 온도 기울기(그림에서는 등온선을 뜻하는 점선으로 표시되었다.)가 더 가파르므로, 열은 끄트머리에서 더 빨리 전도된다. 그래서 그곳에서 응고가 더 빨리 진행된다.

다는 것은 곧 접면에서는 에너지가 소모된다는 말이다. 그 에너지 비용은 접면의 넓이에 비례한다. 따라서 표면 장력은 가급적 접면을 좁히려는 힘으로 작용한다. 지금 이야기하는 사례에서는 동결 전선을 '끌어당겨' 평평하게 만드는 역할을 한다. 이 평탄화 효과 때문에 어느 한계보다 작은 돌기라면 표면 장력에 의해 납작 눌려 버린다. 그것은 곧 멀린스–세케르카 불안정성에 따라 자라나는 돌기들은 그 끄트머리의 폭이 하나의 특징적인 형태만 가능하다는 뜻이다. 그 형태는 양의 되먹임으로 끄트머리가 좁아지는 효과와 표면 장력의 에너지 비용이 서로 상쇄되는 지점에서 결정된다. 달리 말해 동결 전선에서 발달하는 돌출 구조는 특정한 **파장**만 띨 수 있다. 오로지 특정한 규모의 규칙적인 패턴들만 등장할 수 있고, 그 규모는 대립하는 두 요인이 균형을 이루는 지점에서 결정된다.

　　캘리포니아 대학교 샌타바버라 분교의 제임스 랭어(James S. Langer)

와 독일 윌리히의 한스 뮐러크룸브하어(Hans Müller-Krumbhaar)는 1977년에 이반트소프의 이론이 허용했던 모든 형태의 포물선들 중에서 하나의 포물선만 선택되는 듯하다는 글릭스먼의 관찰을 멀린스-세케르카 불안정성으로 설명할 수 있다고 제안했다. 그 불안정성 때문에 굵은 돌출 구조는 더 작은 구조들로 잘게 쪼개지려고 할 텐데, 이때 돌출 구조가 최대한 작아지고 좁아질 수 있는 한계를 표면 장력이 설정한다는 것이다. 그렇다면 두 효과가 균형을 이루는 지점에서 돌기의 최적 폭이 정해질지도 모른다. 그 때문에 '한계 안정' 상태인 하나의 포물선 형태만 선호된다.

그러나 1980년대 초에 랭어와 동료들은 표면 장력이 실제로는 이 깔끔한 그림을 망가뜨린다는 사실을 발견했다. 표면 장력 때문에 수지상 구조의 꼭대기는 양 옆의 다른 지점들보다 더 차갑다. 그러므로 꼭대기의 성장 속도는 차츰 느려지고, 결국 새로운 두 돌기로 갈라진다. 그 돌기들도 또 갈라지고, 그것들도 또 갈라질 것이다. 그런데 이렇게 끝이 반복적으로 갈라지면 수지상 구조는 생길 수 없다. 그 대신 조밀하게 뭉친 상태에서 지속적으로 가지를 치는 구조, 이른바 고밀도 분지 형태(dense-branching morphology)가 만들어진다. (고밀도 분지 형태에 대해서는 76쪽 참조 — 옮긴이)

알고 보니 이 문제는 수지상 구조의 성장을 설명하는 모든 이론에 끈질기게 따라붙는 숙제였다. 수지상 구조는 본질적으로 불안정한 탓에 가지런한 크리스마스트리식 눈송이 모양보다는 마구잡이로 가지를 친 돌기 모양을 만들기가 쉬운 것 같았다. 그런데 이론들이 간과한 점이 하나 있었다. 눈송이의 가장 인상적인 특징인 6각 대칭을 그저 세부 사항에 불과하다고 착각했던 것이다. 케플러 이래로 과학자들은 눈송이를 구성하는 입자들의 대칭적 배열 때문에 6각 대칭이 나타난다고 짐작했지만, 바로 그 6각 대칭 때문에 수지상 구조가 만들어질 수 있다고 생각한 사람은 아무도 없었다.

6의 즐거움

왜 육각형일까? 놀랍게도 중국 현자들이 옳았다. 6이 물의 숫자라는 주장에는 **일말의** 진리가 있다. 1922년 영국 물리학자 윌리엄 로런스 브래그(William Lawrence Bragg, 1890~1971년)는 최신 엑스선 결정학 기술을 써서 물 분자들이 얼음 결정에서 어떻게 배열되어 있는지 알아보았다. 엑스선이 결정에 부딪혀 튕겨 나가면 밝은 점들이 찍힌 무늬가 만들어지는데, 그 무늬에는 원자들의 위치에 관한 정보가 담겨 있다. 브래그는 엑스선 회절 무늬에서 원자 구조를 밝히는 계산법을 알아냈던 것이다. 그렇게 얼음을 조사해 보니, 얼음 속 물 분자들은 약한 화학 결합으로 서로 이어져 육각형 고리를 이루고 있었다. 육각형 모서리마다 물 분자가 하나씩 있는 구조이다. (그림 1.12 참조) 물 분자 자체의 형태가 아니라 물 분자들이 서로 결합한 방식이 결정 구조를 규정하는 셈이다.

결정 구조 때문에 눈송이의 육각형이 만들어진다고? 이상한 소리로 들린다. 물 분자는 눈송이보다 **훨씬** 작기 때문이다. 어떻게 작디작은 분자들의 육각형 구조가 그토록 크게 증폭될까? 그러나 케플러와 초기의 결정학자들이 깨달았듯이, 결정의 구성 단위들이 취하는 기하학적 배치는 그로 인해 만들어지는 훨씬 더 큰 물체의 기하학적 구조를 얼마든지 규정할 수 있다. 요컨대 물의 결정 구조가 얼음 결정의 성장 방식에 처음부터 6각성을 부여한 셈이다. 톰프슨은 특유의 우

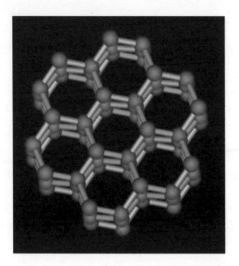

그림 1.12

얼음은 분자 차원에서 6각 대칭 구조이다. 물(H_2O) 분자들은 수소 결합이라는 약한 화학 결합으로 이어져 있다. 그림에서 구는 분자 중앙의 산소 원자를 뜻하고, 막대기는 분자들을 잇는 수소 결합을 뜻한다.

아한 문장으로 이렇게 표현했다. "눈의 결정들은 제 구조의 기틀이 되는 공간격자(空間格子)를 시각적으로 증명해 보여 주는 듯하다."

육각형 '공간격자'가 존재한다는 것은 자라나는 결정에게 모든 방향이 다 같게 느껴지지 않는다는 뜻이다. 결정이 특징적인 다면체 형태만 취하는 까닭은 이 때문이다. 평평한 결정면은 원자나 분자가 쌓여서 이룬 평면에 지나지 않지만, 그중에서도 유독 특정 면이 결정 형태를 규정하는 까닭은 그것이 다른 면들보다 더 빨리 자라기 때문이다. 이렇게 모든 방향이 다 같지 않은 성질을 가리켜 비등방성(非等方性, anisotropy)이라고 한다. 반면에 등방성 물질은 어느 방향으로든 다 같아 보이고, 다 같게 행동한다.

결정이 비등방성이라는 것은 방향에 따라 표면 장력 같은 속성들에 차이가 있다는 뜻이다. 1984년에 랭어와 동료들은 이반트소프 포물선들이 어떤 '선호된' 방향으로 자라는 경우, 즉 결정 구조의 비등방

가지

성에 선택된 방향으로 자라는 경우, 표면 장력이 더 이상 돌기를 쪼개는 불안정성으로 작용하지 않는다는 사실을 밝혀냈다. 포물선의 돌기가 더 솟아도 안정할 수 있다는 뜻이다. 그렇다면 최초의 '씨앗'에서 오직 이 선호되는 방향으로만 수지상 구조의 가지가 자랄 것이다. 눈송이에서 6개의 팔이 자라는 것도 이 때문이다. 결정에서 특정한 바늘의 성장이 안정화되는 데 비등방성이 중요한 역할을 한다는 사실은 데이비드 케슬러(David A. Kessler), 조엘 코플릭(Joel Koplik), 그리고 캘리포니아 대학교 샌디에이고 분교의 허버트 러바인(Herbert Levine, 1956년~)이 같은 시기에 각기 독자적으로 밝혀냈다.

비등방성은 수지상 구조에 곁가지가 생기는 이유도 설명해 준다. 포물선 돌기의 옆구리에 우연히 작은 융기가 생기면, 멀린스-세케르카 불안정성 때문에 융기가 더욱 증폭될 수 있다. 그러나 이때도 오직 특정 방향으로 돋은 융기만 안정할 것이다. 그리고 주어진 성장 조건에서는 그런 곁가지들에 압도되지 않은 채 계속 빠르게 자랄 수 있는 수지상 돌기의 형태가 하나밖에 없을 것이다. 그렇다 보니 이론적으로 가능한 여러 성장 형태들 중에서도 특정한 방향으로 곁가지들이 난 형태의 수지상 돌기가 유일하게 선택되는 것이다.

오른팔은 왼팔이 한 일을 어떻게 알까?

감탄스러울 만큼 다양한 눈송이들은 결국 우연과 필연의 긴장으로부터 만들어진 셈이다. 성장 메커니즘 때문에 눈송이의 팔들은 각각 육각형의 모서리를 겨누는 방향으로만 돋을 수 있다. 그리고 한 눈송이에서는 모든 팔들이 같은 속도로 자랄 것이고(그렇게 작은 규모에서는 모든 팔들이 똑같은 온도와 습도를 경험할 테니까), 그래서 모두 같은 길이가 될 것이다. 육각형 팔들에 난 곁가지들도 어느 정도는 필연적으로 형성된다. 물론 처음에는 팔에 무작위로 생겨난 작은 불규칙성이나 융기에서 시작되겠지만, 그 곁가지들 역시 언제나 '6각'으로 뻗어나가려고 한다. 만일 눈송이가 공중에서 한참 나부끼며 떨어지느라 환경 변화를 겪는다면, 한창 자라나는 가지들이 모두 같은 방식으로 변화를 보일지도 모른다. 아래 그림에서 바늘처럼 자라던 팔들 끝에 모두 육각형 판이 발달한 것도 그것 때문일 것이다. (그림 1.13 참조)

그러나 이것만으로는 다 설명했다고 할 수 없다. 만일 6개의 팔에서 돋는 곁가지들이 순전히 우연으로 생긴다면, 왜 어떤 눈송이들은 세부적인 장식까지 놀라울 만큼 대칭적일까? (그림 1.14 참조) 여기에는 마술적인 무엇인가가 작용하는 것 같다. 팔들은 다른 팔들이 하는 일을 어떻게든 알아내는 것 같다. 나카야 우키치로는 가지들끼리 '소통'하는 것처럼 보이는 점이 솔직히 당혹스럽다고 고백하며 이렇게 말했다.

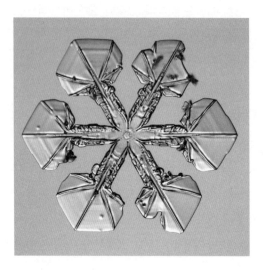

그림 1.13
눈송이가 공기 중에서 자라는 동안 환경 변화를 겪으면 가지들의 형태가 도중에 바뀔 수 있다. 그림에서는 바늘처럼 자라던 가지들 끝에 판처럼 생긴 구조들이 발달했다.

가지

그림 1.14

왜 어떤 눈송이는 6개의 팔이
아주 세세한 부분까지 거의 다
같을까? 이 의문은 아직 어느
정도 수수께끼로 남아 있다.

결정이 성장할 때 모든 잔가지들이 비슷하게 자라야 할 명백한 이유는
없는 것 같다. 이 잔가지는 이쪽 가지에서 나지만, 다른 잔가지는 다른
가지에서 나기 때문이다. …… 이 현상을 설명하려면, 가지들에게 모종
의 소통 수단이 있어서 한 가지의 어느 지점에 잔가지가 나타나면 그 사
실을 다른 가지들에게 알려 준다고 가정하는 수밖에 없다.

그러나 사실 눈송이들은 완벽한 대칭이 **아닐** 때가 많다. 6개의 팔은 전
체적인 속성은 대충 같아 보이지만 꼼꼼히 살펴보면 세부는 다 다르
다. (그림 1.15a 참조) 나카야, 벤틀리, 험프리스의 뒤를 따라 눈송이 전
문가로서 눈 결정의 풍성함과 아름다움을 현미경 사진으로 기록하고
있는 캘리포니아 공과 대학의 케네스 조지 리브레히트(Kenneth George
Libbrecht, 1958년~)는 (이 장을 장식한 눈송이 사진들이 그의 작품이다.) 기록
해도 좋겠다 싶을 만큼 아름다운 (즉 대칭적인) 눈송이를 하나 만나기

a

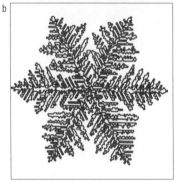

b

그림 1.15

(a) 어떤 눈송이들은 언뜻 보기에는 대칭적이지만 세부적으로 살피면 6개의 가지가 서로 상당히 다르다. (b) 과학자들은 컴퓨터 모형으로 입자들의 응집 과정을 시뮬레이션해 그런 눈송이를 만드는 데 성공했는데, 입자가 하나씩 무작위로 와서 붙되 그 위치는 바탕에 깔린 육각형 격자의 제약을 받는다고 설정한 모형이었다. 이 모형에는 모든 가지들이 다 같아야 한다고 규정하는 규칙이 없다. 실제로 모든 가지들이 다 같지도 않다. 그런데도 우리는 가지들의 각도가 다 같다는 데 깜박 속아서, 실제보다 더 많은 대칭을 읽어 낸다.

위해 보통 수천 개를 배제한다고 말했다. 물리학자 요한 니트만(Johann Nittmann)과 해리 유진 스탠리(Harry Eugene Stanley, 1941년~)도 완벽하게 규칙적인 눈송이는 예외에 가깝다고 말했다. 언뜻 완벽해 보이는 것은 우리의 착각일 때가 많다는 것이다. 우리는 그저 모든 팔에서 다 같은 각도로 곁가지가 나 있기 때문에, 그리고 모든 팔들의 '바깥 껍질'이 다 같은 모양이기 때문에 그것들이 완벽하다고 착각한다. 니트만과 스탠리는 입자들이 무작위로 떠다니다가 어딘가에 접촉하면 바로 들러붙는 모형[2]을 이용해 실제 눈송이를 제법 그럴싸하게 닮은 형

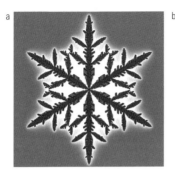

그림 1.16

그레브너와 그리피스가 개발한 모형에서 탄생한 눈송이들은
놀랍도록 사실적이다. (a)에서는 모든 가지들이 다 같도록
설정되어 있었지만, 무작위성을 좀 더 주입해서 조건을 바꾼
(b) 의 경우에도 가지들은 여전히 매우 비슷해 보였다.

태들을 만드는 데 성공했다. 단 조건이 있었다. 입자가 마치 벌집의 한
칸에서 다른 칸으로만 움직이는 것처럼 육각형 격자의 한 지점에서
다른 지점으로만 움직일 수 있다는 구속을 줌으로써 근본적으로 6각
대칭을 깔아둔 경우였다. (그림 1.15b 참조) 그렇게 만들어진 눈송이의
가지들은 서로 똑같은 것이 없는데도 언뜻 보기에는 엇비슷하다. 가지
들은 전체적으로 크리스마스트리를 닮은 모양에서 벗어나지 않고, 길
이도 대충 같다. 이유는 간단하다. 주된 가지들과 그것에 딸린 곁가지
들이 모두 비슷한 속도로 자랐기 때문이다. 어떻게 보면 무작위성이
그렇게 만드는 것이나 마찬가지다. 어느 한 가지가 다른 가지들보다 더
빨리 자랄 기회를 주지 않기 때문이다.

　　수학자 얀코 그레브너(Janko Gravner)와 데이비드 그리피스(David
Griffeath)는 좀 더 세련된 눈송이 성장 모형을 써서 역시 비슷한 결과

를 얻었다. 니트만과 스탠리의 모형처럼, 그들의 모형도 주변을 둘러싼 수증기로부터 결정 단위(물 분자 하나보다는 훨씬 큰 덩어리이다.)가 하나씩 나타나서 결정에 붙음으로써 결정이 자란다고 가정했다. 단위들이 평평한 육각형 도형으로만 뭉친다는 구속도 부여했다. 그러나 구체적인 결합 규칙들은 좀 더 복잡해, 여러 변수가 개입했다. 변수들의 값을 조절함으로써 다양한 응집 상황을 연구하기 위해서였다. 사실 그런 규칙들을 두는 것은 상당히 현실적이면서도 조금은 인위적인 방식으로, 결정의 성장에 관여하는 물리적 과정들을 처음부터 '짜 넣는' 것이라 할 수 있다. 그런 과정들이 좀 더 단순한 규칙들로부터 자연스럽게 생겨나도록 (혹은 생겨나지 않도록) 내버려 두는 기법은 아니라는 말이다. 아무튼 그레브너와 그리피스는 그런 체계를 통해서 엄청나게 다양한 눈송이들을 길러 냈다. (그림 1.16a 참조) 모형의 기본 조건에서는 모든 팔들이 다 같아야 한다는 규정이 있었지만, 연구자들은 결정을 둘러싼 수증기의 밀도에 무작위성을 약간 가미해 조건을 바꿀 수 있었다. 그러자 눈송이들은 언뜻 보기에는 여전히 다 비슷하지만 자세히 보면 모두 다른 6개의 가지를 길러 냈다. (그림 1.16b 참조) 그레브너와 그리피스는 이것이 곁가지 설계들 중에서도 안정된 설계는 비교적 드물기 때문에 나타나는 현상이라고 해석했다. 눈송이에게 주어진 선택지가 결코 무한하지는 않은 것이다.

더 나가서 두 연구자는 모형을 확장해 3차원 결정을 만들었다. 그랬더니 깜짝 놀랄 만큼 사실적인 눈송이들이 만들어졌음은 물론이거니와 (그림 1.17 참조) 나카야가 관찰했던 바늘, 프리즘, 기둥 형태까지 등장했다. 여전히 세부적인 측면들에 대한 의문은 남았지만, 우리는 '눈꽃'의 수수께끼를 해독하는 과제에서 제법 빨리 전진한 셈이다.

그림 1.17

그레브너와 그리피스의 3차원 모형에서 자라난 눈송이들.
진짜 눈송이에 있는 장식들, 가령 고랑 같은 것도 생겼다.

과학자들과 옛 자연 철학자들에게 눈송이는 복잡한 형태가 생물
계만의 특수한 속성은 아니라는 사실을 분명히 보여 주는 증거였다.
그들은 눈송이에서 나무와 꽃, 양치류, 불가사리의 형태를 읽어 냈다.
기하학적 순수함과 유기체적 풍성함이 절묘하게 조화를 이룬 듯한 패
턴을. 그래서 우리는 어떻게 자연에서 아름다움이 생겨나는가, 또한
어떻게 생물계와 무생물계가 모종의 보편적 과정으로 연결되는가 하
는 문제에 대한 기존의 생각을 점검하게 되었다. 1856년에 헨리 데이
비드 소로(Henry David Thoreau, 1817~1862년)는 이렇게 탄성을 질렀다.

"공기는 천재적인 창조성을 얼마나 많이 갖고 있기에 이런 눈송이들을 만들어 내는가! 하늘에서 진짜 별들이 떨어져서 내 외투에 앉더라도 이보다 더 감탄스럽지는 않을 것이다."

가지

가느다란 괴물들:
프랙탈의 신비

새로운 기하학이 필요하다. 도시들 대부분은
유기적으로 혹은 자연적으로 성장하며,
에우클레이데스 기하학으로는 그 형태를
설명하기는커녕 적절히 묘사할 수도 없다.
—『프랙탈 도시』

2 장

마이크 리 감독의 1976년 영화 「5월의 괴짜들」에서 키스와 캔디스 마리라는 서투른 두 야영객은 일종의 현대적 생기론이라고 할 만한 생각 때문에, 복잡한 성장과 형태에 대해 자신도 모르게 선입견을 품을 수 있다는 사실을 체험한다. 그들은 영국 남부 도싯의 오래된 석회암에서 화석을 찾아보겠노라며 근처 채석장으로 간다. 채석공이 그들에게 돌에 새겨진 정교한 식물 모양의 무늬를 보여 준다. 캔디스 마리는 감동하여 묻는다. "이거 화석인가요?" 도싯의 채석공은 이렇게 대답한다. "아, 다들 그렇게 생각하죠. 그냥 광물이에요."

키스와 캔디스 마리가 잘못된 결론에 빠진 까닭은 한눈에 알 수 있다. 그들이 본 것은 수지상 광물, 혹은 모수석(模樹石)이라고 불리는

그림 2.1

바이에른의 석회암에서

발견된 산화망간 모수석

구조였다. (그림 2.1 참조) 정말이지 우리가 식물과 연관 지어 떠올리는 형태들을 꼭 닮은 모습이다. 물론 애초에 수지상 광물이라는 이름이 붙은 까닭도 그것 때문이었다.[3] 그러나 이 세공품 같은 암석에는 화석 물질은 전혀 들어 있지 않다. 이것은 산화철이나 산화망간으로 만들어졌고, 지질학적으로 먼 과거에 암석의 갈라진 틈으로 금속염이 풍부한 용액이 비어져 들어가면서 화학적 퇴적물이 침전해 생겼다.

모수석을 보면 우리 머릿속에서는 '생명'이라는 단어가 울려 퍼진다. 그 분지(分枝) 패턴은 산호, 잎맥, 폐의 기관지 구조까지 생물계의 곳곳에서 등장하기 때문이다. 그러나 분지 형태는 결코 생물학만의 전유물이 아니다. 여러 갈래로 나뉘는 강물, 벼락의 모양, 천장의 갈라진 틈새를 떠올려 보라. 우리는 나중에 이런 패턴들을 하나하나 살펴볼 것이다. 게다가 모든 분지 형태들이 다 같은 것도 아니다. 눈송이는 헐벗은 참나무 가지들과는 별로 닮지 않았다. 모수석을 균열 패턴으로 착각하는 사람은 아마 없을 것이다. 식물학자나 숲 관리자는 겨울에 언덕에서 어떤 나무의 실루엣을 내려다보기만 해도 그 수종을 맞힐 수 있다. 어떻게 그럴까? 느릅나무 가지와 플라타너스 가지를 구분하는 특징은 무엇일까? 짐작하건대 식물학자라도 딱히 정확한 답을 말하지는 못할 것이다. 그는 가지가 뻗은 각도가 이러니저러니 하면서 중얼거리겠지만, 결국은 그저 패턴의 특징을 '감지하는' 것처럼 보인다. 그런데도 우리가 분지 형태의 분류학을 정립하겠다는 꿈을 품어도 될까? 그 속에서 생물과 무생물을 가르는 경계를 발견하겠다는 희망을 품어도 좋을까?

유기적인 바위들

이름난 위인 중에도 키스와 캔디스 마리와 같은 실수를 저지른 사람들이 있었다. 1670년대 초 아이작 뉴턴(Isaac Newton, 1642~1727년)은 짧은 소책자를 썼다. 지금은 거의 잊힌 글이지만, 당시에 뉴턴은 그것이 『프린키피아(Principia)』에 맞먹는 걸작을 예고하는 개요라고 생각했던 것 같다. (미래의 그 걸작은 결국 쓰지 않았지만 말이다.) 소책자의 제목은 「자연의 명백한 법칙들과 식생의 과정들(Of Natures obvious lawes and processes in vegetation)」이었고, 그 내용은 '만물 이론'에 대한 틀을 구축하려는 시도였다. 뉴턴은 실험실에서 인위적으로, 달리 말해 연금술적으로 만든 모수석을 묘사하면서 글을 시작했다.

뉴턴이 결정을 키운 방법을 정확하게 설명하지는 않았지만, 아마도 17세기 독일 화학자 요한 루돌프 글리우버(Johann Rudolf Glauber, 1604?~1670년)와 비슷한 방법을 썼던 것 같다. 글라우버는 '염의 엉(염산)'에 녹인 철을 '모래의 기름' 혹은 '유리의 기름(규산칼륨)'이 담긴 플라스크에 부으면 붉은 철 산화물이 나뭇가지 모양으로 침전한다고 썼다. 이렇게 금속염을 침전시켜 얻는 모수석을 요즘은 실리카 정원이라고 부른다.

뉴턴은 실리카 정원이라는 용어를 쓰지 않았다. 그러나 만일 그 말을 들었다면, 틀림없이 그 표현이 제격이라고 생각했을 것이다. 뉴턴은 금속에 무언가 '식물스러운' 성질이 있다고 믿었고, 그 성질 때문에 금속이 땅속에서 나무와 똑같은 방식으로 맥을 형성하며 자란다고 믿었다. 실험실에서 '금속 나무'를 길러 낼 수 있다는 사실도 그 견해를 뒷받침하는 증거로 보았을 것이다.

그런 생각은 전혀 특이한 것이 아니었다. 뉴턴의 시대에는 많은 과학자가 그렇게 믿었다. 16세기 초에 스위스 연금술사 아우레올루스 필리푸스 파라셀수스(Aureolus Philippus Paracelsus, 1493~1541년)는 금속과 소금(염)이 식물처럼 자란다는 의견을 냈다. 나무가 흙에 뿌리를 박고 공중을 향해 위로 자라는 것처럼 광맥은 지하수에 뿌리를 박고 땅을 향해 위로 자란다는 것이다. 파라셀수스와 동시대에 살았으며 광업과 야금술의 권위자였던 이탈리아의 반노초 비링구초(Vannoccio Biringuccio, 1480~1539년?)도 광맥은 "동물의 몸속 혈관들과 거의 비슷하게, 혹은 사방으로 뻗은 나뭇가지들과 거의 비슷하게 생겨난다."라고 적었다.

파라셀수스를 본받아, 프랑스의 도예가이자 자연 철학자였던 베르나르 팔리시(Bernard Palissy, 1509~1590년)는 1580년에 광물은 염으로 된 '씨앗'에서 자라나고 그 염은 물속에서 싹을 틔운다고 주장했다. 그러나 모수석이 진짜로 식물 화석일지도 모른다는 생각, 특히 성경에

가지

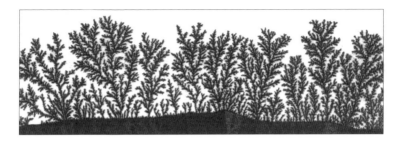

그림 2.2

쇼히처의 『대홍수의 식물들』에 실렸던 모수석 그림

서 말하는 대홍수 때문에 생겼을지도 모른다는 생각은 16세기 말에
등장했다. 이 견해에 도전했던 사람으로 스위스의 지질학자 요한 야콥
쇼히처(Johann Jakob Scheuchzer, 1672~1733년)가 있다. 그는 1709년에 쓴
『대홍수의 식물들(*Herbarium Deluvianum*)』(1709년)에 모수석의 분지 형
태를 아주 정밀하게 묘사한 그림들을 실었다. (그림 2.2 참조) 그런데 사
실 쇼히처는 열렬한 대홍수주의자였고, 모수석이 대홍수 때 생겼다는
생각도 받아들였다. 다만 그것이 식물 화석은 아니라고 지적했다. 쇼
히처는 그 대신 새로운 형성 메커니즘을 제시했는데, 놀랍도록 선견지
명이 있는 발상이었다. 쇼히처는 이렇게 설명했다. 평평한 두 면 사이
에 액체가 끼어 있다고 하자. 이때 두 평면을 재빨리 떼어 놓으면, 액체
가 얇은 막으로 잡아 늘여지면서 마치 모수석처럼 나뭇가지들이 빽빽
하게 늘어선 모양으로 갈라진다. 이것은 공기가 액체 속으로 파고들기
때문에 생기는 현상이다. 쇼히처는 파리 과학 아카데미에서 다음과
같이 설명했다. "우리가 바위에서 작은 나무 같은 무늬를 발견했을 때,
만일 그것이 쉽게 뜯어낼 수 있고; 인공적으로 그려 넣은 것처럼 보이

며, 가지들이 서로 교차하지 않고 벌어져 있다면, 그 나뭇가지 무늬는 액체의 유입으로 말미암아 생긴 것이다." 하지만 그것과 대홍수가 무슨 관계일까? 쇼히처는 이런 의견을 제시했다. 한때 세상의 모든 땅 위에서는 바닷물이 격렬하게 철썩이고 있었다. 그런데 어느 날 갑자기 하느님이 지구의 자전을 멈췄고, 그래서 뭍에 있는 바위들의 틈새와 구멍으로 갑작스레 물길이 밀려들었으며, 그 물살 때문에 정교한 나뭇가지 모양의 광물 무늬가 바위에 새겨졌다.

홍수야 어찌 되었든, 쇼히처의 실험은 모수석의 형성 원리를 설명하고자 굳이 식물의 생장력을 끌어들일 필요가 없다는 것을 보여 주었다. 18세기 중반에는 스웨덴 광물학자 요한 고트샬크 발레리우스(Johann Gottschalk Wallerius, 1709~1785년)가 유명한 저작에서 벌써 이렇게 썼다.

어떤 박물학자들은 광물에게도 식물이 누리는 것과 같은 생명이 있다고 주장한다. 그러나 광물의 섬유 혹은 맥 속에 액체가 흐르는 것을 관찰한 사람은 아무도 없다. 최고의 현미경을 써도 마찬가지다. 무엇이든 그런 견해의 증거를 댄 사람도 없다. 그리고 순환하는 액체가 없는데도 생명이 있다고 주장하는 것은 대체로 받아들이기 어렵다. 따라서 우리는 광물에 생명을 부여할 근거가 없다. 스스로 자라나고 불어나는 재주가 있는 것이라면 뭐든지 다 살아 있다고 부를 생각이 아닌 다음에야 말이다.

꼭 생명이 있어야만 '유기체적' 형태가 만들어지는 것은 아니라는 생각이 벌써 등장했던 것이다.

가장 가까운 가지에 붙을 것

요즘은 실험실에서 모수석과 같은 분지형 결정을 비교적 간단히 길러 낼 수 있다. 1장에서 말했던 전착 과정을 쓰는 것이 한 방법이다. 음으로 대전된 전극을 금속염이 든 용액에 담그면, 전극 표면에 순수한 금속이 붙어 자라기 시작한다. 금속 이온은 양전하를 띤다. 금속 이온이란 금속 원자가 음전하를 띤 전자를 하나 이상 잃은 상태이기 때문이다. 그래서 금속 이온은 전기적으로 전극에 이끌리고, 그곳에서 전자를 도로 얻어 중성의 금속 원자로 돌아간다. 그 원자들이 전극 표면에 붙어 결정으로 자란다.

우리가 전기 도금을 할 때는 이 과정을 낮은 전압에서 실시한다. 그러면 금속이 아주 천천히 자라서 매끄러운 막처럼 전극을 감싸는데, 심지어 단 한 겹일 때도 있다. 반면에 높은 전압에서는 석출물이 빨리 자란다. 즉 평형을 벗어난 상태에서 과정이 진행된다. 이때는 금속이 불규칙하게 부착되고, 가지들이 활짝 돋아난 형태를 이룬다. (그림 2.3a 참조) 얼핏 보면 전혀 결정 같지 않지만, 현미경으로 자세히 보면 이 가지들도 작은 결정자(結晶子)들이 마구 엉겨 만들어진 것임을 알 수 있다. (그림 2.3b 참조)

1984년 케임브리지 대학교의 로버트 브래디(Robert M. Brady)와 로빈 볼(Robin C. Ball)은 파리 콜레주 드 프랑스의 토머스 애덤스 위튼(Thomas Adams Witten)과 미시건 대학교의 레너드 샌더(Leonard M. Sander)라는 두 미국인 물리학자가 3년 전에 개발한 이론적 모형으로 분지형 석출물의 형태를 설명했다. 그런데 위튼과 샌더는 사실 전착 석출물을 연구하시 잃았다. 그들은 전혀 다른 현상을 묘사하기 위해 모형을 개발했다. 먼지 입자들이 바람에 날려 다니다가 서로 달라

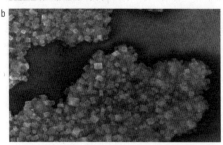

그림 2.3
(a) 금속이 중앙의 전극에 전기 화학적으로 부착하여 나뭇가지 모양을 이루었다. (b) 현미경으로 가지를 보면, 작은 결정자들이 특정한 방향 없이 되는 대로 뭉친 것임을 알 수 있다.

붙어 덩어리를 이루는 현상이다. 위튼과 샌더는 이때 입자들이 무작위로 이리저리 움직이는 마구 걷기(random walk, 확산이라고도 한다.)를 한다고 가정했고, 그러다가 다른 입자와 접촉하면 당장 들러붙는다고 가정했다. 그러면 덩어리는 사방에서 입자들이 무작위로 더해지면서 자랄 것이다. 이때 덩어리가 자라는 속도는 입자의 확산 속도, 즉 입자가 덩어리의 가장자리에 다다르기까지 시간이 얼마나 걸리는가에 달려 있다. 그래서 위튼과 샌더는 이 모형을 **확산을 통한 응집**(DLA, diffusion-limited aggregation) 모형이라고 불렀다.

위의 과정은 눈송이가 찬 공기에서 자라는 과정과 비슷해 보인다. 눈송이도 확산하던 물 분자들이 자라나는 결정과 부딪혀 들러붙으면서 커지는 것이니까. 그러나 중요한 차이점이 있다. 눈송이의 경우, 결정을 이루는 물 분자들은 육각형 고리 모양으로 질서 정연하게 쌓인다. 그것은 곧 물 분자가 눈송이 표면에 도착한 뒤에도 자신이 끼어들기에 적당한 구멍을 찾으면서 조금 더 움직인다는 뜻이다. 반면에 DLA에서는 결정을 구성하는 입자들에게 그런 조정의 기회가 없다. 입자들은 접촉하자마자 더 이상 움직일 수 없으므로 불규칙하게 마구잡이로 뭉치고, 자라나는 덩어리의 표면은 금방 들쑥날쑥 엉망이 된다. 다른 말로 설명하면 이렇다. 이 과정은 비평형 상태에서 진행되기 때문에 덩어리가 아주 빨리 자란다. 따라서 입자들은 가장 조밀하게 뭉치는 방법을 찾아볼 여유가 없다. 그래서 많은 '쌓기 실수'가 그대로 굳어 버린다.

위튼과 샌더는 DLA 과정을 컴퓨터로 시뮬레이션해 보았다. 그들은 상자 중앙에 입자를 하나 두고, 상자 가장자리를 따라 무작위적인 지점에서 입자를 하나씩 더 들여보냈다. 입자들은 자유롭게 확산하다가 미리 들어가 있는 입자와 만나면 엉겨 붙었다. 이렇게 설정한 결과, 가느다란 가지들이 뻗어 나온 덩어리가 자랐다. (그림 2.4 참조) 1984년에 일본 주오 대학교의 마쓰시타 미쓰구(松下貢, 1943년~)와 동료들은 이 구조가 전기 석출물의 구조와 아주 비슷하다는 사실을 처음 깨달았다. 이에 대해 브래디와 볼은 비평형 상태에서의 전기 화학적 성장 메커니즘이 DLA 모형과 주요한 특징들을 공유하기 때문이라고 해석했다. 전착 과정에서도 무작위로 확산하던 이온들이 전극에 닿는 순간 침전하니까 말이다. 물론 세부적인 측면은 더 복잡하겠지만, 기본적으로는 옳은 해석이었다.

그림 2.4
확산을 통한 응집(DLA)
모형에서 생겨난 입자들의
덩어리

DLA의 무작위적 충돌에서 가장자리가 거친 덩어리가 만들어지는 이유는 쉽게 알겠다. 그러나 왜 하필이면 가지가 만들어질까? 그 대신 테두리가 거칠고 속은 빽빽한 덩어리, 가령 퍼져 가는 잉크 방울 같은 모양이 만들어지는 것도 상상할 수 있지 않은가? 왜 그런 모양이 안 만들어질까?

답은 눈송이가 성장할 때처럼 DLA 모형에서도 우연히 작은 돌기나 고르지 못한 부분이 생기면, 불안정성이 그것을 얼른 더 증폭하여 길고 가느다란 손가락처럼 잡아늘인다는 것이다. 어쩌다 덩어리 표면에 돌기가 나면, 그 부분은 표면의 다른 지점들보다 더 튀어나와 있기 때문에 무작위로 확산하던 입자들이 다른 곳보다 그곳에 부딪힐 가능성이 높다. (그림 2.5 참조) 그래서 돌기는 표면의 다른 지점들보다 더 빨리 자란다. 이때 중요한 점은 이처럼 유리한 성장이 자기 강화적 과정이라는 것이다. 돌기가 더 높이 솟을수록 새로운 입자들이 그것과 충돌하여 들러붙을 확률이 더 커진다는 말이다. 요컨대 '손가락'의 성장은 양의 되먹임 과정이다. 그리고 손가락에서도 가장 많이 노출된 부분인 돌기 끄트머리가 새 입자를 획득할 확률이 가장 크므로, 손가락 끄트머리가 점점 더 뾰족해지는 방향으로 성장이 진행된다. 그렇게 만들어진 촉수에서 곁가지들이 돋기도 하는데, 그것들 역시 똑같은 성장 불안정성에 따라 무작위로 자란다. 이때 입자들의 무작위 확산이 중요하다는 점을 명심하자. 입자들이 무작위 확산 대신 땅에 떨어지는 빗방울처럼 직선을 그리며 다가온다면, 덩어리는 표면이 거칠지 않고 매끄러운 상태를 유지하면서 자랄 것이다.

덩어리의 '표면'이 가지를 뻗으며 퍼져 나간다는 점뿐만 아니라 덩어리의 내부가 완전히 '채워지지' 않는다는 점도 주목할 만하다. 이것은 마구 뻗은 가지들 때문에 입자가 아주 깊숙한 곳까지 접근하기

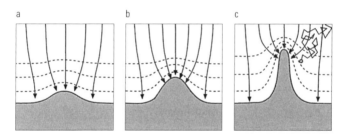

그림 2.5

DLA 모형에서 성장 불안정성 때문에 가지가 성장하는 과정. (a)~(c) 그림처럼 응집체 표면에 돋아난 작은 돌기는 주변의 평평한 지점들보다 새로운 입자를 더 빨리 끌어들이므로, 점점 더 높게 자라난다. 또한 돌기 자체에도 무작위적으로 울퉁불퉁한 부분이 있을 테니, 그곳에서 또 손가락이 돋는다. 결국 덩어리는 가지들이 빽빽하게 뻗은 모양이 된다. 그림에서 점선은 유입되는 입자들의 평균 밀도를 등가선으로 그린 것이고, 실선은 입자들의 평균적인 흐름을 묘사한 것이다. 보다시피 입자들은 돌기의 끝에 집중되는 경향이 있다. 물론 실제로는 입자들이 몹시 구불구불한 경로를 밟는다. 그런 움직임을 마구 걷기라고 부른다. 실제 입자 하나를 (c)에 그려 두었다.

가 어렵기 때문이다. 꼬불꼬불 다가온 입자는 가지들 사이의 틈바구니로 들어가기 전에 다른 곳과 부딪칠 테고, 그곳에 그냥 들러붙을 것이다. 따라서 덩어리는 빈 공간이 많아 나풀거리는 형태를 취할 것이다. 가장 멀리 뻗은 가지들이 그리는 공간은 대충 원형이겠지만(3차원이라면 구형일 것이다.), 속은 대체로 비었다. 매연 입자가 꼭 이런 모양이다. 매연 입자는 연소 과정에서 배출된 작은 탄소 조각들이 응집한 것으로, 보통 이런 형태여서 수플레처럼 가볍고 폭신하다.

가지에는 어떤 독특한 특징이 있을까?

DLA 메커니즘에서 자라난 덩어리는 분지형 전기 석출물과 정말로 비슷하게 생겨서, 두 과정이 관계있지 않을까 하는 생각이 들 만하다. 그러나 단순한 시각적 유사성은 두 성장 과정의 이면에 공통의 메커니즘이 존재한다는 과학적 증거가 되지 못한다. 이것은 패턴 형성 연구에서 가장 근본적인 문제이므로 아무리 강조해도 지나치지 않다. 우리는 비슷하게 생긴 두 물체를 보면 본능적으로 그것들의 근본 원인이 같을 것이라고 생각한다. 그것들이 하나의 근본적인 현상에 대한 서로 다른 표현이라고 추측하는 것이다. 나는 『모양』과 『흐름』에서 이런 직관이 때로는 건전하지만 때로는 건전하지 않다고 말했다. 얼룩말의 줄무늬와 바람에 날린 모래의 물결무늬는 패턴 구성 요소들의 형성을 촉진하는 힘과 억제하는 힘이 똑같은 방식으로 상호 작용한 결과라고 볼 이유가 충분하다. 그러나 초파리 배아가 발생 초기에 드러내는 줄무늬는 그것들과 기원이 다르다. 우리는 패턴을 인지하고 비교하는 능력 덕분에 겉으로는 영 무관해 보이는 체계들 사이에서 연관성을 잘 찾아내지만, 바로 그 능력 때문에 그릇된 상관관계나 이치에 맞지 않는 비유에도 곧잘 빠진다.

그렇다면 유사한 패턴들 간의 비유를 어떤 경우에는 믿고 어떤 경우에는 믿지 말아야 할까? 쉬운 답은 없다. 앞으로 이야기하겠지만 자연에서 관찰되는 다양한 분지 구조들 사이에는 **실제로** 놀라운 연관 관계가 있다. 그러나 우리가 그런 주장에 조금이라도 확신을 품으려면, 적어도 우리가 보는 패턴들의 특징을 어떻게든 객관적으로, 정량적으로 묘사할 방법이 있어야 한다. 그렇다면 어떻게 나무들이나 DLA 덩어리들의 형태를 측정할 수 있을까?

그런 형태들은 겉으로는 몹시 불규칙해 보이지만, 사실은 곤충의 다리 수만큼이나 정확하고, 재현 가능하고, 특징적이고, 측정 가능한 성질을 갖고 있다. **프랙탈 차원**(fractal dimension)이라는 성질이다. 프랙탈 차원은 가지들이 얼마나 빽빽하게 들어찼는지 측정하는 척도다. 만일 어떤 두 형태가 같은 원리에 따라 형성된 경우에 서로 '같은 구조'라고 부른다면, 우리가 프랙탈 차원을 써서 두 형태가 '같다.'라는 판단을 정확하게 내릴 수는 없지만 '같지 않다.'라는 판단은 제법 정확하게 내릴 수 있다. 예를 들어 어느 분지형 전기 석출물과 DLA 덩어리의 프랙탈 차원을 측정했더니 값이 같았다고 하자. 그렇더라도 전착 과정이 기본적으로 일종의 DLA 과정이기 때문이라고 결론 내릴 수는 없다. 그러나 만일 두 프랙탈 차원이 다르게 나온다면, 우리는 확실히 처음으로 돌아가서 전기 석출물의 형성 방식을 아예 다르게 설명해야 한다.

수학을 전혀 동원하지 않고 프랙탈 차원을 이해할 방법은 사실상 없다. 그러나 나는 『모양』에서 수학적인 내용을 가급적 최소화하겠다고 약속했고, 지금도 그 약속을 어길 필요는 없을 것 같다. DLA 덩어리가 가지를 뻗는 대신 입자들 사이에 빈틈이 전혀 없을 만큼 빽빽하게 성장한다고 가정해 보자. 그런 덩어리는 속이 꽉 차 단단할 것이고, 덩어리의 표면적은 덩어리가 커질수록 따라서 넓어질 것이다. 평평한 표면에서(즉 2차원에서) 자라는 덩어리라면 아마도 대충 원형일 것이다. 이때 총 입자 수(N)는 덩어리 면적에 비례한다. 그리고 완벽한 원이라면 면적은 반지름의 제곱(r^2)에 비례한다. 반면에 입자들이 일렬로 늘어선 가지들을 이룬다면, 즉 아스테리크(*)처럼 여러 갈래로 갈라진 별 모양이라면, 총 입자 수는 가지들의 길이와 비례할 것이다. 달리말해 가지들의 끝이 그리는 원의 반지름 r에 비례한다. 이런 덩어리는 극단적으로 노출되어 있고 속이 '텅 빈' 셈이다. 그렇다면 앞에서 이야기했던 실제 DLA 덩어리는 어떨까? 이것은 양극단의 중간쯤에 놓인다. N은 덩어리의 '크기'를 반영하는 r가 커질수록 따라서 커지지만, r에도 r^2에도 비례하지 않는다. (즉 r의 1제곱에도 2제곱에도 비례하지 않는다.) 대신에 r을 1과 2 사이의 어떤 수(지수)만큼 제곱한 값에 비례한다. 이것은 실제 DLA 덩어리가 2차원 평면을 아스테리크형 덩어리보다는 더 빽빽하게 메우지만 속이 꽉 찬 원형 덩어리보다는 덜 빽빽하게 메운다는 뜻이다. 이때의 지수가 바로 프랙탈 차원에 해당하고, 우리는 덩어리의 입자 밀도를 분석해서 그 값을 계산할 수 있다. 2차원 DLA 덩어리들의 값은 1.71이다.

이렇게만 말하면 프랙탈 차원은 별로 대단치 않은 요소처럼 보인다. 그것은 그저 모형에서 도출된 어떤 숫자에 불과하지 않을까? 그러나 사실 프랙탈 차원 값에는 DLA 덩어리의 야릇한 속성 하나가 숨어있다. DLA 덩어리가 '차원과 차원 사이에' 존재한다는 속성이다. 우리 인간은 3차원 세상에서 사는 데 익숙하다. 3차원 세상에서는 모든 물체에게 '몸집'이 있다. 표면으로 둘러싸인 부피가 있다는 말이다. 물론 세상에는 사실상 1차원이나 2차원이라고 보아도 좋은 물체도 있다. 가령 끈을 한 가닥 곧게 놓은 것은 1차원이다. 끈에게 '길이'는 있지만 '폭'이나 '높이'를 말할 수는 없다. 실제로는 왜 폭과 높이가 없겠느냐만은, 길이에 비해 무시할 만하다는 뜻이다. 엄밀하게 말하면 끈은 세 차원 중 두 차원이 거의 없다시피 줄어든 3차원 물체. 만일 끈이 무한히 얇다면, 진정한 1차원이 될 것이다. 마찬가지로 종이는 두 차원에서 뻗어 있지만 세 번째 차원(두께)은 무시할 만하다. 따라서 이럭저럭 2차원 물체라고 볼 만하다. 그런데 DLA 덩어리는 끈과도 종이와도 다르다. DLA 덩어리는 1차원도 아니고 2차원도 아니다. 1.71차원이다.

이것이 무슨 뜻일까? 이 의문은 나중에 자세히 설명할 것이고, 지금은 이 현상 때문에 모든 물체에게는 유의미한 경계가 있다는 개념이 흔들린다는 점만 이야기하겠다. 종이에는 모서리가 있고, 끈에는 끝이 있다. 모서리와 끝은 물체가 끝나는 지점이다. 그런데 프랙탈 물체는 '끝나는' 장소가 확실하게 정해져 있지 않다. 설령 당신이 프랙탈 물체의 '가장자리' 바로 위에 서 있더라도, 당신은 자신이 물체의 안쪽에 있는지 바깥쪽에 있는지를 확실히 말할 수 없을 것이다. 정확한 가장자리 자체가 없기 때문이다. 무척 이상한 소리라는 것을 나도 안다. 하지만 더 들어 보라.

프랙탈 차원 d_f는 DLA 과정의 속성으로서 우리에게 유의미하고 유용하다. 그 값이 확실하고 믿을 만하기 때문이다. DLA 덩어리가 점점 자라서 모양이 바뀌어도 d_f 값은 일정하게 유지된다. DLA 덩어리들은 가지들의 정확한 위치와 곡선은 서로 달라도 d_f 값은 정확하게 같을 것이다. 이런 의미에서, 설령 우리가 DLA 덩어리의 '형태'를 모호하고 비유적인 언어로 묘사할 수 있더라도 그 형태를 더 정확하게 논하려면 프랙탈 차원으로 규정하는 방법밖에 없다.

프랙탈 차원 값은 덩어리의 성장 규칙을 반영한다. 규칙이 바뀌면, 가령 새 입자가 덩어리 표면에 최종적으로 안착하기 전에 짧게 몇 번 자리를 옮길 수 있다고 허락하면, 새 규칙에 따라 만들어진 분지형 덩어리의 d_f 값은 예전과는 다를 것이다. 어떤 경우에는 성장 규칙의 변화 때문에 겉모습에 뚜렷한 차이가 나타날 수 있다. 가지들이 아주 뚱뚱해지거나 아주 가늘어지거나 하는 식으로. 그러나 또 어떤 변화들은 효과가 미묘할지 모른다. 그래서 시각적 검사만으로는 두 덩어리가 '같은지' 아닌지를 판별하기 어려울 수도 있다. 이때 프랙탈 차원은 그 차이를 명료하게 구분해 주는 잣대로 쓰인다.

예를 들어 보자. 그림 2.6에 모수석이 또 하나 있다. 석영 결정의 균열에서 자라난 산화 망간 모수석이다. 이 덩어리는 그림 2.1의 모수석과 같은 종류일까 아닐까? 눈으로만 봐서는 딱히 뭐라고 결론 내리기 어렵다. 그러나 프랙탈 차원을 계산하면, 두 가지가 서로 다르다고 자신 있게 말할 수 있다. 그림 2.1의 모수석은 프랙탈 차원이 1.78인데 비해 그림 2.6의 모수석은 약 1.51이다. 여러분은 프랙탈 차원이 낮을 수록 덩어리가 더 성기다는 사실을 아마 눈치챘을 것이다.

그림 2.3a와 같은 분지형 전기 석출물은 프랙탈 차원이 보통 약 1.7이다.[4] 그러므로 이제 우리는 전기 석출물의 형성 메커니즘과 DLA 과정 사이에 정말로 공통점이 있다고 확신할 수 있다. 그러면 모수석은 어떨까? 겉모습만 보았을 때는 모수석 형성 과정도 DLA 모형으로 잘 묘사할 수 있겠다 싶었지만, 이제 우리는 두 모수석의 프랙탈 차원이 DLA 덩어리와는 다를 뿐더러 서로 간에도 다르다는 사실을 확인

그림 2.6
석영 결정 속 모수석

했다.

한편 프랑스 물리학자 바스티앙 쇼파르(Bastien Chopard)와 동료들은 좀 더 세련된 형태의 DLA 모형으로 모수석의 형성을 설명했다. 그들의 모형에서는 모수석을 구성하는 이온들이 담긴 용액이 주변 바위의 균열로 스며들고, 그러다가 이온들끼리 만나 화학 반응을 일으킨다. 현실에서 모수석은 금속 이온과 산화물 이온으로부터 형성되는데, 거칠게 말해서 물에 녹은 2종류의 이온들이 자유롭게 확산하다 서로 만나 검은 불용성 침전물을 이룬다고 생각하면 된다. 모형은 그 과정을 다음과 같이 모방했다. 용해성 화학 물질 A와 B가 있다. 이들은 주변 매질에서 자유롭게 이동한다. 그러다가 서로 만나 반응하면

역시 용해성인 화학 물질 C를 형성한다. 어떤 장소에 C가 충분히 많이 모여 용액이 과포화 상태가 되면 C는 검은 물질 D로 침전하고, D는 그 자리에 그대로 고정된다. 한편 C입자가 이미 형성된 D 덩어리를 만나면, 입자는 곧장 침전해 덩어리에 붙는다. 비록 다른 용어로 표현하기는 했지만, 이것은 사실 『모양』에서 이야기했던 **반응—확산**(reaction-diffusion) 모형과 같다. 그리고 역시 『모양』에서 이야기했듯이, 이런 모형에서는 패턴들이 풍성하게 생겨난다.

쇼파르와 동료들은 자신들의 모형에서 실제 모수석과 아주 비슷

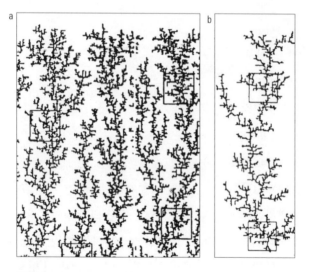

그림 2.7

컴퓨터 모형에서 만들어진 모수석 패턴들. 이 모형에서 입자들은 마구 걷기로 확산하다가 서로 만나 검은 침전물을 형성한다. 이 모형에서는 넓은 범위의 프랙탈 차원들이 만들어진다. (a)는 그림 2.1의 모수석과 비슷한 프랙탈 차원 1.78의 사례, (b)는 그림 2.6의 모수석과 비슷한 프랙탈 차원 1.58의 사례이다. (그림의 정사각형들은 프랙탈 차원을 계산할 때 샘플로 선택한 영역이다.)

가지

한 프랙탈 덩어리들이 생기는 것을 관찰했다. (그림 2.7 참조) 이때 덩어리들의 프랙탈 차원은 반응 물질 B의 농도에 따라 달라졌다. 연구자들은 그 농도를 바꿈으로써 프랙탈 차원 1.75에서 1.58 사이의 모수석들을 시뮬레이션할 수 있었다. (앞에서 예로 들었던 천연 표본들의 프랙탈 차원 값과 비슷하다.)

어디에나 있는 프랙탈?

과학도 인간의 여느 활동처럼 유행을 탄다는 증거로 프랙탈만큼 좋은 예가 또 있을까? 프랙탈은 1980년대에 선풍적인 인기를 누렸다. 사람들은 책, 포스터, 엽서, 티셔츠에서 프랙탈을 칭송했다. 프랙탈 물체들 중에서도 가장 유명했던 것은 뉴욕 요크타운하이츠의 IBM연구소에서 일하던 수학자 브누아 망델브로(Benoît B. Mandelbrot, 1924~2010년)가 1970년대에 발견한 추상적 구조였다. 검고 둥글어 꼭 콩팥처럼 보이는 그것을 요즘은 망델브로 집합(Mandelbrot set)이라고 부른다. (그림 2.8 참조) 이 괴물에는 가느다란 술들이 매달려 있고, 가끔은 현란한 (가짜) 색깔들로 소용돌이무늬가 그려져 있다. 그런데 화려한 겉보기와 달리 이 도형은 아주 단순한 하나의 대수 방정식에 대한 반응을 수학적 평면에 표출한 것이다. 망델브로는 프랙탈이 자연에 풍성하게 나타나는 새로운 기하학 구조라는 사실을 널리 알린 선구자였다. (망델브로보다 먼저 이런 생각을 암시한 선례들이 있기는 하다.) 망델브로는 1975년에 '프랙탈'이라는 단어를 만들었고, 2년 뒤에 『자연의 프랙탈 기하학(*The Fractal Geometry of Nature*)』을 써서 크나큰 영향을 미쳤다. 책에서 그는 해안사의 굴곡에서 식물과 구름의 형태까지 자연 곳곳에서 프랙탈 형태가 발견된다고 말했다. (도판 2 참조) 1980년대에는 컴퓨터로 프랙탈을 생성해서 풍경이나 유기체적 복잡성을 모방한 그림들이 영화와 광고까지 진출했다. 그러나 요즘은 정교하고 복잡한 이 형태들에서 참신한 매력을 느끼는 사람이 없다. 한때 과학자들은 새로운 프랙탈 구조를 발견하기만 해도 흥미롭게 여겼지만, 지금은 심드렁하게 어깨를 으쓱하고 말 뿐이다. 프랙탈이 도처에 존재한다는 생각에 이미 익숙해졌기 때문이다.

프랙탈이란 무엇일까? 망델브로는 그것을 '괴물'이라 불렀다. 그 성질이 야릇하고, 알쏭달쏭하고, 수학자에게는 심지어 오싹하기 때문

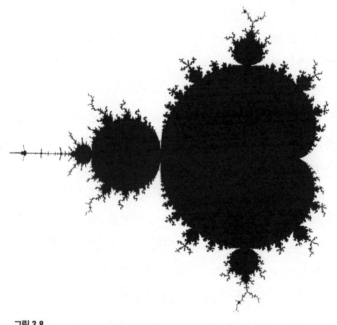

그림 2.8
망델브로 집합은 어떤 방정식에 대한 해의 '끌림 유역들' 사이의
경계를 규정한 수학적 프랙탈이다. 이때 해들은 세로축을 실수로
삼고 가로축을 허수로 삼는 복소 평면에 표시된다.

가지

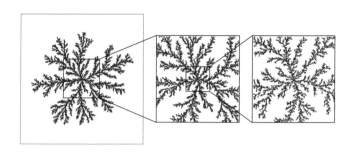

그림 2.9

DLA 덩어리를 확대하면, 어떤 척도에서든 얼추 다 같아 보인다.
이런 성질을 자기 유사성, 혹은 척도 불변성이라고 부른다

이다. 망델브로는 우리가 에우클레이데스 기하학과 연관 짓는 친숙하
고 규칙적인 질서의 형태들, 즉 삼각형, 사각형, 원 같은 단순한 형태들
과 그저 무작위성과 혼돈만을 드러내는 듯한 형태들 사이의 중간 지
대에 프랙탈이 있다고 말했다. 말하자면 프랙탈은 질서 있고 기하학적
인 혼돈이라는 것이다. 모순되는 용어들이 참으로 적절하게 충돌한 표
현이다.

　망델브로 집합의 가장자리를 가까이 들여다보면, 가지를 친 촉
수들이 빙 둘러져 있다. 모수석이나 DLA 덩어리를 연상시키는 구조
다. 실제로 우리는 그 구조들 사이의 관계를 더 명백하게, 더 형식적
으로 밝힐 수 있다. 망델브로 집합과 DLA 덩어리의 공통점은 우리가
그것을 아무리 더 가깝게 들여다보아도, 가령 현미경의 배율을 높이
는 것처럼 좀 더 확대해서 보아도, 모양이 거의 그대로인 것처럼 보인
다는 점이다. 이것은 나른 모든 프랙탈 구조들도 갖고 있는 특징이다.
DLA 덩어리의 일부를 떼어 확대하면, 전체 구조와 거의 똑같이 생긴

가지들이 보인다. 확대한 영역에서 또 일부를 떼어 확대해도 마찬가지다. (그림 2.9 참조) 그렇다면 우리는 그냥 겉모습만 보아서는 얼마나 확대했는지 알아맞힐 수 없을 것이다. 축척을 암시하는 잣대가 아무것도 없으니까. 대조적으로 우리가 어떤 마을의 항공 사진을 볼 때는 축척을 쉽게 알아차릴 수 있다. 자동차, 집, 도로 등이 우리에게 익숙한 길이의 잣대가 되어 주기 때문이다. (나중에 이야기하겠지만, 지질학적 구조는 프랙탈 구조일 때가 많기 때문에 지질학자들은 암석 표면을 사진으로 찍을 때 기준 삼아 망치를 함께 놓아둔다.) 이처럼 확대 수준이 달라도, 즉 척도가 변해도 같은 형태가 계속 등장하는 성질을 가리켜 **척도 불변성**(scale invariance)이라고 한다. 더 느슨한 표현으로는 **자기 유사성**(self-similarity)이라고 한다. 망델브로 집합도 자기 유사성이 있기 때문에, 가장자리에서 아무 지점이나 확대해서 보더라도 예의 불길한 검은 덩어리가 연거푸 등장한다. 마치 기형적인 러시아 인형처럼 말이다.

척도 불변성 때문에 프랙탈 형태에는 경계가 없다. 물론 망델브로

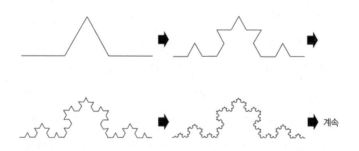

그림 2.10
코흐 눈송이라는 프랙탈 물체는 선분에 돌기를 내는 과정을
점점 더 작은 규모에서 연속적으로 반복함으로써 얻을 수 있다.

가지

집합의 평면에 있는 점들 중에서 어떤 점들은 확실하게 검은 영역의 내부나 외부에 속한다고 단정할 수 있지만, 만일 우리가 '가장자리' 바로 위에 서 있다면 그 지점이 대체 어느 편에 해당하는지 확실히 말할 수 없을 것이다. 좀 더 확대해서 보려고 해도 계속해서 소용돌이만 나타날 것이다. 이것은 코흐 눈송이(Koch snowflake)라는 유명한 프랙탈 형태를 가져와서 설명하면 쉽다. 코흐 눈송이는 경계선에 뾰족한 돌기를 내는 작업을 갈수록 더 작은 규모에서 반복적으로 수행함으로써 얻어진다. 우선 선분을 하나 그린 뒤, 그 전체를 3분의 1로 나눴을 때 가운데 조각에 해당하는 부분에 등변 삼각형 모양으로 돌기를 낸다. (그림 2.10 참조) 그렇게 만들어진 선분들 각각에 대해서도 똑같은 과정을 반복한다. 그다음에도 또 반복한다. 이렇게 점점 더 작은 규모로 가면서 반복하면, 결국에는 반복적, 대칭적으로 가지를 뻗은 눈송이의 팔과 약간 비슷해 보이는 지그재그 선이 나타난다. 우리는 각 단계에서는 어디가 경계선인지를 확실하게 말할 수 있지만, 경계선에 해당했던 지점이 다음 단계에서는 새로 돋은 돌기에 잡아먹힐지도 모른다. 이 과정이 무한히 지속되면 선은 무한히 꼬불꼬불해질 것이고, 선이 정확히 어느 지점을 지나는지 말하기가 불가능해질 것이다. '코흐 눈송이'는 여전히 유한한 도형인데도 그 경계가 모호해지는 것이다.

시각 예술가들은 왜 망델브로 집합을 좋아했을까? 망델브로 집합은 시선을 자극하는 바로크적 패턴을 말 그대로 무한히 공급하기 때문이다. 망델브로 집합은 평면의 각 점이 하나의 수를 뜻하는 수학적 평면에 그려진 지도라고 할 수 있다. 검은 덩어리 내부에 해당하는 수들은 망델브로 집합을 규정하는 방정식의 한 해와 연관되고, 외부의 수들은 다른 해와 연관된다.[5] 종종 이 지도에 총천연색 소용돌이들이 그려져 있는데, 그것은 각각의 수들이 얼마나 빨리 방정식의 해로 변환되는가에 따라 임의로 다른 색깔을 부여한 것이다. 그러나 지금은 그런 세부적인 사항이 중요하지 않다. 망델브로 집합이 놀라운 점은 양치류, 소용돌이, 벼락 등등 우리가 곳곳에서 찾아볼 수 있는 패턴들과 형태들을 낳는다는 것이다. 프랙탈 기하학은 본질적으로 시각적이다. 망델브로는 이렇게 말했다.

> 19세기의 프랑스 수학자 조제프 루이 라그랑주(Joseph Louis Lagrange, 1736~1813년)와 피에르 시몽 마르키스 드 라플라스(Pierre Simon Marquis de Laplace, 1749~1827년)는 자신들의 책에 그림이 한 점도 나오지 않는다고 자랑했다. 후대 사람들도 거의 보편적으로 그들의 선례를 따랐다. 프랙탈 기하학은 그런 사조에 대한 반응이다. 프랙탈 기하학은 갈릴레오 갈릴레이(Galileo Galilei, 1564~1642년)가 에우클레이데스(Eucleides, 기원전 330~기원전 275년)로부터 물려받은 '알파벳'에 '문자'를 추가한 셈이다. 사람들이 프랙탈 기하학의 그런 성질을 기꺼이 인정하는 제일 큰 이유는 프랙탈 기하학이 본질적으로 매력적이기 때문이다. 사람들은 프랙탈을 새로운 형태의 예술로 금세 받아들였다. 어떤 프랙탈은 산맥, 구름, 나무 등을 놀랄 만큼 사실적으로 '위조'한다는 점에서 '구상적'이고, 어떤 프랙탈은 완벽하게 비현실적이고 추상적이다. 어쨌든 모든 프랙탈은 거의 모든 사람들에게 강렬하고 관능적이기까지 한 인상을 남긴다.

이 특징은 양날의 검이라는 사실을 밝혀 두어야겠다. 어떤 수학자들은 프랙탈이 환상적인 컴퓨터 그래픽 낙서에 지나지 않는다고 말하면서 유행에 코웃음 쳤기 때문이다. 그들은 프랙탈이 정확하고 정교하게 수를 다루는 자신들의 예술과는 무관하다고 보았다. 그리고 나는 프랙탈에서 탄생한 '예술'이라는 것이 록 음반 표지나 사이키델릭 아트의 따분한 키치적 작품들과 대체로 크게 다르지 않다고 본다.[6]

그런데 우리가 프랙탈 기하학을 자연적인 형태들의 열쇠로 간주할 때 조심할 이유는 그밖에도 또 있다. 우리는 일단 프랙탈 구조가 어떤 모양인지를 파악한 뒤에는 사방에서 그것을 상상한다. 물론 DLA 덩어리로 대표되는 분지형 프랙탈 구조는 분명히 자연의 보편적인 형태 중 하나이다. 또한 그런 구조는 비교적 단순하고 생물과는 무관한 과정에서 '생명을 닮은' 복잡한 형태가 생길 수 있음을 보여 주는 훌륭한 사례다. 그러나 분지형 패턴이라고 해서 모두 프랙탈은 아니라는 점을 명심해야 한다. 게다가 더 중요한 점은, 어떤 구조가 프랙탈이라고 말하는 것만으로는 구조의 형성 방식을 조금도 더 이해할 수 없다는 것이다. 프랙탈을 형성하는 과정이 한 종류만 있는 것은 아니고, 프랙탈이라고 불러도 좋은 패턴이 한 종류만 있는 것도 아니다. 프랙탈 차원은 자기 유사성을 지닌 구조들을 분류할 때 유용한 잣대이지만, 그것이 반드시 더 깊은 이해로 이끄는 마법의 열쇠로 기능하지는 않는다.

더구나 우리가 자연에 대해서 '프랙탈'이라고 말할 때 그것이 정확히 무슨 뜻인지조차 분명하지 않다. 앞에서 우리는 무언가를 프랙탈로 규정하는 성질, 즉 프랙탈 차원을 부여하는 속성은 자기 유사성(Self-similarity), 달리 말해 다른 배율로 보아도 형태가 불변하는 성질이라고 말했다. 망델브로 집합은 아무리 바싹 들여다보아도 불변성이 유지된다. 가상의 코흐 눈송이도 그렇다. 그러나 현실의 물체들은 당연히 어느 지점인가 세부에 끝이 있다. 궁극적으로 원자들의 수준에 다다른다는 이유 때문이라도 말이다. 사실 '현실의' 프랙탈들은 그보다도 한참 이른 수준에서 자기 유사성이 중단된다. 앞에서 분지형 금속 석출물은 원자 수백 개로 이루어진 자그마한 결정자가 구성 단위라고 했는데, 우리가 그 결정자들의 수준까지 내려간다면 석출물의 표면은 곧 결정면과 같아서 평평해질 것이다. 흔히 '자연의 프랙탈'로 거론되는 많은 사례, 가령 양치류의 분지 구조도 자기 유사성을 겨우 몇 차례 반복하고 말 뿐이다. 양치류의 잎은 가장 작은 잎의 수준까지 내려간 다음에는 더 이상 프랙탈 구조가 아니다. 그것은 이제 1차원과 2차원 사이에 낀 구조가 아니고, 공간을 완전히 메운다. 양치류는 그 수준에서 완전한 2차원 물체가 되는 것이다. 눈송이도 마찬가지다. 눈송이는 보통 6개의 팔에 곁가지들이 달려 있는데, 가지 뻗기는 겨우 그 수준에서 멈춘다.

자연의 프랙탈 구조들이 모든 축척에서 완벽한 프랙탈일 수는 없지만, 과학자들은 어떤 구조를 프랙탈로 명명하려면 적어도 10의 몇 제곱 수준까지는 자기 유사성이 있어야 한다고 본다. 가령 1,000배 확대한 수준까지는 그래야 한다는 식이다. 그러나 예루살렘 히브리 대학교의 다비드 아브니르(David Avnir, 1947년~)와 동료들이 보여 준 바, 현실에서 '프랙탈'로 선언된 물체들은 대개 10배 확대를 넘어서면 자기 유사성을 잃는다. 최대라고 해 봐야 100배이다. 이것은 문제의 물체가 그저 표면이 거칠 뿐이라는 뜻이다. 연구자들의 지적에 따르면, 자연의 기하학이 프랙탈 구조라는 말은 사람들이 그런 불규칙성을 '프랙탈'이라고 부르는 데 만족하기 때문이지 그 불규칙성이 수학적 프랙탈에 대한 망델브로의 원래 정의, 즉 무한한 재귀성을 지닌 구조라는 정의에 어떤 방식으로든 유의미하게 맞아 들어서가 아니다.

그야 어쨌든, 모수석이나 DLA 덩어리처럼 가지를 대단히 많이 친

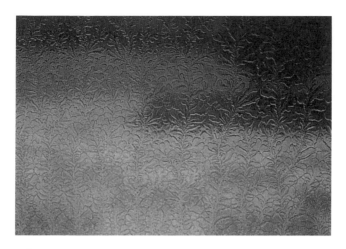

그림 2.11
세비야에 있는 로스로브레로스 호텔의 겹유리창에 자란
비스커스 핑거링 무늬

물체들에 대해서는 제법 유의미하게 프랙탈 차원을 논할 수 있다. 물론 고도의 분지 형태가 뚜렷하게 드러나는 축척으로 한정되겠지만 말이다. 좌우간 이런 경우에는 프랙탈 차원이 언뜻 비슷해 '보이는' 패턴들을 비교하는 수단으로 유효하다. 그러므로 나는 앞으로도 이런 구조들을 '프랙탈'이라고 표현하겠다.

압출 패턴

스페인의 물리학자 후안 마누엘 가르시아루이스(Juan Manuel Garcia-Ruiz, 1953년)는 세비야의 로스레브레로스 호텔에서 조용히 커피 한 잔 하려고 앉은 순간, 불시에 프랙탈 가지들의 습격을 받았다. 커피숍의 널찍한 판유리창에 망델브로의 괴물 3마리가 기어올라 있었던 것이었다. 마치 유리에서 자라난 유령 식물처럼. (그림 2.11 참조) 창은 합판 유리가 3장씩 겹친 형태였고, 사이사이 얇은 비닐 막이 끼워져 있었다. 그런데 합판 유리들의 가장자리가 완벽하게 봉해지지 않아서 공기가 유리판 사이로 비집고 들어갔다. 스페인의 열기 때문에 비닐은 이미 흐늘흐늘하고 찐득하게 변해 있었다. 공기가 그 속으로 밀고 들어가면서 맨 앞부분이 갈라져 흡사 장식처럼 정교한 나뭇가지 무늬가 만들어진 것이다. 이 무늬는 꼭 DLA 덩어리의 촉수들처럼 보인다. 가르시아루이스는 그 특징적인 패턴을 알아차렸다. 그래서 무늬를 사진으로 찍어 분석했더니, 이 공기 거품의 프랙탈 차원은 약 1.7이었다.

공기가 압력을 받은 나머지 점성이 있는 매질로 밀고 들어가 그 끝이 갈라지는 현상을 비스커스 핑거링(viscous fingering, 점성 있는 손가락 무늬 형성 — 옮긴이)이라고 부른다. 과학자들은 비스커스 핑거링을 상당히 면밀히 연구했다. 이 현상이 공학 분야에서 아주 실용적인 몇몇 문제와 관계있기 때문이다. 일례로 유전에서는 석유가 포화된 다공성 암반의 시추공에 물을 쏘아 넣어 석유를 뽑아낸다. 물은 기름과 섞이지 않으니, 물이 기름을 밀어붙여 유전 가장자리에 있는 유정으로 몰아줄 것이라는 발상이다. 그러나 만일 비스커스 핑거링이 발생한다면, 물줄기의 앞부분이 잘게 갈라지는 바람에 물로 석유를 밀어 채굴하는 효율이 낮아질 것이다.

이 설명이 어쩐지 익숙한가? 비스커스 핑거링은 18세기 초에 쇼히처가 모수석의 형성에 대한 비유로서 이야기했던 과정과 사실상 같다. (51쪽 참조) 쇼히처가 설명한 과정에서는 물이 압력을 받아 액체로 밀고 들어간 것은 아니었다. 사이에 액체가 스며든 두 판을 억지로 벌렸을 때 그 속에 형성된 진공 때문에 공기가 빨려 드는 과정이었다. 그러

가지

나 기본적으로는 두 가지가 같은 현상이다.

비스커스 핑거링의 무늬가 DLA 덩어리와 비슷한 것은 우연의 일치가 아니다. 겉으로는 두 현상이 사뭇 달라 보이지만 말이다. DLA처럼 비스커스 핑거링에도 불안정성이 관여해, 접점에 우연히 생긴 돌기를 더 잡아늘인다. 앞에서 나는 눈송이를 비롯한 다른 수지상 구조들도 이런 효과를 겪는다고 설명했으며, 그것이 멀린스-세케르카 불안정성이라고 말했다. 비스커스 핑거링의 경우, 분지 불안정성의 기원이 밝혀진 것은 1958년이었다. 당시 필립 제프리 사프먼(Philip Geoffrey Saffman, 1931~2008년)과 제프리 잉그럼 테일러(Geoffrey Ingram Taylor, 1886~1975년)는 19세기의 영국 해군 공학자 헨리 셀비 헬레쇼(Henry Selby Hele-Shaw, 1854~1941년)가 고안했던 도구를 써서 비스커스 핑거링을 연구했다. 헬레쇼는 원래 물이 선체를 따라 어떻게 흐르는지 알기 위해 장치를 만들었지만, 헬레쇼 세포(Hele-Shaw cell)라고 불리는 그 장치는 오늘날 분지 패턴 연구의 표준 도구가 되었다. 헬레쇼 세포는 두 장의 판으로 구성된다. 두 판은 간격을 좁게 띄운 채 수평으로 평행하게 설치되어 있다. 위쪽 판은 투명해야 하고, 중앙에 구멍이 뚫려 있어야 한다. 그 구멍으로 비교적 점성이 낮은 액체(가령 물이나 공기)를 주입하면, 그 액체가 판 사이에 낀 점성이 큰 액체(가령 글리세린이나 석유) 속으로 비집고 들어간다. (부록 1 참조)

가령 공기와 기름을 쓴다고 하자. 왜 공기의 앞부분이 기름을 파고들까? 공기와 기름의 접면에서 뒤쪽에 있는 공기의 압력이 접면 앞쪽에 있는 기름의 압력보다 크기 때문이다. 그 압력 기울기가 얼마나 가파른가에 따라 섭면이 나아가는 속도가 결정된다. 이것은 멀린스-세케르카 불안정성에서 온도 기울기가 맡았던 역할과 같다. 그리고 역시 멀린스-세케르카 불안정성처럼, 압력 기울기는 융기가 생긴 부분일수록 더 가파르고 융기 중 끄트머리에서 최고값을 띤다. 그러니 이것도 자기 강화 과정이다. 접면에 무작위로 형성된 작은 돌기가 주변보다 더 빨리 전진하여 더 길게 잡아 늘여지는 것이다. 이것을 사프먼-테일러 불안정성이라고 부른다.[7]

비스커스 핑거링과 DLA의 유사성은 수학적 차원까지 나아간다. 둘을 묘사하는 방정식이 같은 것이다. 두 현상을 묘사하는 방정식과 멀린스-세케르카 불안정성을 묘사하는 방정식은 모두 18세기 프랑스 수학자 겸 과학자 라플라스의 연구에서 유래했기 때문에, 과학자들은 통칭하여 라플라스 불안정성이라고 부른다. 만일 라플라스가 수학을 좀 더 시각적으로 사고할 줄 알았다면 프랙탈 분지 패턴의 기원을 거의 200년 전에 깨달았을지도 모를 일이다.

그런데 비스커스 핑거링에서는 상당히 특이한 조건일 때만 DLA를 닮은 가느다란 프랙탈 패턴이 생겨난다. 그보다는 살짝 변형된 분지형 구조가 더 자주 나타난다. 구조의 기본적인 패턴, 즉 '뼈대'는 거의 비슷하게 무질서하지만, 가지들이 가는 촉수(그림 2.11의 형태 참조)가 아니라 통통한 손가락 모양이다. 심지어 어떤 조건에서는 공기 거품이 DLA 덩어리처럼 들쭉날쭉하지 않고 마치 두툼한 손가락처럼 진행하다가 끝이 갈라진다. (그림 2.12a 참조) 이런 패턴은 **고밀도 분지 형태**라고 불린다. 이것은 아예 프랙탈이라고 할 수 없다. 주어진 공간을 거의 전부 메우므로, 프랙탈 차원이 2에 가깝다. 비스커스 핑거링과 DLA에서 기본적으로 같은 방식의 끄트머리 성장 불안정성이 작용하는데도 왜 이렇게 다른 패턴이 나타날까?

모든 비스커스 핑거링 패턴들은 적어도 한 가지 중요한 점에서

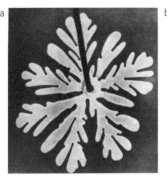

그림 2.12

(a) 헬레쇼 세포에 나타난 고밀도 분지 형태. 프랙탈 차원이 2에 가까우므로
가까스로 프랙탈이라고 불러 줄 만한 상태이다. (b) 공기 주입 압력이 낮으면,
진행하는 공기의 가장자리는 꽤 정확하게 규정된 파장을 띠고서 상당히
매끄러운 곡선을 그린다. 이것은 더 이상 프랙탈이라 할 수 없다.

DLA 덩어리들과 다르다. 독특한 **규모 척도**(size scale)가 있다는 점이다.
그 척도는 손가락 무늬의 평균 폭에 따라 결정된다. 이 특징이 가장 뚜
렷하게 드러나는 경우는 공기 주입 압력이 낮을 때인데, 그러면 공기
는 천천히 진행하면서 거의 규칙적인 굴곡을 그린다. (그림 2.12b 참조)
달리 말해 이제 패턴은 특정한 파장 혹은 규모를 취한다. 따라서 척도
불변성을 지닌 프랙탈이라고 볼 수 없다.

이렇게 특정한 척도가 생기는 까닭은, 눈송이 같은 수지상 구조
가 자랄 때 가지들의 폭이 특정한 규모로 정해지는 까닭과 동일하다.
표면 장력 때문에 접면을 형성하는 데는 에너지가 들므로 굴곡의 최
소 크기가 정해지는 것이다. 퉁퉁한 손가락 무늬는 척도를 불문하고
언제나 돌기의 성상을 촉진하는 사프먼 테일러 불안정성, 그리고 일
정한 한계보다 작은 돌기는 납작 눌러 버리는 표면 장력의 평탄화 효

과가 서로 타협한 결과다. 반면에 DLA 덩어리는 표면 장력을 사실상 전혀 겪지 않으므로, 가지의 폭이 구성 입자 하나의 폭과 같을 만큼 가늘게 자랄 수도 있다. 물론 실험실의 헬레쇼 세포에서도 DLA처럼 가느다란 '거품'을 만들 수 있다. 접면의 표면 장력이 굉장히 낮은 액체들을 쓰면 된다. 아니면 거품의 성장에 '잡음'을 더 많이 부여하는 방법도 있다. 무작위 교란이 더 많이 일어나게 해, 거품의 앞부분에서 가지들이 더 쉽게 자라도록 부추기는 것이다. 제일 간단한 방법은 헬레쇼 세포의 두 판 중 하나에 이리저리 금을 그어 빽빽하고 무질서한 그물망을 그려 두는 것이다. (그림 2.13a 참조) 이때 금을 가지런하게 그어 규칙적인 격자를 만들면, 격자가 거품에 대칭성을 부여한다. 가령 벌집 모양의 육각형 격자라면, 눈송이를 닮은 거품이 만들어진다. (그림 2.13b 참조)

헬레쇼 세포의 매력은 다양한 분지 패턴들이 어떻게 서로 연관되

그림 2.13

(a) 헬레쇼 세포의 밑판에 마구 교차하는 금을 그어 '무작위성'을 부여하면, 확산을 통한 응집(DLA) 덩어리와 비슷한 거품이 생긴다. (b) 한편 규칙적인 벌집 모양 격자로 금을 그으면, 거품이 눈송이를 닮는다.

가지

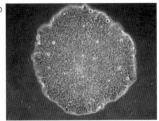

그림 2.14

(a) 성장하는 이끼 군집이나 (b) 일부 종양 세포 군집은 원형에
가까운 덩어리가 속은 꽉 차 있고 가장자리에는 술이 들쭉날쭉
둘러져 프랙탈 구조를 취한 형태다.

어 있는지를 탐구하게 해 준다는 점이다. DLA 덩어리 패턴, 비스커스
핑거링, 고밀도 분지 형태, 눈송이의 수지상 구조 …… 패턴에 약간의
잡음이 더해지면 이렇게 바뀌고, 약간의 대칭이 더해지면 저렇게 바뀐
다. 표면의 작은 교란을 크게 증폭시키는 라플라스 성장 불안정성 때
문에 가지들이 만들어지지만, 표면 장력은 거꾸로 그 성향을 완화시
킨다. 그 과정에서 탄생한 패턴은 프랙탈 구조일 수도 있지만, 반드시
그런 것은 아니다. 이런 '나무'들은 질서와 혼돈의 경계에서 작동하는
분출의 힘과 억제의 힘이 절묘하게 섞인 결과이다.

생명의 군집

우리의 뿌리 깊은 직관과는 어긋나지만, 분지형 구조에 반드시
'유기적' 성질이 필요하지는 않다. 그런데 이 무슨 얄궂은 반전인지, 과
학자들이 광물과 공기의 가지들을 설명하고자 떠올렸던 발상들이 오
히려 생물학으로 역수출되었다. 세균 같은 단순한 유기체들의 군집이

취하는 여러 복잡한 형태를 이 이론으로 설명하는 것이다.

하나의 중심점으로부터 퍼져 나가면서 가장자리에는 양치류의 잎 같은 주름이 너풀거리는 구조는 미생물계에도 흔하다. 가령 이끼가 바위에서 퍼져 나가는 모습이 그렇다. (그림 2.14a 참조) 술이 달린 방울 같은 형태는 악성 세포들이 종양으로 자라는 모습에서도 관찰된다. (그림 2.14b 참조) 이 형태는 전체적으로는 프랙탈이 아니지만 가장자리가 프랙탈이다. 평범한 원의 매끄러운 가장자리는 1차원인 데 비해 이 종양의 가장자리는 약 1.5차원이다. 1961년에 수학자 머리 에덴 (Murray Eden, 1920년~)은 이런 형태를 처음 수학적으로 묘사했다. 그것은 컴퓨터 모형으로 생물학적 성장을 분석한 최초의 사례였다. 구체적으로 말해 에덴은 종양의 성장 방식을 모형화하려 했지만, 요즘은 가장자리가 구불거리고 속은 꽉 찬 형태를 낳는 성장 과정이면 뭐든지 에덴 패턴이라고 부른다. 에덴 모형에서 입자(가령 세포)들은 규칙적인 격자 위에서 증식한다. 격자의 한 칸에는 세포가 하나만 자리 잡을 수 있다. 이미 자리 잡은 세포들과 이웃한 칸에 무작위로 새 입자가 더해지므로, 덩어리는 가장자리에 입자가 계속 덧붙으면서 착실히 자란다. 이것은 위튼과 샌더의 DLA 모형과 약간 비슷한데, 실제로 그들은 에덴 모형에서 영감을 얻었다고 한다. 그러나 DLA 모형에서는 입자들이 덩어리 표면을 '뚫고 나오는' 것이 아니라 바깥에서 와서 붙기 때문에 덩어리가 더 성기고 덜 조밀하다.

1980년대 말 일본 주오 대학교의 마쓰시타 미쓰구와 후지카와 히로시는 둥글고 납작한 페트리 접시에 한천으로 만든 겔을 담은 뒤, 그곳에서 바실루스 숩틸리스(*Bacillus subtilis*) 균을 길러 에덴 패턴과 비슷한 형태를 얻었다. (그림 2.15a 참조) 그들은 접시 중앙에 세균을 조금 주

가지

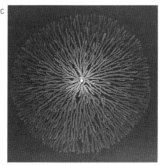

그림 2.15

한천 겔에서 성장하는 세균
군집은 영양소 공급, 겔의 경도
등의 성장 조건에 따라서 여러
형태로 자란다. 사진은 바실루스
숩틸리스에서 나타난 사례들로
각각 (a) 에덴 성장, (b) DLA식
성장, (c) 고밀도 분지 형태이다.

입하고 성장에 필요한 영양분을 조금 제공한 뒤, 이후에는 자연이 알
아서 진행하도록 내버려 두었다.

연구자들은 이때 성장 조건을 바꿔서 다채로운 군집 형태를 얻었
다. 세균은 겔을 뚫지 못하기 때문에, 군집은 맞닿은 겔을 밀어내며 자
라야 한다. 이것은 헬레쇼 세포에 액체를 주입하는 일에 비유할 만한
데, 헬레쇼 세포에서 '주입 압력'에 해당하는 성질은 페트리 접시에서
한천의 농도를 바꿔서 조절할 수 있다. 한천이 많을수록 겔이 단단해
지기 때문이다. 겔의 경노는 셀리 같은 싱태에서 고무 같은 상태까지
다양하다. 겔이 단단할수록 성장하는 세균 군집은 더 큰 저항을 겪는

다. 군집의 형태는 세균에게 주어진 영양소의 양에도 달려 있다.

영양소 농도가 어느 수준에 못 미치면, 세균 군집은 에덴 패턴에서 이제 우리에게 익숙한 프랙탈 형태(그림 2.15b 참조)로 바뀐다. 이 형태는 DLA 덩어리를 연상시키는데, 실제로 프랙탈 차원도 약 1.7로 DLA과 비슷하다. 그러나 영양소 농도가 낮아도 겔이 좀 더 부드럽다면, 세균 군집은 DLA을 닮은 패턴이 아니라 고밀도 분지 형태를 닮은 패턴(그림 2.15c 참조)으로 바뀐다. 만일 영양소가 풍부하고 겔은 부드럽다면, 세균 군집은 고밀도 상태로 어림잡아 원을 그리며 퍼져 나간다.

세균 군집의 성장은 무생물 입자의 응집이나 공기 거품의 확장보다 훨씬 더 복잡하다. 세포들은 먹고, 복제하고, 움직인다. 그러나 그 과정에서 나타나는 성장 패턴은 다른 과정들과 다르지 않아, 역시 분지 불안정성의 지배를 받는 듯하다.

그러나 중요한 차이점도 있다. 일본 연구자들은 겔이 너무 단단할 때는 세균이 아예 움직이지 못한다는 것을 발견했다. 현미경으로 보니 고밀도 분지 형태의 군집에서는 세균들이 내부에서 이리저리 움직였지만, DLA이나 에덴 군집에서는 가만히 있었다. 세균은 채찍처럼 생긴 부속지를 휘둘러서 헤엄치는데, 연구자들이 그 부속지가 없는 돌연변이 균주를 만들어 키웠더니 겔이 아무리 말랑해도 DLA나 에덴 패턴만 형성되었다.

나는 『흐름』에서 과학자들이 집단 움직임을 묘사하는 모형을 활용하여 세포, 물고기, 새 등등 다양한 생명체가 보이는 일사불란한 무리 행동을 설명한다고 말했다. 그런 모형을 처음으로 개발한 사람 중 헝가리의 물리학자 비체크 터마시(Vicsek Tamás, 1948년~)와 치로크 언드라시(Czirók András, 1973년~)가 있었다. 두 사람은 모든 개체들이 비

가지

교적 단순한 행동 규칙을 따르는 것만으로도 복잡한 집단 행동이 나타난다는 사실을 보여 주었다. 이때 행동 규칙이란 개체의 행동이 이웃 개체들에게 미치는 영향을 규정하는 내용이다. 1990년대 중반에 그들은 텔아비브 대학의 에셜 벤야코브(Eshel Ben-Jacob, 1952년~) 연구진과 손잡고 세균 군집의 성장에도 비슷한 발상을 적용해 보았다.

연구자들은 세균이 움직이고 먹고 증식한다는 사실이야말로 이런 모형에 꼭 포함되어야 할 핵심적인 사항이라고 판단했다. 그래서 다음과 같은 규칙을 세웠다.

1. 세균은 무작위로 움직인다.
2. 먹이가 있으면, 세균은 일정한 속도로 먹는다.
3. 먹이를 충분히 먹으면, 세균은 증식한다. (세포 하나가 둘로 나뉜다.) 먹이가 떨어지면, 더 이상 움직이지 않는다.
4. 먹이(영양소)는 확산을 통해 계 전체로 퍼진다.

하나의 군집에는 개별 '입자'(세포)가 최대 100억 개까지 포함될 텐데, 그것은 컴퓨터가 다루기에는 너무 많았다. 그래서 연구자들은 세포를 수천 개씩 '이동 단위'로 묶고, 그 이동 단위들이 위의 규칙에 따라 돌아다닌다고 가정했다. 낱개 세포가 아니라 이동 단위가 모형의 기본 입자인 셈이다. 이동 단위들은 규칙적인 격자 위에서 돌아다녔고, 이동 단위들이 격자의 빈 칸에 일정 횟수 이상 방문한 뒤에야 군집이 그 칸으로 전진할 수 있다고 규정했다. 연구자들은 그 횟수를 조절하여 겔의 경도를 조절하는 것과 동일한 효과를 냈다.

겨우 이 정도만 설정했는데도, 컴퓨터 모형은 실제 실험에서 등장했던 DLA 패턴과 고밀도 분지 패턴을 모두 만들어 냈다. 이때 먹이의 농도가 낮을수록 가지들이 가늘었다. (그림 2.16 참조)

그런데 실제 실험에서는 영양소가 몹시 희박할 때 약간 희한한 일이 벌어졌다. 세균 군집이 갑자기 다시 단단해졌던 것이다. 반면 모형에서는 먹이가 부족해지자 군집의 가지들이 그저 점점 더 가늘어졌다. 연구자들은 이렇게 해석했다. 사태가 정말로 절박해지면 굶주린 세균들은 오로지 살아 있는 '입자'만이 할 수 있는 일을 한다고. 세균들이 대화를 나누는 것이다. 『모양』에서 말했듯이 세균의 언어는 화학 언어다. 세균은 화학 물질을 배출하여 소통한다. 화학 물질에는 세포를 자기 쪽으로 이끄는 주화성(chemotaxis, 화학 물질 쏠림성)이 있다. 바실루스 숩틸리스는 그 덕분에 도로 한 덩어리로 뭉쳤고, 그때까지 다 똑같은 세포인 것처럼 행동하던 녀석들이 다세포 생물이라도 된 것마냥 서로 다른 역할을 맡았다. 세균들 중 일부는 포자가 되어 상황이 나아질 때까지 가사 상태에 들어가는 것이다.

연구자들은 주화성을 간단히 본뜬 요소를 모형에 추가해 보았다. 그런데 이때 화학 신호가 유인제가 아니라 **기피제**로 작용한다고 설정했다. 이동 단위가 그 신호를 접하면 공급원으로부터 **멀어지려고** 한다는 뜻이다. 연구자들은 영양소가 부족해 세포들이 더 이상 움직일 수 없게 되면 화학적 기피제를 배출한다고 가정했다. 그렇게 손질했더니, 모형에서도 실험에서처럼 영양소 농도가 아주 낮을 때 고밀도 분지 패턴이 나타났다. (그림 2.17 참조) 그러나 바실루스 숩틸리스가 정말로 반발성 화학 물질을 쓴다는 증거는 없기 때문에, 이 모형의 성공이 우연의 일치가 아니라고 확신할 수는 없다.

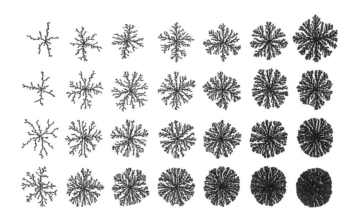

그림 2.16

세포의 이동과 증식에 대해 소수의 단순한 규칙만 적용한 컴퓨터
모형에서도 DLA과 비슷한 분지 패턴이 형성되었다. 겔 매질이
단단해지면 패턴이 성겨졌고(아래에서 위로), 영양소 농도가 낮아도
성겨졌다. (오른쪽에서 왼쪽으로)

돌연변이의 침공

벤야코브와 동료들은 세균의 성장을 이론적으로 연구하는 데 그
치지 않고, 미생물학 기술을 익혀서 직접 바실루스 숩틸리스를 길러
보았다. 그들의 실험에서는 마쓰시타 미쓰구와 후지카와 히로시가 관
찰했던 것과 비슷한 성장 패턴들뿐 아니라 새로운 패턴들도 관찰되었
다. 가끔은 한 패턴으로 착실히 성장하던 군집에서 갑자기 전혀 다른
형태의 하부 군집이 돋았다. (그림 2.18 참조) 연구자들이 그 곁가지에서
세포를 추출하여 새 군집의 밑거름으로 사용했더니, 새 군집도 새로
운 패턴을 드러냈다. 돌연변이 군집이 나타난 것이다.

금속 원자나 매연 입자가 뭉칠 때와는 달리, 세균은 돌연변이를

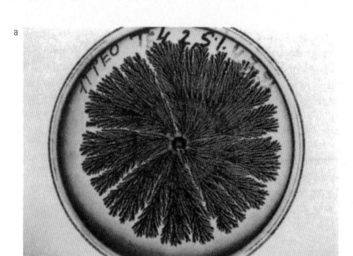

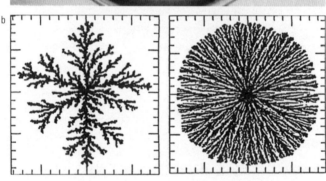

그림 2.17

영양소 농도가 낮을 경우, 바실루스 숩틸리스의 성장 형태는 DLA

패턴(그림 2.15b 참조)에서 더 밀도가 높은 (a) 분지 패턴으로 바뀌었다.

컴퓨터 모형에 주화성 요소를 도입해도 그런 변화가 일어났다. (b의

오른쪽 그림은 왼쪽 그림보다 영양소 농도가 낮을 때의 결과이다.)

가지

일으킬 줄 안다. 세포가 분열할 때 DNA 복제 과정에서 무작위적으로 실수가 벌어져 후손의 유전자에 변이가 생기는 것이다. 돌연변이는 항시 발생하는 현상이다. 어떤 돌연변이는 치명적이고, 어떤 돌연변이는 가시적인 효과가 없다. 그러나 간혹 어떤 돌연변이는 새 세포가 부모 세포보다 환경에 더 잘 적응하고 더 효율적으로 복제하도록 돕는다. 다윈의 자연 선택은 바로 이런 방식으로 작동한다.

벤야코브와 동료들은 자신들이 목격한 자발적인 성장 패턴 변화가 페트리 접시에서 벌어진 자연 선택이나 마찬가지라고 주장했다. 새로운 패턴이 폭발적으로 성장하고 우세를 점하는 것으로 보아, 돌연변이는 적응도가 더 뛰어난 것이 분명하다. 새로운 패턴이 우월한 적응도의 원인인지 거꾸로 부수적인 결과인지는 명확하지 않지만 말이다.

어쨌든 이 과정에서 새로운 형태가 다양하게 등장했다. 돌연변이 군집이 나타나면, 연구자들은 그 세포를 배양하여 새로운 패턴 형성 행동을 보이는 새로운 균주를 얻었다. 돌연변이 패턴들 중 일부는 우리가 이미 잘 아는 것이었다. 일례로 고밀도 분지 형태도 나타났는데,

그림 2.18
바실루스 숩틸리스의 고밀도 군집에서 새로운 성장 패턴을 띤 돌연변이 군집이 돋았다.

벤야코브와 동료들은 그것을 끝 갈라짐 형태, 줄여서 T형태라고 명명했다. 그러나 어떤 돌연변이 패턴은 일찍이 우리가 무생물계에서는 보지 못한 것이었다. 그중 하나는 갈고리 같은 우아한 곡선들이 모두 한 방향으로 휜 형태로, 그 모습이 중국의 용을 연상시킨다. (그림 2.19a와 도판 3a 참조) 이것은 키랄 형태, 줄여서 C 형태라는 이름이 붙었다. ('키랄'은 그리스 어로 손을 뜻하는 단어에서 왔는데, 갈고리들이 오른손을 감은 방향이나 왼손을 감은 방향 중 한쪽으로만 휘기 때문이다.) 한편 소용돌이 형태, 줄여서 V 형태라고 불리는 돌연변이는 둥그스름한 세포 방울이 움직이면서 뒤에 촉수들을 남기는 형태로 발달한다. (그림 2.19b와 도판 3b 참조) 현미경으로 보면, 방울 속 세포들은 모두 나선형 소용돌이를 그리며 회전하고 있다. 『흐름』에서 말했듯이 이런 흐름은 물고기 같은 다른 생명체들의 집단에서도 흔히 나타난다. 세균에서도 유례없는 행동은 아니다. 1916년에 미생물학자 포드(W. W. Ford)가 바실루스 군집에서 그런 소용돌이를 관찰하여 보고했고, 그 종에는 키르쿨란스라는

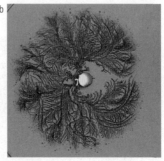

그림 2.19
바실루스 세균의 새로운 성장 패턴. (a) 키랄 형태와
(b) 소용돌이 형태이다.

가지

종명이 붙었다. 바실루스 숩틸리스의 소용돌이 돌연변이도 그 종과 비슷하게 행동하도록 변한 경우일 것이다.

연구자들은 이런 패턴들을 형성하는 세포 이동 모형을 고안하는 데 성공했지만, 모형이 그저 운 좋게 형태의 유사성을 재현한 것이 아니라 실제로 올바른 생물학적 요소들을 포착했다고 증명하기는 여전히 어렵다. 생화학자 제임스 앨런 코언(James Allan Cowan, 1961년~)은 복잡한 계에 대해 단순한 모형을 개발하려는 사람들에게 다음과 같이 가혹하지만 합리적인 비판을 가했다. "그들은 '이봐, 이것은 어떤 생물학적, 혹은 물리적 현상을 연상시키지 않아?'라고 말한다. 그리고 그것이 그 현상에 대한 괜찮은 모형이라고 생각하여 당장 빠져든다. 그러나 당연히 모든 모형은 우연히 무언가를 닮기 마련이다." 우리는 이런 일말의 회의주의를 늘 염두에 두어야 한다. 우리가 컴퓨터나 이론으로 어떤 패턴을 만들어 내는 데 성공했다고 해서 자연이 똑같은 규칙을 사용한다고 말할 수는 없다는 점 말이다.

도시의 확산

군집으로 자라고, 먹이와 자원에 의존하며, 개체 밀도가 너무 높으면 괴로워지는 유기체가 세균만은 아니다. 우리들 대부분이 사는 공간도 비슷한 것 같지 않은가?

도시를 유기체로 보는 생각은 역사가 깊다. 루이스 멈퍼드(Lewis Mumford, 1895~1990년)가 1938년에 쓴 『도시의 문화(*The Culture of Cities*)』는 오랫동안 진보적 도시 계획가들의 경전으로 여겨졌는데, 그 책에서 멈퍼드는 이렇게 말했다. "대도시의 성장은 아메바를 닮았다. …… 도시는 늘 경계를 넓혀 가면서 자라고, 도시의 지속적인 확산과 무정형성은 물리적 광대함에 뒤따르는 피치 못할 부산물이라고 간주된다." 미국의 도시학자 제인 제이콥스(Jane Jacobs, 1916~2006년)는 1950년대 미국 도시들의 쇠퇴를 분석한 책에서 도시를 고유의 대사 활동과 성장 양식을 지닌 살아 있는 유기체로 보아야 한다고 주장했다. 그녀는 상호 작용하는 다수의 부속으로 이루어진 복잡계에서 질서 있고 자기 조직적인 행동이 나타날 수 있다는 사실을 처음으로 깨우친 사람들 중 하나였다.

도시의 유기체성을 깨치려면, 유기체적 형태의 특징을 예리하게 포착하는 시선이 있어야 한다. 사실 도시를 유기체로 여기기보다는 무정형의 혼돈으로 여기기가 훨씬 쉽기 때문이다. (그림 2.20a 참조) 조각조각 작은 단위들이 불규칙하게 뭉친 이 패턴에서 계획가들이 원하는 규칙성의 흔적을 읽어 내기란 여간 어려운 일이 아니다. 오히려 도시는 먼지나 매연 덩어리, 아니면 강물에서 침니가 뭉친 침전물처럼 작은 입자들이 무작위로 응집한 구조들을 연상시킨다. (그림 2.20b 참조) 그런데 이제 우리는 그런 구조들이 꽤 특징적인 형태를 취한다는 사실을 알고 있다. 빽빽하든 성기든 가장자리에 가지들이 돋아 있는 형태이다. 또한 우리는 프랙탈 기하학을 써서 그런 형태들을 수학적으로 분석할 수 있다는 것도 안다.

영국의 지리학자 마이클 배티(Michael Batty, 1945년~)와 폴 롱리(Paul Longley, 1959년~)도 그 점을 떠올려, 확산을 통한 응집(DLA) 모형, 즉 분지형 프랙탈 구조를 낳는 모형으로 도시들의 성장과 형태를 설명할 수 있을지 살펴보았다. 이것은 전통에서 이탈한 급진적 접근법이었다. 계획가들은 주로 도시를 설계하는 작업에 집중하기 때문에, 도시 형태를 분석할 때도 설계를 염두에 둔다. 따라서 계획가들의 이론

가지

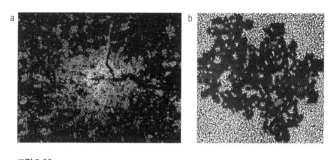

그림 2.20

(a) 런던 같은 도시의 형태는 대단히 불규칙하다. 지도에서는 고용 밀도로 도시 형태를 표시했다. (b) 액체 속 미세한 플라스틱 분자들의 응집물도 형태가 약간 비슷하다.

은 인간의 설계 노력이 뚜렷하게 드러나는 도시에 주로 집중된다. 그러나 사실 그런 도시는 거의 찾아보기 힘들다. 계획가들이 단순한 질서를 부여하려고 부단히 노력해도, 대부분의 대도시는 개발 공간들이 불규칙하고 무질서하게 흩어진 것처럼 보인다. 주거 지역, 상업 구역, 녹지가 되는 대로 섞여 있다. 이론가들은 도시 계획 덕택에 조금쯤 규칙성을 띠는 중심지(가령 미국의 격자형 거리 설계)에 집중한 나머지, 도시가 계획가의 명령에 따라 자라지 않고 유기적으로 자란다는 사실을 종종 무시했다.

계획된 도시, 기하학적 질서가 있는 도시는 오랫동안 사람들의 이상이었다. 기하학은 고대 그리스 인의 사고에서 지배적인 요소였고, 그 영향은 건축을 넘어 건물들이 배치되는 방식에도 미쳤다. 바빌론과 아시리아의 도시에서도 이미 격자형 거리 구조가 뚜렷하다. 그러나 가장 확연한 예는 로마 제국이 건설한 마을 들이다. 마을은 군사 야영지로 시작된 경우가 많았는데, 격자형 설계를 따랐기 때문에 아주 순식간에 건설되었다.

기하학적 설계자들이 좋아했던 또 다른 체계는 방사형 혹은 원형 도시 구조였다. 중앙에 집중점이 있고 그로부터 주요 대로들이 바퀴살처럼 방사형으로 뻗어나가는 구조이다. 이 모티프는 르네상스와 계몽주의 시대의 합리주의적 분위기에서 특히 각광 받았다. 건축가 크리스토퍼 렌(Christopher Wren, 1632~1723년)은 1666년 런던 대화재 이후에 새로 건설되는 런던이 방사형 중심지들을 연결한 격자 모양이기를 바랐다. 자신이 새로 설계한 세인트폴 성당도 중심지 중 하나가 될 것이었다. 그러나 렌은 자신의 꿈이 실현되는 것을 보지 못했다. 애초에 어수선하게 자라난 도시는 인위적인 질서를 못 견디는 법이다. 오래된 도시의 어지러운 거리들은 렌이나 다른 누군가가 새 길을 닦기 전에 잽싸게 다시 제 모습을 드러냈다.

사실인즉 도시는 정적인 물체가 아니다. 도시는 인간의 직선적인 기하학적 전통을 벗어난 논리에 따라 자란다. 도시는 비평형 상태에서 등장하는 구조이다. 도시 계획가들과 이론가들은 여태 이 사실을 받아들이려 애쓰는 중이며, 이 사실에 대해 양면적인 시각을 갖고 있다. 도시가 그렇게 진화하는 것은 좋은 일일까, 나쁜 일일까? 우리는 도시가 '자연스럽게' 자라도록 내버려 두어야 할까? 아니면 모종의 구조를 부여하려 애써야 할까? 불규칙한 성장이 지속되면 결국 도시는 혼란스러워지고, 슬럼이 생기고, 공공 서비스에 대한 통제력을 잃을까? 아니면 나름대로 최적의 경로와 해법을 찾아내면서 '필요'에 따라 성장할까? 억지로 규칙성을 강요하면 오히려 황량하고 쓸쓸한 생활 공간과 비효율성이 나타날 뿐일까?

분명 여기에는 보편적인 답이 없다. 도시의 성장은 각 도시가 처

가지

한 사회적, 경제적 맥락에 의존한다는 점 때문에라도 그렇다. 그러나 우리는 이런 문제를 점검하기 전에 도시가 **어떻게** 성장하는지 묘사할 수 있어야 한다. 배티와 롱리의 고민이 이것이었다. 그들은 그런 묘사가 부족하다고 느꼈다. 그래서 도시가 가령 5년 뒤에 어떤 모습일지 예측하기 어려웠고, 자연히 교통, 물, 발전소, 통신망 등이 얼마나 필요할지 예측하기도 어려웠다. 배티와 롱리는 1994년에 쓴 『프랙탈 도시 (*Fractal Cities*)』에서 이렇게 말했다. "새로운 기하학이 필요하다. 대부분의 도시들은 유기적으로 혹은 자연적으로 성장하며 에우클레이데스 기하학으로는 그 형태를 설명하기는커녕 적절히 묘사할 수도 없다는 생각을 직접적으로 다룰 기하학이 필요하다." 그들의 답은 책 제목에 드러나 있다. 배티는 망델브로가 개발한 프랙탈 개념에서 적절한 새 기하학을 찾을 수 있다고 믿었고, 그것을 "자연의 기하학"이라고 불렀다.

이론가들은 멱함수(power law)라는 수학식으로(60쪽 참조) 도시들의 구조를 묘사할 수 있다는 사실을 수십 년 전부터 알았다. 예를 들어 도시의 인구 밀도는 도심에서 외곽으로 나감에 따라 상당히 일정한 속도로 줄어든다. 보통은 인구 밀도가 거리의 몇 제곱에 반비례하는 공식을 따른다. 도시화한 거주지들의 규모(가령 인구나 넓이)와 개수의 관계에도 비슷한 공식이 적용된다. 중간 규모 도시보다는 작은 도시가 더 많고 큰 도시보다는 중간 규모 도시가 더 많은데, 이 관계가 멱함수로 정량화되는 것이다. 도시 계획가들과 지리학자들은 그런 관계를 측정할 수는 있었지만, 도시의 진화를 결정하는 기저의 경제적, 인구학적 과정들로부터 어떻게 그런 관계가 생겨나는지는 알지 못했다. 한마디로 그들은 도시의 자연적 성장 규칙을 알지 못했다

그러던 1990년대 초, 배티를 비롯한 여러 연구자들은 프랙탈 분

석 기법을 적용하여 도시들의 프랙탈 차원을 계산해 보았다. 그림 2.20a에서 보듯이, 도시의 경계는 보통 불규칙하고 파편적이다. 따라서 도시가 2차원 공간에 존재하되 공간을 완전히 메우지는 않는 프랙탈 물체일지도 모른다고 충분히 예상할 만했다. 계산 결과, 도시들의 프랙탈 차원은 범위가 꽤 넓어 대체로 1.4와 1.9 사이였다. 1962년의 런던은 1.77이었고, 1945년의 베를린은 1.69, 1990년의 피츠버그는 1.78이었다. 일반적으로 도시의 프랙탈 차원은 시간에 따라 커진다. 개발 구역들 사이사이의 '여유' 공간이 차츰 메워진다는 사실을 반영한 현상으로, 덕분에 도시는 점차 2차원에 가까워진다. 또한 교통망이나 송전선망과 같은 도시의 독특한 망들에서도 프랙탈 성질이 관찰된다. 리옹, 파리, 슈투트가르트의 교통망은 프랙탈 차원이 가까스로 1을 넘는 수준에서(대단히 희박한 망인 셈이다.) 1.9에 가까운 수준까지 다양하게 나타나는 분지 구조들이다. 파리 지하철과 교외 전철망은 프랙탈 차

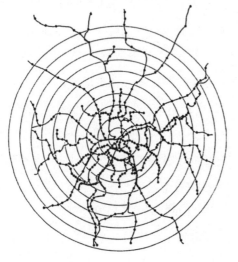

그림 2.21
파리 지하철은 프랙탈 구조의 분지형 망이다.

가지

원이 1.47이다. (그림 2.21 참조)

이런 숫자들은 그 자체로는 별 의미가 없다. 우리의 과제는 어떻게 그런 숫자들이 나왔는지 이해하는 것이다. 그런 숫자들을 만들어낸 성장 과정의 모형을 찾아보는 것이다. 배티와 롱리는 자신을 비롯하여 여러 연구자가 계산한 도시들의 프랙탈 차원 평균값(약 1.7)이 확산에 의한 응집(DLA) 모형 덩어리들의 프랙탈 차원(1.71)과 비슷하다는 사실을 알아차렸다. 그래서 우선 DLA 모형으로 도시 성장을 모방해 보기로 했다. 기억하겠지만, DLA 모형에서 입자들은 마구 이동하다가 자라나는 덩어리의 가장자리에 부딪치면 즉시 들러붙는다. 배티와 롱리는 도시 성장에서도 비슷한 일이 벌어진다고 보았다. 도시에 상업 지구나 주거 지역 같은 새로운 개발 단위가 추가될 때, 그것은 변두리에 추가될 확률이 높다. 개발에 알맞은 빈 공간이 변두리에 더 많기 때문이다. 물론 대단히 단순한 이 모형은 도시 개발의 중요한 요소들을 많이 무시했다. 적어도 계획가들이 어떻게든 질서를 부여하려고 노력한다는 점을 무시했다. 그러나 연구자들은 실제 도시의 성장 법칙 중에는 정말로 DLA 덩어리의 성장 규칙과 비슷한 것들이 있다고 판단했다.

아무리 그래도 DLA 덩어리와 프랙탈 도시는 그다지 비슷해 보이지 않는다. 도시는 대체로 밀도가 더 높고 더 압축적이다. 그 형태를 더욱 잘 모방하려면, '접촉하자마자 붙는다.'라는 규칙을 좀 더 느슨하게 풀어 입자들이 덩어리 가장자리에서 몇 번 자리를 옮긴 다음에 고정되도록 허락해야 한다. 그런데 이상적으로 말하자면 도시 성장 모형은 단순한 형태 모방에 그쳐서는 안 된다. 모형은 형태에 관한 물리적 과정들의 측면에서도 이치에 닿아야 한다. 예를 들어 우리는 실제 도시 개발이 이곳저곳 몇 번 자리를 옮기다가 최종적으로 한곳에 정착하는 것은 아님을 안다. 그래서 배티와 롱리는 DLA 모형의 변형 형태인 절연 파괴 모형(DBM, Dielectric Breakdown Model)을 살펴보았다. 이 모형은 다음 장에서 균열과 불꽃의 형태를 이야기할 때 다시 만날 것이다. DBM 모형에서는 방랑하던 입자들이 덩어리의 가장자리에 붙어 자라는 것이 아니라, 덩어리의 중심에서 입자들이 바깥으로 밀고 나온다. 새로운 개발 구역들은 도심에서 바깥으로 퍼져 나가며 주변의 토지를 점령하므로 이 과정이 도시 성장과 좀 더 비슷해 보인다.

DBM 덩어리도 성장 불안정성 때문에 끄트머리가 더 길어지는 경향이 있기는 마찬가지다. 그러나 연구자들은 불안정성의 정도를 조절함으로써, 즉 도시 가장자리에서 뾰족하게 튀어나온 지점이 다른 지점들보다 새로운 성장을 일으키기 더 쉬운 정도를 조절해, 직선에 가까울 만큼 가느다란(1차원에 가까운) 형태를 더 조밀하고 둥근(2차원에 가까운) 형태로 '조정'할 수 있다. 배티와 롱리는 이 방법으로 카디프 시의 성장을 시뮬레이션해 보았다. (그림 2.22 참조) 그들은 우선 지형이 DBM 덩어리의 성장에 제약을 가한다고 설정했다. 남동쪽으로는 해안선이 있고 (도심에서 서쪽으로는) 타프 강과 (동쪽으로는) 럼니 강이 있는 지형이다. 덩어리의 씨앗은 두 강 사이에 심었다. 강들은 성장하는 덩어리가 침투할 수 없는 장벽으로 기능했는데, 다만 덩어리가 두 군데에 놓인 다리를 '쥐어짜듯' 넘어갈 수 있다고 설정했다. 분지 불안정성의 정도를 달리 하며 시뮬레이션한 결과, 그 변수를 적절히 조절하면 실제 도시에 상당히 근접한 형태들이 만들어졌다. (그림 2.22 b~e 참조)

이 모형의 문제는 하나의 큰 프랙탈 덩어리를 이루는 도시만 만들어 낸다는 점이다. 중앙(중심 상업 구역 근처)이 가장 조밀하고 그로부터

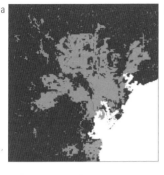
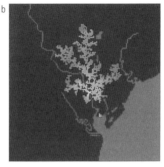
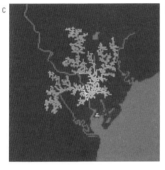
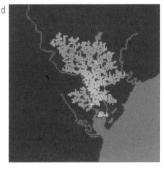
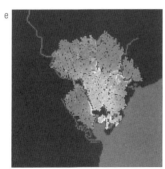

그림 2.22

(a) 카디프 시의 성장을 시뮬레이션한
프랙탈 모형. 해안선(그림에서 흰 부분)과
두 강이 성장을 제약한다. (b)~(e) 분지
불안정성(모형에서 변수 η로 측정된다.)의
강도를 조절하자, 밀도가 다른 도시들이
만들어졌다. (c) 그중에서 현실과 제일
비슷한 것은 η가 약 0.75일 때였다. 실제로
다리가 있는 지점에는 모형에서도 다리를
두었는데, 도시는 다리를 건너서 강 너머로
퍼질 수 있다. 색깔이 옅을수록 먼저
성장한 부분이다.

멀어질수록 급속히 희박해지는 형태였다. 반면 현실에서는 대도시의 변두리 개발 지역이 언제나 중심 '덩어리'에 속하지는 않는다. 보통은 작은 위성 도시가 많이 있고, 도시가 경계를 더 확장하면 나중에 그 위성 도시들이 잡아먹힌다. 런던의 구조를 보면(그림 2.20a 참조), 중심 덩어리의 경계 너머에도 덩어리가 여럿 더 있다. 미국 보스턴 대학교의 물리학자 에르난 알레한드로 막세(Hernán Alejandro Makse), 해리 스탠리, 슐로모 하블린(Shlomo Havlin, 1942년~)은 이런 구조를 포착하려면 다른 성장 모형이 필요하다고 생각했다. 그들은 새 덩어리가 중심 덩어리와 가깝기는 하되 그 외부에 해당하는 지점으로 떨어져 나가도록 허락했다. 그러나 초기 단계의 개발 중심지들이 완전히 무작위로 나타나는 것은 아니고, 주변 상황에 영향을 받는다고 설정했다. 한마디로 개발이 개발을 부른다고 가정했다. 소규모 인구 밀집 지역 두 군데가 서로 가까이 자랄 경우, 그 사이가 개발될 확률은 다른 지점들이 개발될 평균 확률보다 높다. 새로 이사한 주민들에게 장사하려는 가게, 유망 지역에 거점을 마련하려는 지역 사업체가 모이기 때문이다. 요컨대 새 덩어리들의 성장은 상호 의존적이다. 물리학자들의 표현으로는 **상관관계**가 있다. 막세와 동료들은 그런 상관관계를 구현한 모형을 물리학에서 빌려왔는데, 원래 액체가 암반에 침투하는 과정을 묘사하려고 개발한 모형이었다. 이 모형에서 새 입자(여기서는 인구 단위)는 DLA 모형에서처럼 자라나는 덩어리에 무작위로 들러붙는다. 그와 더불어 한 지역의 성장은 가까운 주변 지역의 성장 확률을 높인다. 그 확률은 거리가 멀수록 급격히 떨어진다.

그 결과, 이 모형에서는 크기가 다양한 덩어리들이 마구 흩어진 패턴이 나타났다. 그러나 현실의 도시는 하나의 중심지에, 보통은 도심 상업 구역에 확고하게 뿌리를 내리는 편이다. 그래서 연구자들은 중심에서 멀어질수록 새 성장 단위가 붙을 확률이 낮아진다는 조건을 추가했다. 이것은 사실상 두 가지 성장 과정을 중첩시킨 셈이다. 하나는 조밀하고 대략 원형인 덩어리가 형성되는 과정이고, 다른 하나는 단위들끼리의 국지적 상관관계로 변두리에 새로운 하위 덩어리들이 형성되는 과정이다. 그 결과로 나타난 패턴들은 두 과정의 상대적 세기에 따라 단위들이 거의 대칭적인 원형으로 분포된 패턴에서 하위 덩어리들과 촉수들이 덕지덕지 붙은 패턴까지 다양했다. (그림 2.23 참조) 이중에서 후자, 즉 단위들 간의 상관관계가 강하다고 설정한 경우는 DLA나 DBM 모형으로 만들어진 형태에 비해 분명 더 사실적으로 보

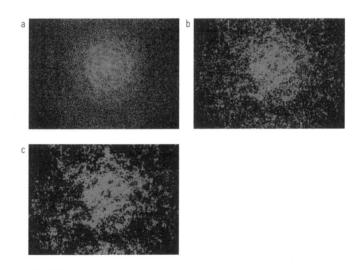

그림 2.23

상관 침투 모형을 써서 도시 성장을 컴퓨터로 시뮬레이션한 결과. 성장
단위들 간의 상관관계가 커질수록(위에서 아래로), (a) 그럭저럭 대칭적인
원형에서 (b), (c)처럼 좀 더 파편적이고 여기저기 엉긴 형태로 바뀐다.

인다. 적어도 런던 같은 도시에 대해서는 그렇다. 또한 이 모형은 도시
가 시간에 따라 진화하는 모습도 제법 잘 모방했다. (그림 2.24 참조)

그렇다면 우리는 모형에 무작위성(이 경우 무작위성이란 중앙의 조정
없이 지역 자체에서 내리는 개발 결정을 뜻하며, DLA 모형에서 입자들이 무질서
하게 응집하는 현상과도 비슷하다.)을 부여함으로써 군데군데 엉기며 뒤죽

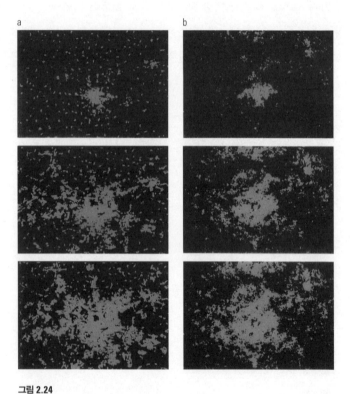

그림 2.24

(a) (위에서 아래로) 1875년부터 1945년까지 실제 베를린이
성장한 모습. (b) (위에서 아래로) 상관 침투 모형에서 형성된
도시 성장 패턴이 이것을 상당히 잘 모방했다.

가지

박죽 퍼져 나가는 도시와 비슷한 형태를 만들어 낼 수 있는 듯하다. 그러나 무작위성만으로 도시의 형태를 모두 설명할 수는 없다. 배티의 말을 빌리면, 도시는 "더 심오한 차원의 질서"에 따라 형성된다. 그 질서는 성장 불안정성과 단위들 간의 상관관계에서 비롯하며, 도시 구조를 규정하는 먹함수 법칙으로 모습을 드러낸다. 그런 질서는 자연의 갖가지 성장 패턴에서 관찰되는 질서와 같은 종류인 듯하다.

배티는 DLA와 DBM 모형에서 가져온 비교적 단순한 개념들만으로도 초기 산업 시대에 생겨난 도시들의 형태를 제법 잘 설명할 수 있다고 주장했다. 그러나 후기 산업 시대 도시들의 성장과 형태를 포착하려면 막세와 동료들의 '상관 침투(correlated percolation)' 모형이 더 잘 맞는다. 후기 산업 시대의 도시는 새로운 통신 기술 덕분에 중심가에서의 업무가 덜 중요해졌고 풍경이 더 분산적이기 때문이다.

이런 연구는 도시 계획가들에게 교훈을 준다. 도시처럼 복잡한 '유기체'에 대한 중앙 집중적 계획이 과연 성공할 수 있는지 묻기 때문이다. 1960년대에 계획가들은 런던이 주변 시골을 잠식하는 현상을 억제할 요량으로 도시화를 제약하는 그린벨트 정책을 수립했다. 그러나 그 정책이 런던의 성장에 어떤 영향을 미쳤다는 징후는 없다. 런던은 예의 수학적 법칙에 따라 계속 확장하기만 했다. 그러니 도시들의 가차 없는 물리학을 저지하려면 그 이상의 무엇인가가 필요할 것이다.

갈라짐의 법칙: 깨지고 부서지고 찢어지는 형태학

우리는 마술이나 전설을 동원해 가치를 부여하는
한이 있더라도 자연의 패턴에서 기어이 설명을
찾으려고 한다.

3 장

19세기 낭만주의자들은 스코틀랜드 서해안 스타파 섬의 핑걸의 동굴에서 숭고함을 떠올렸다. 조지프 말러드 윌리엄 터너(Joseph Mallord William Turner, 1775~1851년)가 그답게 폭풍에 휩싸인 모습으로 묘사한 그림을 보아도 그런 느낌이거니와, 야코프 루드비히 펠릭스 멘델스존바르톨디(Jakob Ludwig Felix Mendelssohn-Bartholdy, 1809~1847년)가 1820년대에 스타파 섬을 여행하고서 작곡한 교향시 「헤브리디스 서곡」의 화려한 화음에서도 그런 분위기가 느껴진다. 영국 왕립 협회의 회장이었던 조지프 뱅크스(Joseph Banks, 1743~1820년)도 기이한 지질학적 풍경 앞에서 경탄을 표했다. 뱅크스는 1772년에 아이슬란드로 탐험을 가는 길에 그곳을 지난 뒤, 이런 글을 남겼다.

이것에 비하면 인간의 대성당과 왕궁은 대체 무엇이런가! 자연의 작품과 비교하면 늘 시시할 수밖에 없는 모형이나 장난감이 아니겠는가. 이것 앞에서 건축가의 허세는 어떻게 되겠는가! 그는 적어도 규칙성에서만큼은 그의 여신인 자연보다 자신이 낫다고 상상한다. 그러나 이곳에서는 그것마저 그녀의 소유로, 오랫동안 아무에게도 묘사되지 않은 채 그저 이곳에 존재했다.

뱅크스는 동굴 입구 양옆에 우뚝 선 거대한 바위 기둥들을 본 것이었다. 기둥들은 절단면이 거의 완벽한 육각형이다. 어찌나 정확한지 플라톤의 석공들이 다듬었다고 해도 믿을 정도다. (그림 3.1, 도판 4 참조)

이 충격적인 지질학적 패턴을 좀 더 쉽게 접할 수 있는 곳이 또 한

그림 3.1
스코틀랜드 스타파 섬의 핑걸의 동굴 앞에 늘어선 천연 기둥들

가지

군데 있다. 북아일랜드 해안의 앤트림 카운티에 있는 자이언츠 코즈웨이이다. (그림 3.2, 도판 5 참조) 전설에 따르면 한때 두 지질층은 하나의 구조물이었다. 원래 그것은 아일랜드와 스코틀랜드를 잇는 길로, 3세기에 아일랜드에 살았던 전설의 인물 핀 매쿨(Finn MacCoul, 피온 마쿠이, 핑걸이라고도 한다.)이 닦았다. 핀은 아일랜드의 국왕 경호 부대 '피어나'에서 전사들을 이끈 지도자이자 실제로 거인이었다. 그가 아일랜드해를 가로질러 바윗길을 놓은 까닭은 베난도너(Benandonner)라는 스코틀랜드의 경쟁자 거인과 한 판 붙기 위해서였다. 그런데 막상 그곳에 가서 보았더니 베난도너는 핀보다 훨씬 더 컸다. 핀은 슬며시 뒤꽁무니를 빼어 돌아왔다. 그러나 이번에는 베난도너가 바윗길을 건너 핀을 잡으러 왔다. 핀은 꾀를 내어, 아기인 척 행세하며 아내의 보살핌을 받는 연극을 벌였다. 베난도너는 생각했다. 핀 매쿨의 아기가 이렇게 크다면, 핀은 얼마나 크겠어? 베난도너는 화급히 스코틀랜드로 돌아가면서 바윗길을 몽땅 부쉈다. 단 시작과 끝은 남겨 둔 채.[8]

자연의 패턴에 대한 우리의 반응은 보통 이렇다. 우리는 마술이나 전설을 동원해서 가치를 부여하는 한이 있더라도, 기어이 설명을 찾으려 한다. 어떤 지적인 행위자가 무언가 목적이 있어서 이런 물체를 만들었다는 설명으로 스스로를 납득시킨다. 그게 아니라면, 대체 어떻게 야생의 자연이 이런 기교를 부린다는 말인가?

당연하게도 톰프슨이 스타파 섬과 자이언츠 코즈웨이의 육각형 기둥들을 묘사한 글에서는 그런 류의 설명은 전혀 등장하지 않는다. 톰프슨은 용암 상태의 현무암이 식으면서 수축하고 갈라지는 과정에서 그런 바위 덩어리들이 생겨났다고 설명했다. "파열이 일어나 ⋯⋯ 덩어리 전체가 프리즘 같은 조각들로 깨진다. 연속적으로 갈라지는 속

a

b

c

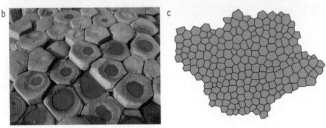

그림 3.2

(a), (b) 북아일랜드 앤트림 카운티의 자이언츠 코즈웨이

(c) 기둥들의 단면은 대부분 6개의 면을 지닌 다각형이지만,
완벽한 벌집 모양은 아니다.

가지

도가 얼마나 빠르고 폭발적인가와는 무관하게, 돌이 한 번 갈라질 때마다 잠재된 긴장이 해소되고, 다음 번에 갈라질 때는 이전과는 또 다른 방향으로 긴장이 해소된다.” 좋은 말이지만, 톰프슨은 왜 바위가 갈라지며 그렇게 인상적인 패턴을 이루는지는 설명하지 못했다. 왜 수직 기둥들이 생겼을까? 왜 그 단면이 모두 다각형이고, 나아가 그 대부분은 육각형일까?

이 바위들은 무엇인가가 갈라질 때 곧잘 패턴이 등장한다는 사실을 강력하게 보여 주는 사례이다. 그러나 사실 무엇인가가 깨지면서 이렇게까지 규칙적이고 가지런한 형태를 낳는 경우는 극히 드물다. 무엇인가가 깨졌다고 할 때 우리가 단번에 떠올리는 것은 균열이 나뭇가지처럼 마구 갈라지고 교차하여 망을 이룬 형태이다. (그림 3.3 참조) 그런 무늬는 곳곳에 흔하고, 우리를 속상하게 만들 때가 많다. 그것은 오래됨과 낡음의 증표이고, 망가짐과 아쉬움과 재난의 그물망이다. 따라서 그 무늬가 어떻게 생기는지, 어떤 힘이 그 구불구불한 길을 내는지 이해하는 것은 대단히 중요한 문제다. 이 문제에서는 톰프슨도 별반 성과를 이루지 못했지만, 우리는 지금까지 분지 패턴들에 대해 살펴보았으니 더 잘 설명할 수 있지 않을까?

물체는 왜 깨질까?

최근 들어서야 과학자들은 왜 물체에 균열이 생기는지 이해하기 시작했다. 물질의 파열과 파손을 연구하는 과학은 현실의 현상을 예측하는 데는 별 소용이 없는 잡다한 개념들만 갖고서 오랫동안 굼뜨게 진전했다. 이것은 단순히 학문석으로만 낭혹스러운 일이 아니었다. 물질이 왜 튼튼한가 하는 문제에 무지하면, 기술이 요구하는 강하고 튼튼한 물질을 체계적으로 개발할 방법도 알 수 없기 때문이다. 과학자들은 물질의 경도를 묘사하기 위해 나름대로 합리적인 기준들을 진지하게 적용했지만, 영국의 재료 과학자 제임스 에드워드 고든(James Edward Gordon, 1913~1998년)의 말마따나 고작 "딱딱하게 굳은 치즈만큼 강하다."라는 식의 표현을 쓸 수 있을 뿐이었다. 그리고 가끔은 정말로 강한 신물질이 등장했는데도 그것에 대한 우리의 경험이 기존의 상식에 어긋나서 설득이 필요했다. 고든은 제2차 세계 대전 당시 랭커스터 폭격기에 유리 섬유 뚜껑을 씌우자는 발상에 대해 공군 중장이 이렇게 반응했다고 회상했다. "유리요! 유리라고요! 절대로 내 피 같은 비행기들에게 유리를 씌우게 내버려 두지 않을 겁니다. 망할!"

우리는 유리 비행기에 대한 중장의 기분을 충분히 이해할 수 있다. 유리가 얼마나 잘 깨지는지 다들 알지 않는가. 그러나 우리는 비행기 소재로 유리보다 더 나은 재료가 드물다는 사실을 과학적으로 설

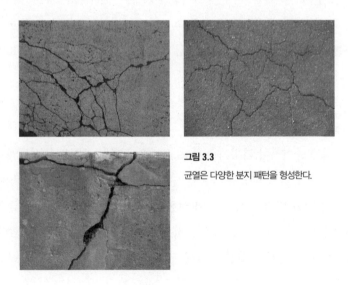

그림 3.3
균열은 다양한 분지 패턴을 형성한다.

가지

명할 수도 있다. 유리는 이산화규소가 무질서하게 뭉쳐 만들어진다. 모래도 석영도 똑같은 이산화규소이지만, 유리는 애초의 규칙적인 결정 구조가 흐트러질 때까지 녹였다가 원자들이 도로 가지런히 쌓일 여유가 없을 만큼 재빨리 식혀 거의 못 움직이게 만든 것이다. 규소와 산소 원자들의 화학 결합은 엄청나게 강해, 다이아몬드 속 탄소 원자들의 결합력과 크게 차이 나지 않을 정도이다. 그 결합을 떼어 놓으려면 많은 에너지를 들여야 한다. 그렇다면 왜 유리는 다이아몬드만큼 강하지 않을까?

유리 섬유에 대해서는 공군 중장의 생각이 틀렸다. 유리 섬유는 아주 강하다. 그러나 다른 유리에 대해서는 우리의 순진한 화학적 추론도 틀렸다. 누가 뭐래도 유리는 쉽게 깨지는 편이니까. 대체 뭐가 어떻게 된 것일까?

유리처럼 딱딱하고 깨지기 쉬운 물질은 균열이 시작되지 않는 한 제법 튼튼하다. 그러나 사소하기 그지없는 원인으로도 균열이 시작될 수 있다는 점이 문제다. 살짝 긁혔을 뿐인데도 그것이 흠집의 씨앗이 되어 유리 전체가 쏜살같이 갈라진다. 게다가 유리창 표면에는 미세하게 긁힌 자국이 셀 수 없이 많기 마련이다. 그중 하나가 갈라지기 시작하면, 균열이 무시무시한 속도와 활력으로 퍼진다. 1950년대에 고든은 다른 연구자들과 함께 유리를 다른 단단한 물질과 살짝 문지르기만 해도 표면에 미세한 균열이 무수히 난다는 사실을 확인했다. 그러면 유리 섬유는 왜 강할까? 유리 섬유는 판유리보다 표면적이 훨씬 작아서 미세한 흠집이 훨씬 적게 나기 때문이다. 섬유가 가늘수록 흠집이 덜 난다. 균열이 시작될 계기가 없는 셈이다. 거의 비슷한 이야기로, 갈릴레오는(그는 물체가 왜 부러지는가 하는 질문에 흥미가 있었다.) 베네치아의 조선공들이 작은 배보다 큰 배를 건조할 때 더 신경을 쓴다는 사실을 발견했다. 조선공들은 큰 배일수록 더 쉽게 부서지기 때문이라고 말했다. 배가 클수록 균열이 시작될 장소가 많은 것이다.

그러나 원자들 간의 결합력이 그렇게나 강하다면, 왜 작은 불완전성에서 촉발된 균열이 엄청난 속도로 질주할까? 유리의 화학 결합 하나에 담긴 에너지를 알면 유리의 이론적 강도를 쉽게 계산할 수 있다. 유리가 깨지는 것은 균열이 지나가는 궤적에 있는 모든 화학 결합이 깨지는 것이라고 보면 된다. 그러나 이런 계산으로 얻은 예측치에 비해 실제로 관찰되는 강도는 보통 100분의 1에 불과하다는 점이 문제다. 이 문제에 대해 결정적인 통찰을 떠올린 사람은 영국의 항공 공학자 앨런 아널드 그리피스(Alan Arnold Griffith, 1893~1963년)였다. 1920년대에 그는 판버러의 왕립 항공기 연구소에서 일하며, 달군 유리 막대에서 가는 섬유를 뽑아내는 기술의 기틀을 닦았다. 나중에 고든도 같은 연구소에서 유리 섬유 작업을 이어 발전시켰다. 그리피스는 아주 가는 유리 섬유가 화학 결합의 강도로부터 계산한 예측치에 근접할 만큼 강하다는 사실을 발견했다. 그렇다면 문제는 왜 유리 섬유가 강한가가 아니었다. 왜 병이나 창문에 쓰이는 보통 유리가 약한가였다. 어째서 표면만 살짝 긁혔는데도 대대적인 파손이 뒤따를까?

그보다 앞선 1910년대에 영국의 공학자 찰스 에드워드 잉글리스(Charles Edward Inglis, 1875~1952년)는 철로 만들어진 배들이, 걱정스러울 만큼 쉽게 갈라지는 이유가 무엇인지 조사했다. 그의 결론은 판 모양의 물질이 휘거나 잡아 늘여져서 응력을 받을 때 구멍 주변이 나머지 부분보다 응력을 훨씬 더 크게 받는다는 것이었다. 한마디로 흠집에는 '응력 집중(stress concentration)' 현상이 일어난다. 그리피스는 깨지기 쉬운 물질의 표면에 난 미세한 자국에도 같은 원리가 적용된다는 사실을 깨쳤다. 그가 계산해 보니, 균열의 길이가 1000분의 1밀리미터에 불과하고 폭도 몹시 좁아서 진행 방향으로 한 번에 화학 결합 하나씩만 겨우 끊을 수 있더라도, 균열의 맨 앞부분이 받는 응력은 다른 지점이 받는 응력의 약 200배였다. 흠 없는 물질에서 화학 결합을 끊는 데 필요한 응력의 200분의 1만으로도 균열의 첨단에서는 충분히 결합을 끊을 수 있다는 뜻이다. 게다가 균열이 폭은 그대로인 채 길어지기만 하면 앞부분의 응력 집중이 더 심해진다. 이것은 자기 증폭적 성장이다. 그리피스는 균열의 **비선형성**을 증명한 셈이었다. 비선형성이란 효과가 원인에 비례하지 않는다는 뜻이다. 작은 균열 하나 때문에 그다지 크지 않은 응력이 어마어마한 수준으로 바뀔 수 있다.

뾰족뾰족한 절단면

앞에서 이야기했듯이, 자기 증폭적 불안정성은 그 밖의 다른 결과들도 이끌어 내는 경향이 있다. 성장이 성장을 부추기는 것은 물론이거니와, 그렇게 탄생한 형태는 무작위적 요동을 겪기 쉽다. 우연히 발생한 작은 불규칙성으로 말미암아 구불거림, 흔들거림, 가지 뻗기 등의 부수적 현상이 딸려오는 것이다. 균열도 마찬가지다. 그리피스의 연구에 따르면, 깨지기 쉬운 물질이 살짝 긁혀 그 지점부터 가늘고 긴 균열이 시작되면 균열은 마치 칼로 자르듯이 곧바르게 물질을 가른다. 그러나 현실에서는 이런 경우가 오히려 예외적이다. 유리공은 이런 모양으로 잘렸으면 하고 바라는 지점에 얇게 밑금을 그어 둬서 유리를 곧고 깨끗하게 지를 수 있지만, 그런 안내가 없으면 균열은 산만하게 나기 쉽다. 뾰족뾰족하게 깨지거나 산산조각이 난다.

전형적인 균열은 3단계로 성장한다. 최초의 홈에서 '탄생'하는 단계일 때는 그야말로 순식간에 가속하여, 100만 분의 1초도 채 지나지 않아 음파의 속도에 맞먹는다. 균열은 '아동기'에도 계속 가속되지만, 가속 속도는 좀 더 느리다. 그동안 균열은 계속 곧바르며, 갈라진 면은 거울처럼 매끄럽다. 그러나 균열 속도가 어떤 문턱값을 넘으면, 중년의 위기가 닥친다. 속도는 예측 불허로 심하게 요동치고, 균열의 끝은 이리저리 비틀거리기 시작한다. 갈라진 면에는 미세한 돌기들이 잔뜩 돋아나 거칠다.

1951년 케임브리지 대학교의 금속학자 엘리자베스 요페(Elizabeth Yoffe)는 균열이 산만하게 비틀거리는 이유에 대한 단서를 알아냈다. 균열의 끝이 음파에 근접한 속도로 진행하면, 균열 앞쪽의 응력장이 평평해짐과 동시에 균열의 진행 방향과는 다른 방향에서 군데군데 융기가 솟는다. 새롭게 솟아난 그 응력 집중점들 때문에 균열의 끝이 직선에서 벗어나는 것이다. 한편 1960년대에 케임브리지 대학교의 존 레이먼드 윌리스(John Raymond Willis, 1940년~)는 빠르게 진행하는 균열의 끝 주변에서 응력이 가장 큰 지점은, 균열의 진행 방향과 직각으로 교차하는 영역임을 알아냈다. 이것은 곧 균열의 끝이 쉴 새 없이 방향을 틀어야 한다는 말이다.

요페의 분석에 따르면, 균열이 대단히 빠르게 진행하지 않는 이상 유리창은 뾰족뾰족하지 않고 깔끔하게 갈라져야 한다. 그러나 알고 보니 반드시 그렇지는 않았다. 느리게 진행하는 균열도 복잡한 경로를 그릴 수 있다. 1993년 일본 도호쿠 대학교의 유세 아키후미(湯瀬晶文)와 사노 마사키(佐野雅己)는 초속 몇 센티미터의 속도로 균열을 내는 방법을 개발했다. 초속 몇 센티미터는 깨지기 쉬운 물질이 갈라질 때의 평균 속도보다 훨씬 느리다. 연구자들은 길죽한 유리 조각을 히터로 가열하여 응력을 가한 뒤, 찬물 수조에 천천히 담가 느린 균열을 유도했다. 오븐에서 갓 꺼낸 뜨거운 유리 그릇을 실수로 찬 설거지 물에 담가 본 사람은 알겠지만, 이렇게 갑자기 냉각하면 유리가 깨진다. 물질은 뜨거울 때 팽창하고 차가울 때 수축하는데, 팽창한 부분과 수축한 부분의 경계에는 응력이 크게 가해지기 때문에 균열이 쉽게 일어난다. 그러나 균열이 그 이상 진행하려면, 짧은 거리 만에 온도가 급격하게 변해야 한다. 일본 연구자들은 유리를 찬물에 담그는 속도를 조절함으로써 유리의 아래쪽 금에서 시작된 균열이 더 길게 진행하는 속도를 정밀하게 통제했다.

실험 결과, 속도가 아주 느릴 때는(초속 약 1밀리미터) 균열이 보통 완벽한 직선으로 났다. (그림 3.4a 참조) 그러나 속도가 일정 문턱을 넘거나 히터와 찬물의 온도 차이가 일정 문턱을 넘으면, 균열은 불안정해져서 비틀거렸다. 그러나 무작위적인 움직임은 아니었고, 특정한 파장으로 일정하게 진동했다. (그림 3.4b 참조) 유리판에 열기와 냉기를 가해 갈라지게 해서 언뜻 아름답기까지 한 굴곡을 얻을 수 있다는 말이다.

유세와 사노는 유리의 폭이 넓을수록 균열의 파장이 길다는 것을 확인했다. 유리가 무한히 넓다면, 파장도 무한할 것이다. 그러면 균열은 진행 방향에 대해서 일정한 각도로 꺾은 뒤에 절대로 뒤돌아보지 않고 무한정 나아갈 것이다. 연구자들은 폭이 무한한 유리를 구할 수는 없었지만, 경계가 없는 유리는 구할 수 있었다. 바로 유리관이다. 실험 결과 유리관의 균열은 정말로 관의 수직축에 대해 일정한 각도로 갈라진 뒤에 그 각도로 고정되어 계속 나아갔고, 결과적으로 완벽한 나선을 그렸다. (그림 3.4f 참조) 알래스카의 천연가스 송유관이 얼면 이

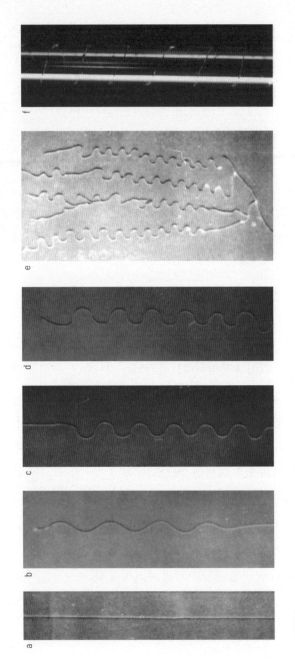

그림 3.4

(a) 우리판에서 느리게 진행하는 균열이 성장 불안정성. 균열은 직은 금에서 시작되고, 뜨거운 유리가 찬물에 잠길 때 겪는 응력 때문에 더 진전한다. 속도가 아주 느리면, 균열은 완벽한 직선으로 진행한다. (b) 그보다 좀 더 빠른 속도에서는 균열이 일정한 파장으로 진동으로 진동하기 시작한다. (c), (d) 속도가 그보다도 빠르면, 처음에는 진동의 진폭이 결국 사인파의 모양 자체가 뒤틀린다. (e) 그다음에는 균열이 여러 갈래 갈래로 갈라진다. (f) 평평한 유리 대신 실린더형 유리를 쓰면, '진동하는' 균열은 파동을 그리는 것이 아니라 실린더를 나선형으로 감싸며 나아간다.

가지

런 나선형 균열이 생긴다는 소문이 있다. (실제로 확인하기는 쉽지 않다.) 관을 휘감으며 몇 킬로미터나 갈라질 때도 있다고 한다.

파동형 균열은 속도가 빠를수록 진동이 더 뚜렷했고, 결국에는 파동의 모양 자체가 왜곡되고 비틀렸다. (그림 3.4c~d 참조) 그리고 온도 차이가 아주 크면, 파동형 균열에서 가지가 자라났다. 한 번에 두 갈래로 갈라지는 **이분지**(bifurcate) 현상이 반복되었다. 이 단계가 되면 패턴은 무질서해졌고, 여전히 규칙적인 파동이 눈에 띄기는 해도 우리가 보통 균열이라고 생각하는 전형적인 패턴에 가까워졌다.

현실에서는 유리가 이렇게까지 규칙적으로 갈라지는 경우가 드물지만, 다른 얇은 물질들이 종종 파동 패턴으로 부서진다. 제일 친숙한 예는 손가락으로 봉투를 열 때 나타나는 깔쭉깔쭉한 무늬이다. (그림 3.5 참조) 케임브리지 대학교의 아니망수 가탁(Animangsu Ghatak, 1971년~)과 락슈미나라야난 마하데반(Lakshminarayanan Mahadevan)은 물리학자 버전의 편지 뜯기 상황을 고안하여 왜 그런 물결무늬가 나타나는지 밝혔다. 그들은 폭이 몇 밀리미터에서 몇 센티미터까지 다양하고 단단한 막대기들로 흔히 포장에 쓰이는 투명 비닐과 비슷한 뻣뻣

그림 3.5
봉투를 손가락으로 뜯으면 톱니바퀴처럼 뾰족뾰족한 무늬로 찢어지기 쉽다.

한 비닐 막을 뜯어보았다. 연구자들은 막대기를 최대 초속 2.5센티미터로 일정하게 움직여 막을 갈랐는데, 이때 막대기가 가늘면 균열면이 종이칼로 자른 것처럼 곧고 매끄러웠지만 막대기가 두꺼우면 수학적으로 사이클로이드(cycloid)라고 불리는 형태의 톱니들이(그림 3.6a 참조) 일정 간격으로 늘어섰다.

가탁과 마하데반은 막이 늘어나며 찢어지는 과정과 구부러지며

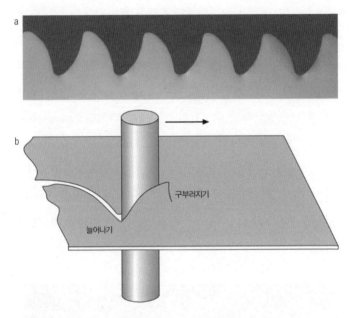

그림 3.6
세심하게 통제한 '편지 열기' 실험. 원통형 막대기로 평평한 막을 찢으면,
수학적으로 (a) 사이클로이드라고 정의되는 '톱니'가 놀라울 만큼 규칙적인
간격으로 나타난다. 톱니의 모양은 다음과 같이 설명할 수 있다. (b) 처음에는 막이
구부러지고 말리며 전진하는 막대기에서 멀어지는 방향으로 찢어진다. 그러다가
결국 구부러짐을 지속할 에너지가 남지 않은 지점에 이르면(사이클로이드의
꼭대기 부분이다.), 이제 막은 늘어나는 방식으로 찢어지기 시작한다.

가지

찢어지는 과정이 섞여서 이런 형태가 나타난다고 추론했다. 톱니의 볼록한 경사면은 막이 막대기와 접촉하면서 흡사 우리가 혀를 동그랗게 마는 것처럼 구부러진 부분이다. (그림 3.6b 참조) 이렇게 '구부러지며 찢어지기'에는 에너지가 적게 들고, 이때 균열은 막대기의 진행 방향에 대해 점점 더 비스듬한 각도로 휘어 나간다. 그러나 막대기가 나아갈수록 막이 구부러질 공간이 적어져, 결국에는 '구부러짐'이 아예 불가능해진다. 줄곧 앞으로 나아가며 막의 찢긴 가장자리를 밀어붙이던 막대기는 그 지점에서 이제 막을 잡아 늘이기 시작하고, 막은 구부러진다기보다는 거칠게 뜯기면서 갈라진다. 따라서 뜯김은 막대기의 진행 방향과 같은 방향으로 나아간다. 그러나 '늘어나면서 찢어지기'는 금세 막대기보다 너무 멀리 앞서 나아가서 추진력을 잃는다. 그러면 막대기는 그 뒤를 따라잡으면서 다시금 막을 구부러뜨리며 찢는 단계를 밟는다. 물론 이때 막이 찢기는 방향은 바로 앞단계와는 반대 방향이다. 그러니 사이클로이드에서 곡선이 방향을 트는 마루 지점은 막이 구부러지며 찢어지는 단계에서 늘어나며 찢어지는 단계로 바뀌는 지점이다. 균열은 끊임없이 양옆으로 흔들리며, 우리가 무거운 물체를 바닥에 놓고 밀 때 물체가 꿈쩍않다가 와락 미끄러지는 것처럼 앞으로 와락 달려갔다가 다시 느려지기를 반복한다.

비슷한 파열이 훨씬 더 큰 규모에서 일어날 때도 있다. 극지방의 해빙이 해류나 바람에 밀려 한자리에 고정된 빙산을 밀어붙일 때다. 그러나 해빙의 파열선이 조금 다른 모습을 취할 때도 있다. 간혹 사각형 요철이 줄줄이 나타나서 지퍼처럼 맞물리는 패턴이 발생하는데, 이 현상을 핑거 래프팅(finger rafting)이라고 부른다. (그림 3.7a 참조) 이 패턴은 기원이 좀 달라서, 두께가 채 10센티미터가 안 되는 얇은 얼음

그림 3.7
(a) 바다에 떠다니던 얼음판들이 지퍼 같은 형태를 발달시키고는
하는데, 이 현상을 핑거 래프팅이라고 부른다. (b) 이것은 두
얼음판이 충돌해서 생기는 현상으로, 한쪽 얼음판의 가장자리에서
돌출된 부분이 다른쪽 얼음판에 걸터앉아 둘 다 구불구불하게
변형시킴으로써 규칙적인 간격의 '지퍼 톱니'를 형성한다.

판 두 장이 서로 밀어붙일 때 생긴다. 이때 얼음판의 가장자리가 들쭉
날쭉하면, 한쪽 판에서 튀어나온 부분이 반대쪽 판을 덮는다. 겹친 부
분은 아래로 짓눌리기 때문에 두 판 모두 양쪽으로 작은 물결무늬 주
름이 잡히고, 주름은 두 판의 경계선에 대해 수직으로 진행한다. 이때
한쪽 판의 주름에서 골에 해당하는 부분이 반대쪽 판의 주름에서는
마루에 해당하는지라, 처음에 한 지점이 겹친 것 때문에 그 주변도 모
두 규칙적인 간격을 두고 겹친다. 그래서 지퍼의 '손가락(핑거)'들이 갈
라진다. (그림 3.7b 참조) 예일 대학교의 존 웨틀로퍼(John S. Wettlaufer)와
케임브리지 대학교의 도미닉 벨라(Dominic Vella)가 2007년에 이 과정
을 설명했고, 물 표면에서 서로 밀어붙이는 얇은 왁스 층들로 같은 효과
를 재현할 수 있다는 것도 보여 주었다. 두 지각판이 서로 다가갈 때도
단층을 따라 엄청나게 큰 규모에서 비슷한 요철 구조가 생길 수 있다.

가지

우연의 문제

　이런 이상한 균열들은 우리가 무엇인가가 깨졌다고 할 때 연상하는 거미줄 같은 선(그림 3.3 참조)과는 아주 다르다. 이런 패턴의 놀라운 점은 대단히 폭넓은 규모의 척도를 아우른다는 것이다. 어떤 것은 현미경을 들이대야만 보이는데 비해 어떤 것은 광활한 지형을 찍은 위성 영상에서만 보인다. (그림 3.8 참조) 그리고 균열 패턴은 폭넓은 척도 범위에서 다 같아 보일 때가 많다. 점점 더 높은 배율로 확대해서 보아도 그다지 많이 달라지지 않는다는 뜻이다. 앞 단계에서는 안 보였던 세부가 더 잘 보일 뿐이다. 이것은 곧 파열 패턴이 척도 불변적 프랙탈이라는 뜻이다.

　이런 패턴은 앞에서 묘사했던 규칙적인 파동형 균열과는 달리 무작위성이 많이 관여한 결과이다. 무작위성은 어느 정도는 깨진 물질의 속성 자체에서 비롯된다. 가령 바위는 대개 크기와 형태가 가지각색인

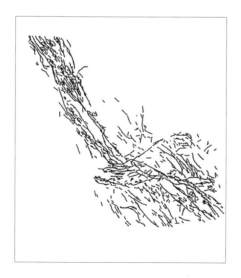

그림 3.8
프랙탈 균열은 여러 차원에서 벌어진다. 그림은 샌안드레아스 단층 주변의 단층선이다. 그림에 포함된 영역은 실제 수 킬로미터이지만, 이것을 가령 낡은 창틀의 페인트가 갈라진 모습이라고 상상해도 이상하지 않다.

알갱이들이 무질서하게 다져져 경계면이 압착된 상태이다. 시멘트, 혹은 사암 같은 다공성 암석 속에는 구멍들이 무작위적으로 잔뜩 흩어져 있다. 딱딱하지만 깨지기 쉬운 플라스틱 속에는 중합체 사슬들이 혼란스럽게 얽혀 있다. 그러나 어떤 경우에는 균열의 진행 방식에 무작위성이 내재되어 있는 듯하다. 앞에서 보았듯이, 균열의 끝이 나아가는 길에는 불안정성이 잠재되어 있다. 균열은 이리저리 흔들리고, 더없이 사소한 계기만 주어져도 끝이 갈라진다. 물질이 원자 차원에서는 구조(결정)가 완벽하게 질서 정연하더라도, 이런 방식으로 산만하고 뾰족뾰족하게 부서질 수 있다.

1980년대에 고안된 한 인기 있는 모형은 프랙탈 분지형 균열이 입자들의 가지런한 격자를 어떤 방식으로 통과하는지 보여 주었다. 스위스 바덴의 브라운보베리 연구소에서 일하던 루츠 니마이어(Lutz Niemeyer), 한스 위르크 비스만(Hans Jürg Wiesmann), 루치아노 피에트로네로(Luciano Pietronero)는 조금 특수한 종류의 '파손'을 묘사하려는 의도에서 모형을 개발했다. 일반적인 깨짐이 아니라 전기 방전 불꽃이 물질을 통과하는 현상이었다. 축전지 같은 전기 기기는 유전체라고 불리는 절연 물질을 사이에 끼운 두 금속판, 즉 두 전극에 전압을 걸어 작동한다. 이때 전압이 지나치게 높으면 전극 사이에서 불꽃 방전이 따닥 일어나는데, 이것이 절연 파괴(그림 3.9a 참조)다. 그러면 기기는 보통 타 버린다. 어떤 경우에는 물리적으로도 파손이 일어난다. 방전 흐름 때문에 물질이 깨지는 것이다. 투명한 물질이라면 파손 패턴이 가시적인 흔적을 남길 수 있다. 그것은 불꽃 방전의 경로가 순간적으로 기록된 흔적인 셈이고, 그 자체로 상당히 아름답다. (그림 3.9b 참조) 그 구조는 가지를 뻗은 벼락처럼 생겼는데, 실제로 대기 중의 벼락(그림 3.9c 참

　　　　　　　　　　　　　　　　　　가지

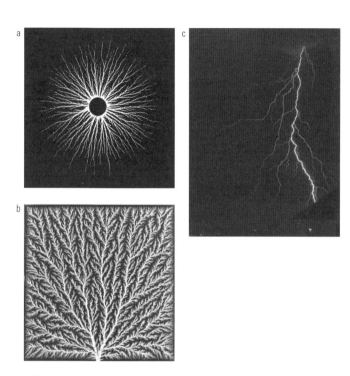

그림 3.9

전기 방전은 균열 패턴을 닮은 분지 형태이다. (a) 전극에서 발생한 방전 불꽃이
유리판에 남긴 패턴을 보면 알 수 있다. (b) 만일 단단한 물질이 전류 때문에 열을
받아 갈라지거나 기화하면, 절연 파괴 패턴이 '얼어붙어' 고스란히 보존된다. 그
결과 나타나는 아름다운 구조를 리히텐베르크 무늬라고 부른다. (c) 벼락이 대기
중에 전류를 방전하는 것도 절연 파괴의 한 예로, 비슷한 분지 패턴을 드러낸다.

조)은 절연 파괴와 밀접한 현상이다. 대전된 먹구름과 지면 사이에서
공기가 절연체 역할을 하니까 말이다.

18세기 독일 과학자 겸 작가였던 게오르그 그리스토프 리히텐베
르크(Georg Christoph Lichtenberg, 1742~1799년)가 전기 방전 패턴을 연

구했기 때문에, 이런 패턴은 흔히 리히텐베르크 무늬(Lichtenberg figure)라고 불린다. 괴팅겐 대학교에서 일했던 리히텐베르크는 정전기를 강하게 쌓았다가 수지(레진) 덩어리에 방출시키는 기법으로 전기라는 새로운 과학을 연구했는데, 이때 가루들이 전기에 이끌려 전류가 흐른 모양대로 수지에 붙음으로써 여러 갈래로 뻗은 방전 경로가 확연히 드러난다는 사실을 발견했다. 이 실험 덕분에 그는 원시적인 형태의 정전 인쇄를 발명했다. 가루들이 불규칙한 방전 분포에 따라 판에 붙는 현상을 이용한 것이었다. 리히텐베르크는 또한 (아마도 날조된 전설일 테지만) 흔히 벤저민 프랭클린이 실시했다고 이야기되는 위험한 연날리기 실험을 수행해, 벼락이 전기 현상이라는 사실을 처음 결정적으로 보여 주었다. 그리고 리히텐베르크는 괴팅겐에 피뢰침을 세웠으며, 전지의 발명가인 알레산드로 주세페 안토니오 아나스타시오 볼타(Alessandro Giuseppe Antonio Anastasio Volta, 1745~1827년)와 서신을 교환했다. (리히텐베르크는 볼타가 "아가씨들과 통하는 전기에 대해서 전문가"라고 썼다.[9]) 그러나 오늘날 리히텐베르크는 에세이스트 겸 아포리즘 작가로 더 많이 기억된다. 계몽주의 시대의 지식인이 대개 그랬듯이 그의 다양한 에너지는 과학에만 국한되지 않았던 것이다. 그가 '얼어붙은 벼락'을 가리켜 "공포를 황홀로 바꾸었다."라고 표현한 것을 보면, 과학자가 적절한 표현으로 무미건조한 실험에서 경이감을 증류해 낼 수 있다는 사실을 요즘 우리는 너무 경시하지 않는가 싶다. 또한 리히텐베르크가 자신의 방전 무늬를 겨울철 유리창에 피어난 수지상 얼음 손가락 무늬에 비유한 것을 보면, 시적 비유를 즐기는 성향 덕분에 뜻밖에 옳은 분석을 해냈던 셈이다.

니마이어와 동료들은 그 절연 파괴 과정을 모형화하기로 했다. 그

들은 규칙적인 바둑판 격자를 두고, 전하가 격자의 한 칸에서 다른 칸
으로 직선으로 흐른다고 가정했다. 전하는 한 번에 한 칸씩 이동하며,
다음 번에 갈 수 있는 방향은 보통 여러 선택지가 있다. (그림 3.10 참조)
전하는 그중에서 어떤 길로 갈까? 연구자들은 전하가 매 단계마다 다
음에 갈 수 있는 여러 지점 중에서 아무것이나 무작위로 선택한다고
가정하되, 그 지점의 전기장 세기가 선택에 영향을 미친다고 규정했
다. 예를 들어 옆에 있는 어떤 칸의 전기장이 셀 때는 전하가 그곳으로

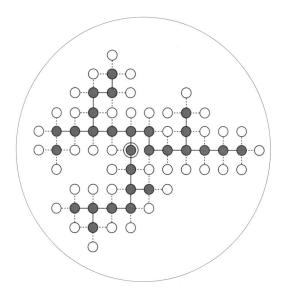

그림 3.10

절연 파괴 모형에서, 전기 방전은 규칙적인 격자에서 이웃한 칸으로 이동하면서 진전한다.
전하가 한 지점에서 다음으로 갈 수 있는 지점은 보통 여러 개가 있다. 그림에서 검은 점은
전하가 이동한 경로이고, 하얀 점은 전하가 다음 단계로 택할 수 있는 지점이다. (방전은 그림
한가운데 동그라미가 쳐진 검은 점에서 시작되었다.) 전하는 다음에 갈 지점을 무작위로
선택하지만, 후보 지점들의 전기장 세기에 따라 각각을 선택할 확률에 차이가 있다.

이동할 가능성이 70퍼센트이고 전기장이 약할 때는 이동할 가능성이 30퍼센트라는 식이다. 이것은 합리적인 가정이다. 실제로 방전 불꽃의 경로는 도중에 만나는 전기장에 따라 좌우되기 때문이다. 우리는 여기에서도 우연과 필연의 미묘한 균형을 본다. 방전 경로가 진화할 때 처음부터 확실하게 정해진 길은 없지만, 다른 길보다 더 가능성이 높은 길은 있다. 무작위성이 작용하지만, 그렇다고 해서 무작위성만 작용하는 것은 아니다.

방전 경로에서도 갈라진 *끄트머리* 지점이 계곡이나 틈에 해당하는 지점보다 전기장이 세기 때문에, 전기가 '불꽃'의 내부보다 *끄트머리*에서 진전할 가능성이 높다. 기억하겠지만 DLA 덩어리도 똑같은 방식으로 성장했고, 이유도 완전히 같았다. DLA에서는 새 입자가 *끄트*

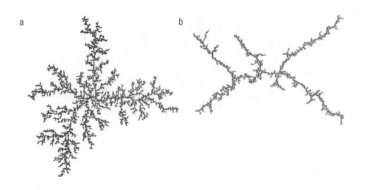

그림 3.11

(a) 절연 파괴 모형은 확산을 통한 응집(DLA) 모형과 아주 비슷한 프랙탈 분지 패턴을 형성한다. 프랙탈 차원은 약 1.75이다. (b) 이 모형은 깨지기 쉬운 물질에서 균열이 퍼지는 과정을 묘사하는 데 쓰일 수도 있다. 이때는 입자들이 화학 결합으로 묶여 격자를 이룬다고 가정한다. 결합에 약간 탄성이 있다고 가정하면, 즉 응력에 따라 결합이 약간 늘어났다가 줄어들었다가 할 수 있다고 가정하면, 분지 패턴은 더 성겨진다.

가지

머리에 붙을 확률이 더 높았다. 그렇다면 절연 파괴 모형이 DLA 덩어리와 아주 흡사한 가느다란 가지 패턴을 만드는 것은 놀랄 일이 아니다. (그림 3.11a 참조) 전하가 다음 지점으로 흐를 확률이 그 지점의 전기장 세기와 정비례한다고 가정할 경우, 이 모형에서 예측되는 패턴의 프랙탈 차원은 1.75이다. DLA 덩어리의 프랙탈 차원과 거의 같다.

우리는 무질서한 물질이 깨지는 과정을 설명할 때도 절연 파괴 모형을 고스란히 가져다 적용할 수 있다. 방전을 균열로 바꾸고, 격자를 화학 결합으로 연결된 원자들이나 입자들의 망으로 바꾸면 된다. 균열은 매 단계마다 화학 결합이 하나씩 끊어지면서 진행되고, 균열의 가장자리 어느 지점에서 실제로 그 일이 벌어질 확률은 그 지점의 응력에 달려 있다. 응력장의 세기는 절연 파괴 모형의 전기장처럼 장소에 따라 편차가 있어, 균열의 끄트머리에서 가장 세고 그리피스의 표현을 빌리면 '크레바스'에서는 좀 더 약하다.

그러나 이 그림은 지나치게 단순하다. 이 모형은 우선 매 단계마다 반드시 결합이 끊어진다고 가정하고, 어느 결합이 끊어지는가만이 문제라고 본다. 그러나 현실에서는 응력이 충분히 크지 않은 이상 꼭 그럴 이유가 없다. 그보다는 결합들이 끊어지지 않은 채 약간 늘어날 수 있는 모형이 더 낫다. 결합이 단단한 막대기가 아니라 용수철과 더 비슷하다고 보는 것이다. 이때는 결합이 하나 끊어질 때마다 주변의 결합들이 느슨해지면서 국지적으로 응력이 발산될 것이다. 이런 '탄성' 모형에서는 다양한 종류의 파열 패턴이 형성되며, 그 구체적인 형태는 결합의 탄성에 따라 달라진다. 그림 3.11b의 균열 패턴은 결합이 단단하다고 가정했던 절연 파괴 모형의 패턴보다 훨씬 덜 조밀한데, 우리가 흔히 천장에서 보는 불길한 균열은 이쪽과 더 비슷하다. 이 패

그림 3.12

얇은 물질층이 **수축**히면서 응력을 받으면 여러 개의 섬으로 소각난다. 이
현상은 바싹 마른 웅덩이나 호수의 바닥에 깔린 진흙에서 흔히 나타난다.

턴의 프랙탈 차원은 1.16으로, 균열이 2차원 덩어리보다는 구불구불
한 선에 가깝다는 사실을 확인해 준다.

건기에 드러나는 패턴들

지금까지 이야기한 균열은 모두 하나의 지점에서 시작했다. 그러
나 균열이 늘 그런 방식으로만 생기는 것은 아니다. 바싹 마른 웅덩이
바닥의 단단한 진흙에는 균열의 중심이라고 할 만한 지점이 없다. 파
열은 모든 지점에서 동시에 벌어지고, 그물망 같은 무늬가 형성된다.
(그림 3.12 참조) 웅덩이 바닥의 축축한 진흙이 공기에 노출되어 마르면,
실트 입자들 사이에서 물이 빠져나가는 바람에 입자들이 서로 가까

가지

이 당겨져 표면층이 전체적으로 수축한다. 그러나 진흙은 마른 과일처럼 쭈글쭈글해질 수는 없다. 왜냐하면 건조한 표면층이 여전히 축축하게 수분을 함유한 아래쪽 진흙에 붙어 있기 때문이다. 그 때문에 표면층 전체에 응력이 쌓인다. 그러다 그 힘이 충분히 강해지면 균열이 일어나기 시작해, 단단한 진흙이 갈라지며 여러 개의 섬으로 나뉜다.

얇은 물질층이 다른 표면에 '고정된' 상태에서 전체적으로 고르게 수축(혹은 팽창)함으로써 형성되는 이런 균열은 아주 흔하다. 가령 페인트는 흔히 이렇게 갈라진다. 습도 변화로 목재가 부풀거나 수축하는 경우, 혹은 금속이 열을 받아 팽창하는 경우처럼 페인트가 입혀진 물질이 곧잘 팽창하거나 수축하기 때문이다. 오래된 그림에 가늘게 자글자글 균열선이 나타나는 것도 이 때문인데, 예술사학자들은 이 현상을 크래큘러(craquelure)라고 부른다. 크래큘러 패턴은 작품의 진품 여부를 알려 주는 미세한 지문이나 다름없다. 그림이 언제 어디에서 그려졌는지에 따라 패턴이 달라지기 때문이다. 프랑스, 이탈리아, 네덜란드, 플랑드르 '스타일'의 크래큘러가 각각 따로 있는 것이다. 예술사학자들은 균열 패턴에서 화가가 쓴 재료와 기법의 단서를 얻을 수 있고, 그림의 취급, 운반, 환경 변화는 어땠는가 하는 역사적 정보도 얻을 수 있다. 그래서 예술품 관리자들은 작품을 디지털 스캔한 뒤 크래큘러 패턴을 확인하고 분류하는 세련된 기법을 개발해 왔고, 거꾸로 위조자들은 작품을 굽는 방법으로 크래큘러를 모방하려고 노력해 왔다. 심지어 손으로 정밀하게 크래큘러 그물망을 그려 넣는 조잡한 기법도 쓴다는데, 이것은 부주의한 구매자의 눈은 속일 수 있을지언정 전문가가 확대경으로 보면 대번에 들통 난다.

얇은 층의 균열은 여러 첨단 기술이 직면한 중대 과제이다. 우리가 물질을 보호하거나 개선하려고, 가령 방수 효과를 주거나 반사율을 낮추려고 '젖은' 채로 입힌 도포제가 마르거나 식으면서 수축할 수 있고, 그래서 갈라지거나 벗겨질 수 있기 때문이다. 집적 마이크로 전자 소자는 어떤 물질(가령 반도체) 위에 다른 결정형 물질(가령 절연체)을 얇게 입힌 구조가 많은데, 이때 위아래 층의 원자들 간 간격이 약간 다른 탓에 위층이 팽창하거나 수축할 수 있다. 그러므로 우리에게는 균열 패턴이 왜 형성되는지 알고 싶은 이유가 충분하다.

노르웨이 에너지 기술 연구소의 아르네 토르비에른 셸토르프 (Arne Torbjørn Skjeltorp, 1941년~)는 '이상적 진흙'이라고 부를 만한 물질을 사용하여 이런 파열을 조사했다. 그것은 폴리스티렌 미소구체(마이크로스피어)들이 물에 뜬 현탁액으로, 미소구체들은 크기가 모두 같고 하나의 지름은 몇천 분의 1밀리미터쯤 되었다. 셸토르프는 두 유리판 사이에 미소구체들을 딱 한 층 높이로 가둔 뒤, 서서히 물을 증발시켰다. 입자들은 웅덩이 바닥의 실트 입자들처럼 서로 엉겼고, 물이 완전히 사라지자 막이 수축하기 시작했다. 그러나 미소구체들은 크기와 모양이 다 같기 때문에 실트보다는 더 규칙적인 모양으로 뭉쳤고, 결국 가지런한 육각형 배열을 이루었다. 이것은 결정형 막을 이룬 원자들의 배열을 훌륭하게 모방한 것이기도 하다.

셸토르프는 미소구체의 층이 마르며 복잡한 '마구잡이 포석' 패턴으로 갈라진다는 사실을 발견했다. (그림 3.13 참조) 이것은 건조한 진흙이 갈라질 때의 패턴과 비슷하다. 또한 이때 균열의 그물망은 확대 수준을 달리 하더라도 늘 비슷해 보였다. 이것 역시 프랙탈인 셈이다. 프랙탈 차원은 약 1.68이었다. 그러나 여기에는 질서의 자취도 있었다. 균열선들은 특정 방향을 선호해 대체로 120도로 교차하는 경향이 있

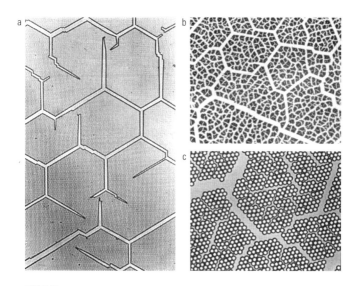

그림 3.13

물에 현탁된 플라스틱 미세 입자의 층, 즉 '이상적 진흙'이 마를 때 나타나는 균열.
입자들이 크기가 다 같고 가지런한 육각형 배열로 뭉치기 때문에, 균열은 입자들의 줄을
따라 갈라지는 경향이 있다. 따라서 균열선끼리 약 120도로 교차하기 쉽다. (a) 이 현상은
균열의 초기 단계에서 특히 두드러진다. (b), (c) 최종적인 패턴은 확대 수준을 달리 해서
보아도 다 비슷하다. (c) 적어도 개별 입자의 수준으로 내려갈 때까지는 그렇다. (b)는 실제
크기가 가로 1밀리미터쯤이고, (c)에 포착된 부분은 그 10분의 1쯤 된다.

었다. 특히 갓 마르기 시작한 단계일 때 그랬다. 이 현상은 바탕을 이룬
입자들의 격자가 대칭적이라는 사실을 반영한 것뿐이다. 금이 입자들
의 격자를 따라 갈라지기 쉽기 때문이다. 이에 비해 진흙 입자는 훨씬
더 무질서하게 뭉치기 때문에, 최종적인 섬들의 형태가 훨씬 덜 규칙
적이다. 오슬로 대학교의 물리학자 폴 미킨(Paul Meakin)은 '탄성' 절연
파괴 모형을 이 상황에 적용하여 실제와 비슷한 균열 패턴을 얻었다.
(그림 3.14 참조)

그림 3.14
변형된 전열 파괴 모형을
적용해서, 얇은 막이 수축할
때 나타나는 파열 패턴을
재현했다.

　그러나 우리가 익숙한 균열 중에는 이것과도 또 다른 형태가 있다. 호수 바닥에서 진흙이 말라붙을 때, 캔버스나 나무에 칠해진 페인트와 광택제가 마를 때, 도자기에 칠해진 유약이 딱딱하게 낡아 갈 때를 생각해 보자. 이때 갈라지는 층은 한쪽 면은 고정되어 있지만 반대쪽 면은 공기에 자유롭게 노출되어 있다. 이럴 때는 균열이 또 약간 다른 패턴으로 나타난다. (그림 3.15a 참조) 어떤 금은 갈라지거나 심하게 굽지 않고 직선이나 곡선으로 제법 길게 나가는데, 나머지 금은 그 사이 공간을 나누듯 그어져 있다. 그러면 물질은 보통 네 변을 지닌 조각, 대부분 정사각형이나 직사각형 조각으로 갈라진다. 또한 최종적으로 완성된 패턴에서는 조각들에게 '전형적인' 크기가 있고, 그 크기는 갈라진 층의 두께에 달려 있다. 이것은 이 균열 패턴이 프랙탈이 **아니라는** 뜻이다. 그리고 교차점들이 직각을 이루기는 하지만, 맨해튼의 격자형 거리 구조와 같은 단순한 정사각형 혹은 직사각형 격자는 아니다. 교차점들의 위치가 살짝 엇갈리기 때문에, 한 조각이 변을 맞대는 이웃 조각은 4개가 아니라 보통 6개다.

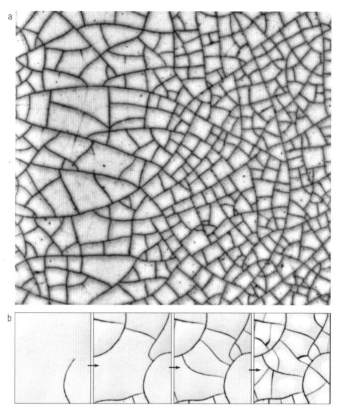

그림 3.15

(a) 도자기 유약이 갈라진 모습을 보면, 금들은 직각으로
교차할 때가 많고 조각들은 네 변을 가질 때가 많다. (b)
이런 균열은 위계적으로 진행된다. 맨 먼저 가장 긴 금들이
형성되고, 다음으로 그 금들을 잇는 금들이 생기면서 그 사이
공간을 차츰 메운다.

뉴욕 록펠러 대학교의 슈테펜 본(Steffen Bohn, 1973년~)과 동료들은 이런 경우에 균열망이 단계적으로 형성된다는 사실을 밝혔다. 맨 먼저 길고 매끄러운 금이 나타나고, 다음으로 그것들을 잇는 작은 금들이 나타나 그 속의 공간을 순차적으로 분할한다. (그림 3.15b 참조) 새로 나는 금이 기존의 금과 만날 때 응력이 가장 효율적으로 배출되는 조건은 두 금이 직각으로 만날 때이므로, 새 금은 이 조건을 만족시키기 위해 휘기도 한다. 본과 동료들은 이 패턴을 분석함으로써 금이 난 순서를 유추할 수 있었다. 즉 파열의 역사를 재구성할 수 있었다.

이 과정은 도시에서 기존 도로들 사이에 새 도로가 나는 과정과도 얼추 비슷하다. 이 균열 패턴이 도로망과 비슷하게 보이는 것은 그 때문이다. 특히 계획가의 고차원적 전망 없이 자발적으로 도로가 놓인 오래된 도시에서 이런 패턴이 확연하다. 이를테면 파리는 이런 패턴이고, 뉴욕은 아니다. (그림 3.16 참조) 도시에서는 가장 오래된 길이

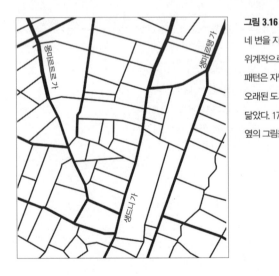

그림 3.16
네 변을 지닌 조각들로 위계적으로 나뉘는 균열 패턴은 자발적으로 성장한 오래된 도시의 도로망을 닮았다. 1760년 파리 지도인 옆의 그림을 보면 알 수 있다.

가지

최초의 긴 금이다. 그런 도로는 도심과 주변 마을, 성당 등을 잇는다. 그 간선 도로로부터 소로와 골목길이 생겨난다. 처음에는 아마 수레를 끌고 밭으로 나갈 때 쓰는 통로였을 것이다. 이후 도심이 확장하면, 비공식적인 통로가 어엿한 길이 된다. 한 간선 도로와 다른 간선 도로를 가장 곧바로 잇는 방법은 직각 교차점이므로, 도로망은 물질의 막이 갈라지듯이 평면을 위계적으로 차츰 분할하며 진화한다. 따라서 만일 본의 이론이 옳다면, 도시의 지도에는 도로들이 겪은 역사가 숨어 있을 것이다.

악마의 벌집

기하학적이리만큼 정교하게 교차하는 금으로 구획된 다각형 섬들의 균열 패턴에서, 언뜻 자이언츠 코즈웨이의 프리즘형 기둥들의 모습을 읽을지도 모른다. 그러나 답은 그렇게 간단하지 않다. 우선 그 바위 기둥들은 얇은 막에서 형성된 것이 아니다. 육각형 균열 패턴이 형태를 고스란히 간직한 채 현무암을 수직으로 몇 미터나 가르고 내려가서 만들어졌다. 그리고 모양이 다 같은 미소구체들의 막이 마를 때와는 달리, 육각형 바위는 바탕의 구성 입자들이 뭉친 형태 때문에 육각형을 띤다고 설명할 수 없다. 자이언츠 코즈웨이에 대한 설명은 그보다 좀 더 파고들어야 한다.

원인이 무엇이든, 그 현상은 비교적 특이한 사건일 것이다. 지구의 여러 장소에서 용암이 흘렀건만, 이후 화성암이 식으면서 이처럼 규칙적으로 갈라진 사례는 극히 드물다. (또 다른 예로 캘리포니아의 데빌스 포스트파일이 있다.) 그러나 이 과정은 다른 물질에서도 벌어진다. 1922년에 영국의 유리 공학자 프렌치(J. W. French)는 녹말물이(진흙과 크게 다르지 않은 작은 입자들의 현탁액이다.) 마르면서 갈라지는 과정을 연구하다가, 녹말이 기둥 형태로 부서지는 것을 발견했다. 프렌치는 그 모습이 흡사 자이언츠 코즈웨이를 축소한 것과 같다는 사실을 알아차렸다. 그러나 그의 작업은 거의 잊혔고, 1998년에 프랑크푸르트의 괴테 대학교에서 게르하르트 뮐러(Gerhard Müller, 1940~2002년)가 같은 실험을 반복하면서 새삼 다시 알려졌다. 뮐러는 깊이가 몇 센티미터쯤 되는 녹말층이 폭이 몇 밀리미터쯤 되는 기둥으로 갈라지는 현상을 발견했다.[10] 캐나다 토론토 대학교의 스티븐 모리스(Stephen W. Morris)와 동료 루카스 괴링(Lucas Goehring)도 2006년에 실험을 반복하여 같은 결과를 얻었다. (그림 3.17 참조)

자이언츠 코즈웨이의 균열은 위에서 시작된다. 녹았던 바위가 윗부분부터 열을 발산하여 차차 굳기 때문이다. 위에서 형성된 균열망은 차츰 아래로 내려와, 굳어 가는 암반을 파고든다. 그러나 이 과정이 매끄럽게 진행되는 것 같지는 않다. 오히려 파열 패턴은 층층이 단계적으로 내려간다. 한 층이 굳어서 갈라진 다음에야 그 아래층이 같은 과정을 반복한다. 현무암 기둥들의 표면에 수평으로 줄무늬가 남은 것을 보면 알 수 있다.

이 점에 착안하여, 아르헨티나 바릴로체 원자력 연구소의 물리학자 에두아르도 알베르토 하글라(Eduardo Alberto Jagla)와 미시건 대학교의 물리학자 알베르토 로호(Alberto G. Rojo, 1960년~)는 프리즘형 기둥들의 형성 방식에 대한 결정적인 단서를 알아냈다. 2002년에 두 사람은 균열망이 최초의 층들에서는 훨씬 더 불규칙했을 것이라는 의견을 내놓았다. 그랬던 것이 더 깊이 내려오면서 점차 더 가지런하고 깔끔한 다각형으로 바뀌었다는 것이다. 균열의 총길이가 고정되어 있다고 가정할 때, 육각형에 가까운 다각형으로 구성된 그물망은 무늬가 아무렇게나 뒤섞인 그물망보다 바위가 식고 수축하는 과정에서 형성된 응력을 더 효율적으로 배출한다. 이것은 비눗방울 막에 육각형 벌집 모양의 망이 형성되면서 막의 표면적이 최소화되고 최소 에너지 배치를 취하는 과정과도 비교할 수 있다. 『모양』에서 그 과정에 대해 설명했다. 그러나 바위의 꼭대기 층들이 처음부터 최적의 패턴을 '찾아내는' 것은 아니다. 균열선은 아무 지점에서나 무작위로 시작된 뒤, 차차 멀리 뻗으면서 서로 만나 망을 형성할 뿐이다. 그러나 바위가 굳고 갈라지는 과정이 한 층 한 층 진행됨에 따라 어지러웠던 균열망이 재조직되고, 점차 다각형의 꼴을 갖춘다. 그러다가 이윽고 가지런한 형태에 도달하면, 다음에는 층층이 같은 모양을 유지한다. 그 결과 수직 기둥들이 형성된다.

　꼭대기층의 불규칙한 균열이 아래로 내려오면서 안정된 다각형 그물망으로 변하는 이 과정은 일찍이 1983년에 아일랜드 더블린의 물리학자 데니스 로런스 웨이어(Denis Lawrence Weaire, 1942년~)와 코너 오캐럴(Conor O'Carroll)이 이야기한 바 있고, 이들은 또 미국의 금속학자 시릴 스탠리 스미스(Cyril Stanley Smith, 1903~1992년)로부터 아이디어를 얻었다고 말했다. (웨이어는 '균열층' 하강 개념이 스미스보다도 더 과거로 거슬러 올라간다고 말한다.) 그러나 그들은 그 과정이 실제로 가능하다는 증거는 얻지 못했다. 결국 증거를 제공한 것은 하글라와 로호였다. 이들은 층층이 갈라지는 과정을 컴퓨터로 시뮬레이션함으로써 짐작을 확인했다. 시뮬레이션 결과 첫 번째 층에서는 균열이 엉망진창으로 나타났지만, 여덟 번째 층에 이르사 다각형으로 정돈되었다. 그리고 그보다 더 낮은 층에서는 모양이 거의 변하지 않았다. (그림 3.18 참조)

그림 3.17

(a) 두꺼운 층을 이룬 옥수수 녹말물을 건조시켜 만든 인공의
자이언츠 코즈웨이 기둥들. 위에 놓인 밀리미터 눈금의 자가 크기를
알려 준다. (b) 이런 기둥형 구조의 현무암은 스타파 섬이나 자이언츠
코즈웨이 외에도 세계 각지에서 발견된다. 그림의 바위는 미국
워싱턴 주의 뱅크스 호수 근처에 있다.

가지

다각형은 대부분 변이 6개였고(변이 4개인 것부터 8개인 것까지 있었다.), 크기는 대충 다 같았다. 이 패턴은 자이언츠 코즈웨이(그림 3.2c 참조)와 아주 비슷해 보인다. 게다가 변의 개수가 다른 다각형들의 상대적 등장 비율, 다각형에서 변의 개수와 면적의 상관관계도 실제 지층과 비슷했다.

만일 이 그림이 옳다면, 자이언츠 코즈웨이에서 최초에 형성되었던 무질서한 꼭대기층은 어디로 갔을까? 암반 형성 과정이 으레 그렇

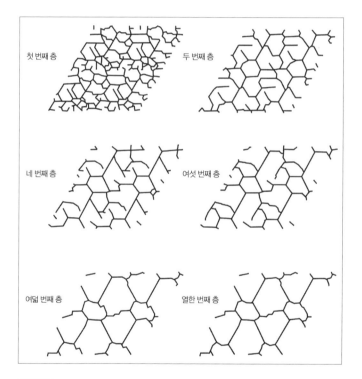

그림 3.18
물질이 층층이 응고될 때 균열이 차츰 질서를 갖추는 모습을
컴퓨터로 시뮬레이션한 결과, 패턴은 상당히 무작위적인 배열에서
주로 육각형 조각으로 이루어진 배열로 진화했다.

듯이, 그 층들은 비바람과 파도에 쓸려 오래전에 깎여 나갔을 것이다. 그러나 모리스와 괴링은 녹말물을 건조시키는 실험을 통해 실제로 프리즘형 기둥들이 형성될 수 있음을 증명했다. 처음에 엉망이었던 균열 패턴이 아래로 내려가며 정말로 준기하학적인 나름의 질서를 구축했던 것이다. (그림 3.17a 참조) 최종적으로 안정된 패턴의 형태는 여러 요인에 달려 있는데, 특히 물질이 식거나 마르는 속도에 좌우되었다. 모리스와 괴링은 기둥들의 평균 폭이 실험 조건에 따라 크게 달라진다는 사실을 발견했다. 그러나 특정한 경우에 그중 어떤 모양이 선택될 것인가는 분명히 알 수 없었다. 어쩌면 선택은 과정의 과거 역사에 달려 있을지도 모른다. 하강하던 균열들 중 일부가 힘이 빠지고 다른 일부가 재배열됨으로써 모든 기둥의 크기가 갑자기 바뀔 수도 있다. 달리 말해, 대체로 모두 육각형이지만 규모는 다 다른 여러 가능성 중에서 특정 다각형 균열 패턴이 **선택되는** 것일지도 모른다. 패턴을 쉬이 형성하는 경향성은 응고 과정 자체에 내재되어 있지만 정확히 어떤 패턴이 나타나는가 하는 문제는(특히 구성 요소의 크기는) 부분적으로 요소들의 변덕에 좌우된다고 말할 수도 있다. 여기에서도 우연과 필연은 함께 안무를 구성하는 것이다.

물길: 풍경의 미로

하천망에도 성장을 증폭하는 불안정성이 작용
한다. 지표수의 흐름이 새로 형성된 물길에 주로
집중되어 침식을 더 많이 일으키는 것이다.

4 장

모든 종류의 물이 그렇듯이, 강은 비유로서 인기가 높다. 강은 시간과
인생과 여행, 혈관과 평온과 격동을 암시한다. 그러나 때로는 비유가
다른 측면을 드러내 오히려 우리를 헷갈리게 만든다. 인생이 강이라
면, 스틱스는 무엇일까? (스틱스는 그리스 신화에서 저승으로 건너가는 강의
이름이기에 하는 말이다. ─옮긴이) 강은 최초의 문명들을 길러 냈지만, 주
기적으로 문명들을 파괴하기도 했다.

생물학자 클린턴 리처드 도킨스(Clinton Richard Dawkins, 1941년~)
가 『에덴의 강(*River Out of Eden*)』에서 진화를 강에 비유했을 때, 그는 시
간이 강물처럼 흐른다는 개념과, 상물의 풍성한 지류들이 모든 종 을
잇는 계통수와 비슷하게 생겼다는 개념을 둘 다 염두에 두었다. 이것

은 확실히 생생한 이미지이지만, 그 이미지를 너무 심각하게 받아들이는 것은 좋지 않다. 강의 원천은 지류들이 합류하는 본류가 아니라 지류들이 시작되는 상류이기 때문이다.[11]

바로 그것이 강의 희한한 특징이다. 하천망은 강물이 흐르는 방향과는 반대 방향으로 성장한다. 상류가 바위를 점점 더 파고들면서 뒤로 물러나는 것이다. 강을 언덕이나 산맥에서 균열이 서서히 퍼지는 현상이라고 간주하는 시각은 정말로 일리가 있다.[12] 다만 하천망에서는 상류를 더 밀어붙이는 '압력' 따위는 없다. 그러나 어쨌든 그 결과로 나타나는 패턴(그림 4.1 참조)은 우리가 앞에서 본 균열 패턴은 물론이고 매연 입자의 응집, 세균 군집, 전기 방전 등의 분지 형태와 꽤 비슷하다.

논란의 여지는 있겠으나, 실제로 강은 모든 분지 패턴들의 원조이다. 사람들이 분지 패턴의 형태라는 측면을 처음 고찰한 대상이 강이

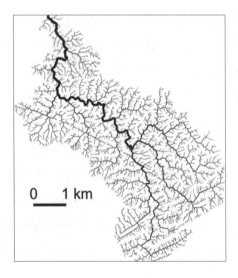

그림 4.1
하천망은 거대한 규모의 지형학적 균열일까? 그림은 캘리포니아 주에 있는 드라이터그포크 강의 유역이다.

가지

그림 4.2.

레오나르도 다 빈치가 하천망과 주변 지형을 그린 '항공' 스케치는 오늘날의 위성 사진에서

드러나는 프랙탈 형태(도판 6 참조)와 놀랍도록 닮았다.

기 때문이다. 내가 『흐름』에서 유체 패턴 연구의 선구자라고 소개했던 레오나르도 다 빈치는 강물과 유역의 지형을 묘사한 특별한 스케치를 남겼는데, 그림에서 그는 산맥을 그릴 때 중세의 방식에 따라 양식화된 원뿔형 도형으로 표현하지 않고 마치 등고선이나 수목 한계선처럼 보이는 음영으로 표현했다. (그림 4.2 참조) 꼭 그가 스스로 설계했던 비행 기계로 정말 하늘을 날아 조감도를 얻은 것만 같다. 양치류의 프랙탈 잎을 닮은 이 유역도는 오늘날의 위성 사진(도판 6 참조)과 오싹할 만큼 비슷하다. 레오나르도 다 빈치에게는 이렇듯 정교함을 추구할 이유가 있었다. 이런 그림은 아마도 토스카나의 아르노 강 운하 건설과 같은 그의 수력 공학 사업을 뒷받침하기 위한 자료였을 테니까. 그러나 비록 실용적인 그림이더라도, 한편으로 그의 전망은 형이상학적 신념에 물들어 있었다. 레오나르도 다 빈치는 강을 '지구의 혈관'이라고 불렀는데, 이때 하천을 혈관망에 빗댄 것은 단순한 말장난이 아니라 신플라톤주의에 바탕한 신념의 소산이었다. 레오나르도 다 빈치는 자연에서 거시적으로 관찰되는 구조들, 즉 대우주가 인체라는 소우주에서도 똑같이 나타나야 한다고 확고하게 믿었다. 나중에 이야기하겠지만, 이 점에서 그의 생각은 틀리지 않았다. 두 형태는 우연히 비슷하게 생긴 것이 아니고 궁극의 형성 원인이 같을지도 모른다.

하천의 축척 따지기

지형학자(지세의 형태를 연구하는 과학자)들에게 강의 분지 패턴은 자연의 풍경에서 가장 눈에 띄는 속성 중 하나이고, 그런 만큼 꼭 설명이 필요하다. 최초로 시도된 설명은 1930년대에 미국의 수문학자이자 공학자였던 로버트 엘머 호턴(Robert Elmer Horton, 1875~1945년)이 내

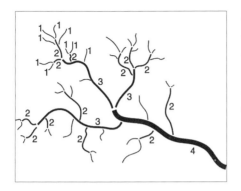

그림 4.3
스트랄러가 다듬은 호턴 분류
체계에서 하천망 요소들의
위계. 가지들에게 배정된
차수는 상류의 지류에서
본류로 나아감에 따라 점차
커진다.

놓은 것으로, 그는 보편적인 '유역망 구성 법칙'이 있다고 주장했다. 요즘은 보통 그 법칙을 언급할 때 1952년에 지형학자 아서 뉴얼 스트랄러(Arthur Newell Strahler, 1918~2002년)가 정의하고 다듬은 형태로 이야기한다. 법칙은 이렇다. 우선 하천망의 모든 가지들에게 전체 위계에서 그 가지의 위치를 뜻하는 '차수'를 부여한다. 최상류, 즉 지류를 거느리지 않은 흐름은 1차이다. 1차 흐름이 2개 합류해서 만들어진 흐름은 2차이다. 일반적으로 동등한 차수의 두 흐름이 합류하면, 그보다 한 차수 높은 흐름이 시작된다. (그림 4.3 참조) 낮은 차수의 흐름이 높은 차수의 흐름으로 흘러들면, 전자는 그곳에서 끝나지만 후자의 차수는 변함없다고 본다.

호턴은 하천 차수에 수학적 규칙성이 있다고 주장했다. 그의 '하천 차수 법칙'에 따르면, 각 차수에 해당하는 하천들의 개수는 예측 가능한 수준으로 서로 의존한다. 차수가 낮은 하천보다 높은 하천의 개수가 너 적다는 사실은 유역망을 흘끗 보기만 해도 분명히 알 수 있는데, 호턴은 이 사실을 수학적으로 정확하게 표현하여 차수가 n인 하천의 수는 상수 C의 n제곱에 반비례한다고 말했다. 이를테면 2차 하천의 수는 C^2분의 1에 비례하고, 3차 하천의 수는 C^3분의 1에 비례한다. 이것은 멱함수 법칙, 다른 말로 축척 법칙(scaling law, 60쪽 참조)에 해당한다. 다른 말로 표현하면, 어느 차수의 하천 수는 다음 차수의 하천 수에 일정 상수를 곱한 값이다. 예를 들어 특정 하천망에서 1차 하천의 수는 2차 하천의 수의 4배이고, 2차 하천의 수는 3차 하천의 수의 4배이고, 이런 식이다. 이것은 곧 모든 흐름에 그보다 한 차수 낮은 흐름이 평균 4개씩 딸려 있다는 뜻이다.

호턴은 하천 길이에 대한 축척 법칙도 제시했다. 차수 n인 하천의 평균 길이는 (또 다른) 상수 D의 n제곱과 비례한다는 것이다. (이것도 달리 설명하면, 각 차수 하천의 평균 길이는 그보다 한 차수 낮은 하천의 길이에 일정 상수를 곱한 값이라는 뜻이다.) 따라서 차수가 높은 하천일수록 길다. 이것 역시 우리가 유역도를 보고 직관적으로 예상할 만한 결과다. 세 번째 축척 법칙은 하천의 내리막 경사와 차수를 연결한 것이었다. 1956년에는 미국의 지형학자 스탠리 앨프리드 슘(Stanley Alfred Schumm, 1927~2011년)이 비슷한 맥락에서 네 번째 법칙을 제시했다. 어떤 하천에 물을 공급하는 배수 유역의 넓이는 하천 길이와 똑같은 방식으로 그 차수에 비례한다는 법칙, 즉 어떤 상수의 n제곱에 비례한다는 법칙이었다. 1년 뒤에는 존 틸턴 해크(John Tilton Hack, 1913~1991년)라는 지질학자가 축척 관계를 또 하나 덧붙였다. 해크는 하천망의 총 유역 넓이가 본류(하천망에서 차수가 가장 높은 흐름)의 길이에 약 0.6제곱을 한 값에 비례한다고 말했다. 해크의 법칙은 실험실에서 만들어진 작은 물길부터 아마존처럼 큰 물길까지 다양한 규모의 유역망에서 대체로 사실인 듯하다. 그러나 해크가 말한 지수값에 대해서는 약간 논란이 있다. 어떤 연구자들은 그 값이 0.5에 더 가깝다고 계산했고, 또 어떤 연구자들은 아예 보편적인 값이 없고 장소에 따라 값이 약간씩 달라진다고 생각한다. 현실에서 관찰된 값들을 보아도 실제로 약간의 범위를 두고 퍼져 있는데, 이것은 강이 커짐에 따라 대체로 유역이 기다랗게 늘어난다는(즉 더 좁아진다는) 사실과 관련이 있다.

그런데 이런 축척 법칙들은 유역망에 프랙탈적 자기 유사성이 있다는 사실을 표현한 것에 지나지 않는다. 유역망 구조는 다양한 축척에서 똑같아 보인다는 것, 그렇기 때문에 항공 사진으로 보면 1킬로미터를 찍은 사진인지 100킬로미터를 찍은 사진인지 알 수 없을지도 모른다는 사실을 반영한 것뿐이다. 그렇다면 애초에 프랙탈 성질은 어디서 나올까? 하천망이 축척 법칙을 따르는 것은 그렇다 해도, 왜 하필이면 이런 형태의 법칙들을 따를까?

처음에 호턴이 법칙을 발표했을 때, 사람들은 그 법칙이 자연의 심오한 규칙성을 밝혔다고 여겨 감탄했다. 그러나 1962년에 루나 베르제르 레오폴드(Luna Bergere Leopold, 1915~2006년)와 월터 바질 랑바인(Walter Basil Langbein, 1907~1982년)은 무작위성이라는 단 하나의 조건만 주어지면 **그 어떤** 분지망에서도 이런 관계가 성립한다는 것을 보여주었다. 그들은 호턴이 개발했던 하천 형성 모형을 활용하여 새 모형을 만들었다. 완만한 굴곡이 있는 표면에 비가 내려 하천망이 형성되는 과정을 묘사하는 모형이었다. 비가 많이 내려 물이 암반으로 스며들 수 없는 지경이 되면, 빗물은 표면에서 가장 가파른 기울기를 따라 흐르기 시작한다. 이것은 진정한 강은 아니고 이른바 '세류(細流)'이다. 딱히 어떤 방향을 '향해' 흐르는 것이 아니라 그저 빗물이 표면을 침식하면서 작은 도랑이 점점 더 커지고 깊어져 표면을 뒤덮는 것이다. 그러다가 여러 갈래들이 합쳐지기 시작한다. 레오폴드와 랑바인이 시뮬레이션한 결과, 세류들은 무작위로 형성되었고 그것들이 서로 합쳐져 더 큰 수로가 만들어졌다. 표면의 지형은 무작위적이기 때문에, 세류는 무작위적으로 구불거리면서 진화했다. 그 흐름을 구속하는 조건은 딱 하나였다. 현실의 하천과 마찬가지로 이 흐름도 자기 자신과 교차할 수 없다는 조건이었다. (이 성질을 자기 회피성이라고 부른다.) 모형의 구성 요소 중에서 실제 지질학적 과정을 세부적으로 묘사한 것은 극히 적었는데도, 이 모형은 흡사 마술처럼 호턴의 법칙을 모두 만족시키는 하천망을 만들어 냈다.

1966년에 지형학자 로널드 슈레브(Ronald L. Shreve)는 어느 유역에 존재하는 모든 수원들을 무작위로 이어 하나의 망을 이루는 과정이라면 뭐든지 호턴의 법칙을 만족시킬 가능성이 높다고 주장했다. 나아가 1993년에 지형학자 제임스 키르히너(James W. Kirchner)는 무작위성마저도 꼭 필요한 조건은 아님을 증명했다. 꼭 무작위 과정에서 생겨난 분지망이 아니더라도, 우리가 상상할 수 있는 거의 **모든** 분지망이 호턴의 법칙을 따른다는 것이다. 달리 말해, 호턴의 법칙은 하천망의 근본적인 패턴에 대해 사실상 아무런 정보도 주지 못한다. 그 법칙은 아마도 호턴이 (그리고 이후 스트랄러가) 망을 여러 차수의 기본 단위로 쪼갠 데서 따라 나온 당연한 결과일 것이다. 그러니 어떤 유역망 형성 모형을 놓고서 그것이 호턴의 법칙을 잘 재현하는지 알아보는 것은 아무런 의미가 없다. 거의 모든 모형이 성공할 테니까.

이 이야기는 우리에게 교훈을 준다. 어떤 패턴이 특정한 수학적 묘사에 맞아드는 것을 발견하면, 우리는 그 수학식이 패턴의 본질을 포착했다고 생각하기 쉽다. 그러나 어쩌면 그 패턴 외에도 많은 다른 패턴이 그 수학 법칙을 따르되 방식은 서로 다를지도 모른다. 이것은 프랙탈 연구가 특히 유념해야 하는 위험이다. 프랙탈 차원은 분명 유용한 잣대이지만, 그것이 어느 특정 패턴만의 독특한 지문은 아니다.

고지대 침략

아무튼 일반적으로 유역망은 무작위로 나타난 세류들이 합쳐져 형성되는 것이 아니라는 사실은 이제 분명하다. 유역망은 그 대신 수로들의 머리(상류)로부터 자란다. 침식 과정이 암반을 깎아 들어가는 것이다. 그러므로 하천망이 왜 그런 형태로 자라는지 이해하려면 하천의 상류에서 벌어지는 일에 집중해야 한다.

바위를 깎는 데는 에너지가 든다. 하천망은 빗물이나 눈 녹은 물이 내리막으로 흐를 때 발생하는 운동 에너지에서 그 에너지를 얻는다. 에너지가 가장 많이 유입되는 곳은 물이 가장 빠르고 풍성하게 흐르는 장소로, 가파른 경사가 깔때기처럼 하천과 이어진 상류 시작점이다. 하류로 더 가면 흐름이 더 느려지고 침식이 더 느리게 발생한다. 따라서 하천망은 지류들의 끄트머리에서 성장한다. 이것은 균열, 벼락, 비스커스 핑거링 현상에서도 마찬가지였는데, 이런 경우에는 가지들의 끝에서 응력, 전기장, 압력의 기울기가 가장 가파르다고 했다. 마찬가지로 하천망에도 성장을 증폭하는 불안정성이 작용한다. 지표수의 흐름이 새로 형성된 물길에 주로 집중되어 침식을 더 많이 일으키는 것이다.

그렇다고 해서 언제나 하천망의 말단에서만 강이 더 길어지고 새 지류가 형성된다는 말은 아니다. 전기 방선이나 균열에서도 그렇지 않았다. 그 과정들처럼 하천망 형성에도 우연이 작용한다. 모든 풍경은 표층의 굴곡, 토양의 종류와 투과성, 암반의 종류, 식생 등등의 측면에서 무작위적인 변이가 있다. 이것은 이를테면 확산에 의한 응집 과정에서 입자의 궤적에 무작위성이 작용하는 것과 비슷한 현상으로, 그 덕분에 새 지류가 호턴의 체계에서 1차로 분류되는 상류에서 생기지 않고 더 하류에서 생길 가능성이 늘 존재한다. 물론 그 확률은 상대적으로 낮다. 기존 물길의 유역에 떨어진 빗물은 대부분 새 물길이 아니라 기존 물길에 유입될 테니까. 그래도 가능성이 없지는 않다. 요컨대 하천망은 앞에서 보았던 다른 무작위적 분지 패턴들과 비슷한 방식으로 자란다. 모든 지점에서 무작위성이 작용하지만, 선택적 성장 원칙에 따라 말단에서의 성장이 제일 선호된다.

레오폴드와 랑바인이 깨달았듯이, 유역망은 자기 회피적이다. 하천의 상류가 다른 하천과 만날 때까지 지형을 깎아 들어가 섬이나 고리를 형성하는 일은 좀처럼 없다. 하천의 머리가 기존의 물길을 향해 나아갈수록 전체 물 공급에서 기존의 물길이 가져가 버리는 비율이 점점 더 커져 하천에게 물을 대 주는 영역이 줄기 때문이다. 따라서 보통은 하천의 머리가 다른 하천과 만나기 전에 기운이 다 빠져 버린다. (물이 빠진다고 말해야 좀 더 적절하겠다!) 이와 비슷하게, DLA 덩어리에서 한 가지의 끝이 다른 가지와 만나는 일은 좀처럼 없다. 가지가 그렇게 자라려면 새 입자가 다른 가지에도 그만큼 가까이 다가가야 하는데, 그렇다면 애초에 이 가지로 붙지 않을 것이기 때문이다.

유역망과 균열의 연관성은 침투(invasion percolation) 모형이라는 망 형성 모형에서 극명하게 드러난다. 침투란 액체가 다공성 물질을 통과하는 과정을 말한다. 1983년에 코네티컷 주의 슐룸베르거돌 연구소에서 석유 회사를 위해 일하던 데이비드 윌킨슨(David J. Wilkinson)

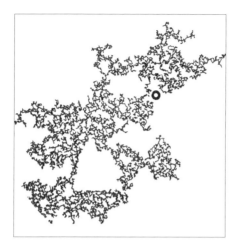

그림 4.4
침투 모형은 다공성 망 속에서 한 액체가 다른 액체를 밀어붙여 교체하는 것이다. '침입하는' 액체는 그림에서 동그라미로 표시된 지점으로 주입되어, 고리들과 가지들이 빽빽하게 엉킨 망 속에서 전진한다.

과 조지 빌렘슨(Jorge F. Willemsen)은 구멍이 무수히 뚫린 망에서 한 액체가 다른 액체를 밀어붙이는 과정을 묘사하고자 침투 모형을 개발했다. 유전에 물을 주입해 석유를 뽑아내는 작업이 기본적으로 이런 과정인데, 앞에서 말했듯이 그 작업에서는 분지 불안정성이 발생해 비스커스 핑거링 패턴이 나타난다. 그러나 침투 모형에서는 액체가 담긴 구멍들의 망이 고유의 패턴을 부여하기 때문에, 침입하는 액체는 조밀하게 얽힌 망 속에서만 전진할 수 있다. (그림 4.4 참조) 침입하는 액체가 주변 매질을 밀어붙이는 방식이 사실상 구멍들에 좌우되는 셈이다.

침입하는 액체가 기존의 액체를 교체할 확률은 액체가 통과하는 구멍의 크기에 달려 있다. 그 크기가 액체의 압력을 결정하기 때문이다. 만일 구멍들의 크기가 무작위로 다양하게 분포된 망이라면, 교체 확률은 계 전반에서 비교적 무작위로 변할 것이다. 어느 지점에서 가지의 말단이 더 전진할 가능성과 그렇지 못할 가능성이 대충 반반이라는 뜻이다. 침투 모형은 이 과정을 구현하기 위해 침입하는 액체가 '덩어리'로 뭉친 채 장애물들로 이루어진 격자를 뚫고 나간다고 가정하고, 장애물끼리의 결합력은 장소에 따라 무작위로 달라진다고 가정한다. 액체는 그 결합을 끊고 장애물들 사이로 빠져나가면서 퍼진다. 홍수가 나서 물이 둑을 무너뜨리고 흐르는 것과 비슷하다고 생각하면 된다. 이때 액체 덩어리의 가장자리에 있는 결합들 중에서 무엇이 되었든 가장 약한 것이 다음에 끊어진다고 가정한다. 여러분도 쉽게 알아챌 텐데, 이 모형은 앞 장에서 설명했던 절연 파괴 모형과 굉장히 비슷하지만 다음에 어떤 결합이 끊어지는가 하는 문제가 전혀 모호하지 않다는 점이 다르다. 침투 모형에서는 반드시 가장 약한 결합이 끊어지지만, 절연 파괴 모형에서는 약한 결합일수록 끊어질 확률이 좀 더 높다고만 규정했다.

침투 덩어리는 주로 말단에서 전진한다. 결합 파괴 규칙에 따라 덩어리는 언제나 제 앞길에서 가장 약한 결합을 '찾아내므로', 결국 그 주변에는 그것보다 더 강한 결합들만 남는다. 덩어리 안쪽에 끊어지지 않고 남은 결합들보다 더 약한 결합이 덩어리 가장자리에 존재할 가능성은 언제나 상당히 높다. 한편 덩어리의 모든 가지들이 강한 결합과 마주치는 바람에 하는 수 없이 더 깊은 안쪽에서 결합이 끊어질 가능성은 훨씬 낮다. 그래서 덩어리는 프랙탈 형태로 자란다.

유역망의 진화가 침투 모형과 약간 비슷하다고 지적한 사람은 영국의 지형학자 콜린 스타크(Colin Stark)였다. 침투 모형에서 결합이 끊어지는 과정은 땅에 비가 내려 지속적으로 표층수가 공급됨으로써 암반이 침식되는 과정과 닮았다는 것이다. 그리고 결합 강도의 무작위성은 풍경의 비균질성을 닮았다. 스타크는 침투 모형을 이 상황에 적용

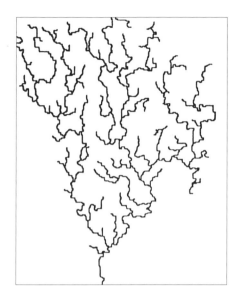

그림 4.5

자기 회피적 침투 모형으로
하천망 형성을 시뮬레이션한
결과, 현실에서 강물이 암반을
깎아 들어가면서 만들어지는
하천망을 닮은 패턴들이
나타났다.

하기 위해 한 가지 제약을 덧붙였다. 자기 회피성, 즉 하천의 상류가 기존의 물길과 만나지 않는다는 조건이었다. 그랬더니 이 모형에서는 상당히 사실적인 하천망들이 생성되었다. (그림 4.5 참조) 또한 모형에서 생성된 망들은 해크의 축척 법칙을 따랐다. 이때 지수값은 약 0.56으로, 자연에서 관찰되는 범위인 0.5~0.6에 들어왔다.

그러나 하천망 형성을 설명하는 단순한 모형들이 다 그렇듯이, 침투 모형은 현실의 패턴을 부분적으로만 포착한다. 우선 격자에서 결합이 끊어지는 현상은 실제 강에서 침식이 일어나고 퇴적물이 운반되는 현상과 꼭 같다고 할 수 없다. 그리고 스타크의 망에서는 가끔 셋 이상의 지류들이 수렴하고는 했는데, 현실의 하천망에서는 그런 일이 거의 벌어지지 않는다. 자기 회피성이 모형에서 자연스럽게 발생하지 않고 사전에 부여되어야 한다는 점도 조금 불만스럽다. 요컨대 실제 하천망이 형성될 때는 침투 과정 이외에도 많은 일이 벌어진다. 자연은 우리에게 그 사실을 명백하게 보여 준다. 나무들처럼 강들도 모두 똑같이 생기지는 않았으니 말이다.

침투 모형 외에도 여러 대안이 있다. 그러나 모든 모형은 풍경의 무작위성과 가지 생성을 촉진하는 성장 불안정성을 얼추 비슷한 방식으로 조합한다. 또한 거의 모든 모형에서 프랙탈 패턴이 생성되고, 그 패턴은 자연의 하천망에서 관찰되는 축척 법칙에 꽤 잘 들어맞는다. 이 증거로 보아, 우리가 하천망 형성을 묘사할 때 유일하게 어떤 한 방식만 가능한 것은 아니다. 우리는 하천망 형성의 기본 원칙을 알지만, 세부적으로 어떤 사항이 핵심적이고 어떤 사항이 부수적인지는 확실히 모른다. 그리고 모형이 현실을 모방하는 정도는 어떤 강을 골라 비교하느냐에 따라 달라진다. 전체적으로 불만스러운 상태인 셈이다.

모든 세상들 중에서 최선의 세상

우리는 더 넓은 시각을 취할 필요가 있다. 그러기 위해 풍경 속을 구불구불 흘러가는 강물보다 좀 더 간단해 보이는 문제를 따져 보자. 중력을 받아 낙하하는 물체의 경로 문제이다. 대포에서 발사된 포탄일 수도 있고, 책상에서 굴러 떨어지는 펜일 수도 있고, 구름에서 떨어지는 빗방울일 수도 있다. 그 궤적을 어떻게 계산할까? 뉴턴의 운동 법칙들은 우리에게 그 과정에 관련된 규칙을 알려 주고, 물체에 작용하는 힘을 알려 준다. 그러나 뉴턴의 법칙이 궤적을 쉽게 계산하는 공식을 제공하는 경우는 드문 편이다. 움직이는 물체의 경로를 계산할 때 그보다 더 좋은 방법은 18세기 말에 프랑스 수학자 라그랑주가 고안했고 반 세기 뒤에 아일랜드 수학자 윌리엄 로언 해밀턴(William Rowan Hamilton, 1805~1865년)이 다듬은 기법이다. 라그랑주와 해밀턴 역학은 뉴턴 역학과 동일하지만, 문제를 힘으로 표현하지 않고 에너지로 표현한다. 이를테면 물체가 떨어질 때 위치 에너지가 어떻게 변하는지, 움직임의 결과로 운동 에너지가 어떻게 변하는지를 따진다. 그러면 계산이 한결 쉬울 뿐더러 낙하하는 물체의 궤적에 적용되는 일반적인 기준도 알 수 있다. 아니, 모든 움직이는 물체의 궤적에 대한 기준이라 해도 좋다. 그 기준이란 물체가 작용이라는 정량적 성질이 최소화되는 경로를 따른다는 것인데, 이때 작용의 값은 움직임으로 인한 에너지 변화와 그 과정에 걸린 시간에 달려 있다.

베네수엘라의 환경 공학자인 이그나시오 로드리게스이투르베(Ignacio Rodriguez-Iturbe, 1942년~)와 이탈리아의 물리학자 안드레아 리날도(Andrea Rinaldo, 1954년~), 그리고 그 동료들은 자연의 하천 유역망이 분지형 프랙탈 구조로 진화하는 과정에도 비슷한 '최소화' 원칙이 작용할지 모른다고 생각했다. 하천망은 물이 망을 흐르면서 기계적 위치 에너지를 소진하는 속도가 최소화되는 방향으로 진화하리라는 것이다. 이 주장은 해설이 약간 필요하다.

물이 하천망에서 내리막으로 흐르면, 크리켓 공이 공중에서 떨어질 때처럼 위치 에너지를 잃는다. 사라진 에너지는 주로 운동 에너지로 바뀐다. 쉽게 말해 물이 움직인다. 이 운동 에너지가 침식을 추진해, 하천망은 점차 확장되고 경로가 재편된다. 요컨대 위치 에너지는 **궁극적으로** 확산되어 사라지는 셈이다. 일부는 강물의 운동 에너지로 바뀌어 바다로(아니면 유역 바깥으로) 방출되고, 나머지는 비위의 흙을 깎으면서 마찰열로 사라진다.

우리에게 물이 매초 잃어버리는 위치 에너지를 모든 지점에서 동시에 측정하는 능력이 있다고 하자. (현실의 강에 대해서는 그런 꿈을 품을 수 없지만, 컴퓨터 모형에서는 계산할 수 있다.) 로드리게스이투르베의 최소화 원칙에 따르면, 망은 총위치 에너지의 확산 속도가 가급적 작아지는 형태로 진화할 것이다.

이 개념은 아주 참신한 것은 아니다. 1960년대에 레오폴드와 동료들도 유역 패턴을 분석해, 하천망의 구조는 물의 흐름으로 인한 힘의 지출을 가급적 줄이려는 경향성(로드리게스이투르베의 에너지 확산 최소화 원칙과 대충 같은 뜻이다.)과 흐름을 계 전반에 비교적 균일하게 분포시키려는 경향성이라는 두 상반된 성질 사이에서 최적의 타협이 이루어진 결과라고 결론 내렸다. 두 경향성이 균형을 이루는 상태로 하천망이 진화한다고 주장했던 것이다.[13]

로드리게스이투르베와 동료들은 자신들의 모형에서 어떤 망이 생성되는지 확인하기 위해, 처음에 순전히 무작위로 형성된 망을 더욱 '진화시켜서' 최적화 원칙을 따르는 망을 유도해 냈다. 좀 더 자세히 설명하면 이렇다. 그들은 바둑판 격자 위에 구축된 망을 시작점으로 삼았다. 격자의 모든 칸에 균일하게 물이 떨어지고, 물은 칸과 칸을 무작위로 잇는 수로를 따라 흘러서 격자의 한쪽 구석으로 빠져나간다. (단 수로들은 서로 교차하지 않는다는 조건이 붙었다.) 이런 조건을 설정한 뒤, 연구자들은 다음으로 한 번에 한 칸씩 수로를 재조정하면서 그로 인해 총 에너지 확산 속도가 어떻게 달라지는지 계산했다. 수로의 변화는 무작위로 생성되었지만, 연구자들은 그것이 총 에너지 확산 속도를 줄이는 변화일 때만 '접수'하고, 그렇지 않은 변화라면 기각하며 다른 변화를 시도했다. 이 과정에서는 다양한 종류의 망이 형성될 것이고, 매번 시뮬레이션을 '실시'할 때마다 색다른 형태가 만들어질 것이었다. 그러나 좌우간 그렇게 형성된 망들은 모두 사실적이었다. 모든 망들의 축척 성질이 호턴의 법칙, 해크의 법칙, 그 외에도 하천망 패턴에 대한 여러 경험적 법칙을 만족시켰다. 로드리게스이투르베와 동료들은 이렇듯 실현 가능한 여러 해법들의 집합에 '최적 수로망(optimal channel networks)'이라는 이름을 붙였다.

이 결과는 흐름과 침식으로 인한 에너지 확산을 가급적 줄이려 한다는 규칙이 실제 망의 **형태**를 좌우한다는 이야기로 들린다. 물이 '최선의' 해법을 찾아낸다고 표현할 수도 있겠다. 그러나 정말 그럴까? 실제로 그렇다면, 그야말로 특별한 일이다. 굴곡진 풍경을 흘러내리는 평범한 강을 생각해 보자. 강이 취할 수 있는 가능한 경로들의 수는 천문학적이다. 그중에서 딱 하나밖에 없는 '최선의' 경로를 강물이 찾아낼 확률은 당연히 엄청나게 낮다. 실제로도 그런 선택은 일어나지 않는다. 자연은 그 대신 '충분히 좋은' 하천망 구조를 찾아내는 데 만족한다. 그것이 최선의 해법은 아닐 수도 있지만, 각자 주변 환경에 국한해서 볼 때는 최선이다. 산에서 흘러내린 물이 고여 호수를 이루는 것도 같은 원리이다. 물이 호수를 벗어나 저 아래 계곡까지 내려갈 길을 찾는다면 에너지를 더 낮출 수 있겠지만, 그것은 쉬운 일이 아니다. 그래서 물은 호수라는 '국지적 최소화' 상태에 머무른다. 에너지 확산 속도를 국지적으로 최소화한 어느 형태와 엇비슷한 대안적인 망은 얼마든지 더 있을 것이고, 그것들은 모두 최적 수로망이다. 물론 전체적으로 그렇다는 것이 아니라 국지적으로 그렇다.

그런데 왜 하천망이 에너지 지출의 최소화를 '추구'할까? 로드리게스이투르베와 동료들은 그냥 그렇다고 가정한 뒤, 그 가정에서 사실적인 분지 패턴이 형성된다는 것을 보여 주었다. 그 가정을 처음부터 정당화하려는 시도는 하지 않았다. 한편 케임브리지 대학교의 케빈 싱클레어(Kevin Sinclair)와 볼은 망 진화를 규정하는 기본적인 흐름 및 침식 과정에서 어떻게 에너지 최소화 원칙이 생겨나는지 설명하려고 노력했다. 그들은 유속과 침식 정도의 관계를 묘사한 수학 방정식이 해밀턴의 최소 작용 법칙에 등장하는 방정식과 비슷하다고 추론했다. 달리 말해, 노출된 지면에서 흐르는 한 줄기 물길에도 아마존 강의 형태를 설명할 단서가 다 담겨 있다는 뜻이다. 그러나 물론 우리가 아무리 많은 유량계며 측심기를 동원해도 한 줄기 물길을 감시하는 것만으로 실제 강의 패턴을 예측하기란 불가능하다. 강의 분지 패턴은 모든 지점에서 동시에 형성 과정이 실시됨으로써 나타난다. 게다가 서로 똑같은 패턴은 있을 수 없다. 흐름과 침식의 물리학 속에 모든 패턴이 담겨 있지만, 그 물리학이 어떤 유일한 패턴을 규정하는 것은 아니다.

관련성을 더욱 구체적으로 입증하기 위해, 리날도와 로드리게스 이투르베의 연구진은 실제 강의 침식 과정을 전혀 다르게 모방한 방법으로도 최적 수로망을 생성할 수 있는지 알아보았다. 그들은 지형의 요철이 완벽하게 무작위적으로 주어진 고지대에 비가 균일하게 내리면 어떻게 되는지 따져 보았다. 그런 표면은 산맥보다 사포에 가깝다. 울퉁불퉁하기는 해도 높은 봉우리나 깊은 골짜기는 없다. 그곳에 물이 흐르며 침식이 발생하는데, 침식 정도는 각 지점의 유속과 물이 흘러내리는 기울기의 경사에 달려 있다. 연구자들은 이번에도 가상의 풍경을 격자로 분할했고, 물이 격자의 한 칸에서 가장 가파른 기울기를 찾아내 다른 칸으로 흘러 나간다고 가정했다. 이론적으로는 그 흐름 때문에 언제나 침식이 발생하겠지만, 모형에서는 흐름이 일정한 문턱

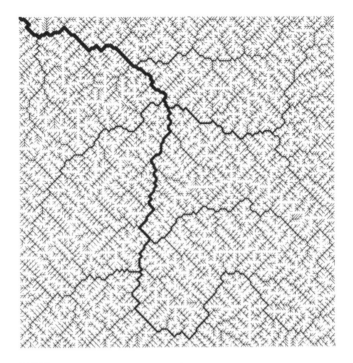

그림 4.6

하천망 진화 모형에서, 물은 울퉁불퉁한 표면에 무작위적으로 떨어진 뒤 흘러
나가며 풍경을 침식한다. 이때 형성된 물줄기들은 총에너지 확산 속도가 국지적
최솟값을 취하는 하나의 하천망으로 모두 연결된다. 달리 말해, 구조가 비슷한
모든 망들 중에서 그 값이 최소가 되는 형태를 취한다. 최적 수로망이라고 불리는
이런 패턴은 실제 자연의 패턴들과 동일한 축척 법칙을 따른다.

값을 넘을 때만 퇴적물을 깎아서 싣고 나간다고 가정했다. 그러면 그
지점은 높이가 낮아져 경사도가 바뀐다.

주목할 점은 이 모형에서 흐름들이 반드시 하나의 연결된 하천망
으로 모일 이유는 없다는 것이다. 그런데도 침식 시뮬레이션을 진행해
보면 그런 결과가 나타났다. (그림 4.6 참조) 그리고 이때 패턴들의 축척

성질과 프랙탈 차원은 이전 모형에서 만들어진 최적 수로망들의 값과 같았다. 이전 모형의 결과물이 자연을 훌륭하게 모방한다는 사실은 앞에서 이야기했다. 그러니 현실에서 벌어지는 하천망과 풍경의 진화 과정을 비슷하게 묘사하되 순전히 '국지적으로' 규정하는 법칙들만 주어져도, 하천망은 총에너지 지출을 최소화하는 '최적의' 형태를 제대로 찾아가는 것이다. 그렇다면 침식이 풍경 자체의 형태에는 어떤 영향을 미칠까? 그 이야기는 잠시 뒤에 하겠다.

침전물

자기 회피는 하천망의 규칙이다. 물길들은 교차하지 않는다. 그러나 더러 강이 평평하고 드넓은 하상을 흐르며 여러 갈래로 갈라질 때 그 줄기들이 헤어졌다 만났다 하면서 그 속에 생긴 섬을 동그랗게 감싸고 흐를 때가 있다. (그림 4.7 참조) 이것이 망상 하천(braided rivers)이다. 이보다 규모는 작지만, 하천이 평평한 모래 해안을 거쳐 바다로 흘러들 때도 비슷한 갈래들이 생긴다. 천문학자들은 화성에서도 망상 하천처럼 보이는 것이 말라붙은 흔적을 관측했다. 넓은 물줄기가 완만하게 경사진 침전물 입자들 위로 흐르는 상황이라면 언제든 이 패턴이 나타난다.

"침전물은 지구의 서사시다." 이것은 환경 저술가 레이철 루이즈 카슨(Rachel Louise Carson, 1907~1964년)의 말이다. 그런데 미네소타 대학교의 지질학자 크리스 파올라(Chris Paola)는 여기에 솔직한 고백을 덧붙였다. "안타깝게도 그 시는 우리가 모르는 언어로 쓰였다." 그러나 파올라는 그 언어를 해독하려고 노력하는 사람이다. 그는 동료 브래드 머리(Brad Murray)와 함께 현탁된 침전물의 운반이 망상 하천 형성

그림 4.7

망상 하천의 물길들은 고리처럼 서로 만나 고립된 섬을 만드는데,
물길들이 경로를 바꿈에 따라 섬은 나타났다 사라졌다 한다. 사진은
뉴질랜드 캔터베리의 와이마카리리 강이다.

에 결정적이라는 이론을 제시했다. 물은 어느 지점에서 침전물을 깎아
낸 뒤 다른 지점에 그것을 내려놓음으로써 모래톱이나 섬을 만든다.
만일 수중 침식으로 인한 침전물 제거 속도가 유속에 비례해 커진다
면, 강 바닥에서 살짝 팬 곳이 양의 되먹임 과정 때문에 점점 더 깊게
파이는 현상이 발생한다. 물은 움푹 팬 곳으로 더 많이 흐르므로, 그
에 비례하여 침전물이 더 많이 쓸려 나가는 것이다. 반면에 살짝 튀어
나온 곳에서는 그와 반대되는 과정이 벌어진다. 물이 그 지점을 넘어
가기보다는 에둘러 흐르므로, 그 지점은 주변에 비해 침식을 덜 겪고
따라서 점점 더 높아진다. 그 결과 무작위로 생겨났던 작은 융기는 결
국 섬으로 솟아 물길을 양쪽으로 가른다.

머리와 파올라는 이런 속성을 포착하는 흐름 및 침식 모형을 고

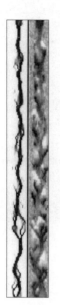

그림 4.8
물의 흐름과 침전물의 운반을 컴퓨터로 모형화한 결과는 실제 망상 하천의 핵심적인 속성을 잘 포착했다. 모형을 계속 작동시키고서 찍은 사진들에서 알 수 있듯이, 패턴은 끊임없이 바뀐다. 각각의 그림에서 오른쪽 이미지는 지형을 보여 주고, 왼쪽 이미지는 물이 방류되는 모습, 즉 강의 물길에 해당한다.

안했다. 바둑판 격자 위로 물이 흐른다고 하자. 한쪽으로 갈수록 격자의 높이가 차츰 낮아지기 때문에 물은 내리막으로 흐른다. 그 매끄러운 경사에 더해, 칸마다 높이가 약간씩 다르도록 무작위 변이도 부여했다. 이때 어느 칸을 지나가는 물의 양은 그 칸의 높이와, 주변에 있는 더 높은 칸들의 높이 비에 달려 있다. 또한 연구자들은 칸마다 유량에 따라 침전물이 침식되거나 축적되는 양을 규정하는 법칙을 설정했다. 이 모형에서 생성된 패턴(그림 4.8 참조)들은 실제 망상 하천의 여러 속성을 잘 포착했다. 물길들은 끊임없이 형성되고 재편되고 이동하고 갈라지고 합쳐졌다. 강의 모양은 한시도 안정적이지 않았다. 유량과 침전물의 양은 평균적으로 일정했지만, 물길들이 끊임없이 재편되기 때문에 망상 하천이 아닌 보통 하천에 비해 편차가 훨씬 컸다.

가지

도판 1 눈송이는 우연(가지들이 처음 솟아나는 과정)과
결정론(6각 대칭)의 섬세한 균형을 보여 준다.

도판 2 구름 가장자리의 성긴 부분은 프랙탈 형태를 취할 때가 많다.

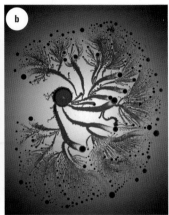

도판 3 세균 군집의 분지 패턴

도판 4 스코틀랜드 스타파 섬에 있는 핑걸의 동굴 입구에는
단면이 대충 6각형인 천연의 기둥들이 열주를 이룬다.

도판 5 북아일랜드 앤트림 카운티에 있는 자이언츠 코즈웨이의 6각 기둥들

도판 6 히말라야 산맥을 찍은 이 항공 사진에서는 자연적인 산악 지형의 프랙탈 성질이 잘 드러난다.

도판 7 강은 땅 표면을 침식하여 언덕과 계곡으로 이루어진 복잡한 지형을 만들어 낸다.

도판 8 나무는 자연의 분지 패턴들 중에서도 우리에게 가장 친숙하고 아름다운 형태들을 보여 준다.

어느 모래 해변에서든 확인할 수 있는 바, 물이 알갱이들 위로 얇게 흐를 때는 갖가지 패턴들이 만들어진다. 파도가 해변을 철썩 때리고 물러나면, 모래는 물 가장자리에서 다양한 구조를 형성한다. 물 빠진 저수지 바닥의 침전물에도 그런 패턴이 나타난다. 2002년에 피에르와 마리 퀴리 대학교(파리6대학교를 말한다. — 옮긴이)의 아드리안 데어(Adrian Daerr)와 동료들은 실험실에서 '모형 해변'을 이용해 그런 패턴을 연구했다. 모형 해변은 플라스틱 판에 침전물(모래나 진흙을 닮은 알루미늄 가루)을 얇게 깐 것이었다. 연구자들은 그것을 다양한 각도로 기울인 채 수조에 담가, 수조의 물이 침전물을 끌어가도록 했다. 그 결과, 경사가 급하면 침식 패턴이 상당히 갑작스럽게 변했다. 처음에 치밀한 '십자 그물' 패턴이었던 것이 여러 가닥으로 갈라진 물길 패턴으로 바뀌었고, 다시 '오렌지 껍질'처럼 옴폭옴폭 파인 표면으로 바뀌었으며, 다음에는 생선 비늘처럼 쐐기들이 겹친 패턴으로 바뀌었다. (그림 4.9 참조) 연구자들은 이런 패턴을 모두 설명하지는 못했다. 그러나 쐐기 패턴은 경사진 침전물 층에서 알갱이들이 무너지는 사태(沙汰) 때문에 생겨났을 것이라고 해석했다. 사태가 일어나면 침전물은 쐐기 모양으로 퍼지면서 깔때기처럼 물의 흐름을 집중시킨다. 그 때문에 더욱 침식이 일어나 V자 모양이 갈수록 더 뾰족해진다.

이런 연구는 답을 제시하는 것 못지않게 의문도 많이 일으킨다. 그러나 모든 침식 패턴이 자기 조직적이라는 사실만은 분명하다. 흐름이 결국 안정된 상태로 조직된다는 점, 흐름의 세부적인 측면은 끝없이 변해도 안정된 상태의 속성은 통계적으로 일정하게 유지된다는 점에서 그렇다. 이것은 자기 유사적 성장의 독특한 특징이다. 그 덕분에 물체는 무한히 성장하면서도 고유의 형태를 유지할 수 있다.

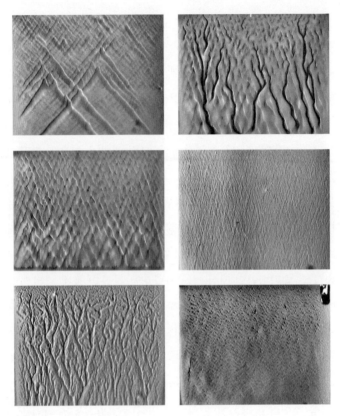

그림 4.9

얕은 가루층을 일정 각도로 기울이고 물에 담가 침전물이 침식되게
했을 때 만들어진 패턴. 패턴은 침전물이 쓸려 나가는 속도와 각도에
따라 달라진다.

가지

뒤에 남는 것

　우리가 강의 패턴을 생각할 때 보통 머리에 떠올리는 것은 평면도다. 만났다 갈라졌다 하는 그물망을 위에서 내려다본 그림, 레오나르도 다 빈치가 직관으로 파악했고 지형도와 항공 사진 덕분에 오늘날 우리가 친숙해진 그림 말이다. 그러나 그런 그림은 강에 대한 우리의 직접적인 경험을 반영하지 않는다. 우리가 평소 세상을 보는 눈높이에서는 강물이 풍경에 남긴 효과를 보기 때문이다. 달리 말해 우리는 강이 풍경을 깎아 내어 들쭉날쭉해진 종단면을 본다. 언덕과 계곡, 협곡, 골짜기, 외따로 선 봉우리 등 (도판 7 참조) 강이 흘러가는 도중에 특징적인 모습과 형태를 취하듯이, 강이 **뒤에 남기는 것**에도 특징적인 모습과 형태가 있다.

　하천망은 구불구불한 선으로 그려지는 데 비해, 유역의 종단면은 **면**이다. 그리고 하천망에게 프랙탈 속성이 있어서 단순한 1차원 선을 넘어서는 것처럼, 거친 침식면은 부분적으로 3차원 공간을 채우는 프랙탈 구조이기 때문에 프랙탈 차원이 2보다 크다. 어떤 풍경이 프랙탈인지 아닌지를 알기는 그리 어렵지 않다. 일직선으로 어느 거리만큼 떨어진 두 점이 있을 때, 그 공간이 프랙탈이라면 완전한 평면일 때보다 두 점 사이를 이동하는 데 더 많은 시간과 품이 든다. 프랙탈 나라에서의 여행은 힘들다.

　그런데 평면이 프랙탈이라는 말이 정확히 무슨 뜻일까? 간단히 말해 그것은 융기에 특징적인 규모 척도가 없다는 뜻이다. 달리 말하면 우리가 어떤 표면을 잴 때 사용하는 자의 크기에 따라 표면의 겉보기 넓이가 달라진다는 뜻이다. 우리가 울퉁불퉁한 표면을 따라서 A에서 B로 간다고 생각해 보자. (그림 4.10 참조) 얼마나 걸어야 할까? 답

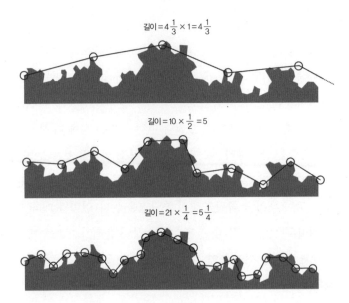

$$길이 = 4\frac{1}{3} \times 1 = 4\frac{1}{3}$$

$$길이 = 10 \times \frac{1}{2} = 5$$

$$길이 = 21 \times \frac{1}{4} = 5\frac{1}{4}$$

그림 4.10

프랙탈 평면의 단면도와 같은 프랙탈 경계의 길이는 우리가 그것을
재는 데 쓰는 자에 따라 달라진다. 자가 작을수록 길이가 더 늘어나는
것처럼 보인다. 우리가 경계의 세부 사항을 더 많이 포착하기
때문이다. 그림을 보면, 자를 절반으로 줄일 때마다 측정된 길이가
약간씩 더 늘어난다.

은 길을 어떻게 재느냐에 달려 있다. 더 작은 '자'를 쓰면 오르막과 내
리막을 더 많이 포착하게 되므로, 총길이가 더 길게 측정된다. 그러나
'실제' 길이가 더 길어지는 것은 당연히 아니다. 우리가 길이를 더 많
이 '보는' 것뿐이다. 여기서 오싹한 사실은 완벽한 프랙탈 풍경일 때는
아예 '실제' 길이라는 것이 없다는 점이다. 무한히 작은 규모로 내려갈
때까지 모든 길이 척도에서 오르막과 내리막이 존재하므로, 점점 더
작은 자로 재면 겉보기 길이가 무한정 늘어날 것이다. 물론 앞에서 나

는 진정한 프랙탈이란 수학적 추상에 지나지 않는다고 말했다. 현실에서는 어떤 경계의 요철도 원자보다 더 작아질 수는 없다. 그래도 몇몇 물리적 물체들은 상당히 폭넓은 척도 범위에서 프랙탈 성질을 유지한다.

망델브로는 이렇듯 거친 물체의 가장자리 길이가 측정에 사용된 자에 따라 달라지는 것처럼 보인다는 사실에 착안하여 프랙탈 기하학을 떠올렸다. 1961년에 망델브로는 영국 물리학자 루이스 프라이 리처드슨(Lewis Fry Richardson, 1881~1953년)이 영국의 서해안, 스페인과 포르투갈의 국경 등 구불구불한 해안선과 국경선의 길이를 규정하려 시도했다는 사실을 알았다. 전쟁과 국제 분쟁의 원인에 관심이 있었던 리처드슨은 영토 분쟁이 어떻게 발생하는가 하는 문제를 고민하다가 국경선의 문제에 도달했다. 그는 우리가 지도에서 그런 길이를 잴 때 사용한 지도의 축척에 따라 값이 달라진다는 사실을 알아챘다. 축척이 작은 지도는 축척이 큰 지도보다 세부를 더 많이 보여 준다. 그래서 우리는 굴곡을 더 많이 포착하게 되고, 총길이가 길어지는 것처럼 보인다. 망델브로는 이런 경우에 '길이'란 유의미하게 규정되는 속성이 아니라는 사실을 깨우쳤다. 그보다는 자가 짧아짐에 따라 겉보기 길이가 얼마나 빨리 늘어나느냐 하는 점을 계산하는 편이 경계선의 '모양'을 더 잘 묘사할 수 있는데, 그것이 바로 프랙탈 차원이 측정하는 성질이다. 굴곡진 물체가 공간을 메우는 방식을 묘사하는 여러 기하학적 성질 중에서 항상 변하지 않는 성질이 바로 프랙탈 차원이다.

이 대목에서 꼭 짚고 넘어가야 할 미묘한 문제가 있다. 앞에서 나는 균열이나 DLA 덩어리 같은 프랙탈 물체는 자기 유사성이 있다고 말했다. 물체의 어느 부분이든 더 자세히 들여다보면 늘 전체 형태와 같은 형태가 등장한다는 뜻이다. 더 정확하게 말하자면, 자기 유사성이 있는 물체는 자기 자신을 일정한 비로 축소하여 (거의) 똑같이 복제한 구성 요소들로 이루어진다. 그런 물체는 어느 방향에서든 프랙탈 차원이 같다.

그런데 프랙탈 표면은 조금 다르다. 프랙탈 표면의 프랙탈 차원은 2와 3 사이이므로 표면이 3차원 공간을 부분적으로 메운다는 뜻이지만, 어느 방향에서든 다 같은 방식으로 공간을 메우는 것은 아니다. 거친 산악 지형의 절단면을 떠올리면 좀 더 쉽게 이해할 수 있다. 산맥을 수직으로 절단하면, 솟았다 꺼졌다 하면서도 계곡과 봉우리가 연속적으로 이어진 측면도가 나온다. (그림 4.11a 참조) 반면에 수평으로 절단하면, 전혀 다른 패턴이 나온다. 빈 공간에 뚝뚝 떨어져 고립된 '섬들'이 나온다. (그림 4.11b 참조) 이런 프랙탈 구조를 가리켜 **자기 아핀성**(self-affinity)이 있다고 말하는데, 거칠게 설명하면 확대 수준을 줄일 때 요소들의 축척이 줄어드는 비율이 방향에 따라 다르다는 뜻이다.

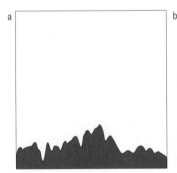

그림 4.11

(a) 울퉁불퉁한 계곡을 수직으로 자르면, 봉우리와 계곡이 드러난 불규칙한 측면도가 나온다. (b) 수평으로 자르면, 고립된 섬들이 나온다. 봉우리의 단면에 해당하는 등고선들이 서로 간격을 두고 떨어져 있는 모습이다.

가지

그림 4.12

컴퓨터로 생성한 자기 아핀성 프랙탈 풍경은 실제 산악
지형과 아주 비슷해 보인다.

1970년대에 망델브로는 자연의 지형들이 대체로 자기 아핀성 프
랙탈이라는 사실을 깨달았다. 망델브로는 빅토리아 시대의 등반가이
자 탐험가였던 에드워드 휨퍼(Edward Whymper, 1840~1911년)가 『알프
스 등반기(*Scrambles Amongst the Alps*)』에서 산악 풍경을 묘사했던 표현에
그 사실이 잘 담겨 있다고 지적했다. "특기할 만한 사실은 …… 바위의
…… 조각들은 …… 그것이 떨어져 나온 절벽의 특징적인 형태를 똑
같이 취할 때가 많다는 것이다." 자기 아핀성 풍경은 컴퓨터로 비교적
쉽게 만들 수 있는데다가 그 결과물이 실제 산악 풍경을 그럴듯하게
모방하는 편이라(그림 4.12 참조), 「스타 트렉 2: 칸의 분노」를 비롯해 많

은 할리우드 영화에서 쓰였다. 이때 중요한 점은 그것이 완벽하게 무작위적인 풍경은 아니라는 것이다. 만일 컴퓨터 영상을 만들 때 난수 발생기를 써서 언덕과 계곡의 크기 및 형태를 완벽하게 무작위로 설정한다면, 울퉁불퉁하기는 해도 어쩐지 이상하게 보이는 지형이 나올 것이다. 프랙탈 풍경은 '잡음'이 있고 예측 불가능하지만, 여기에도 우연 이상의 무엇인가가 작용한다.

프랙탈 기하학이라는 일반 개념이 진화할 때 프랙탈 해안선이 무척 중요하게 기여했던 점을 떠올리면, 해안선이 침식으로 그런 형태를 갖게 되는 과정에 대한 훌륭한 모형이 2004년에야 개발되었다는 사실은 퍽 놀랍다. 한 이유는 해안선 침식이 그만큼 복잡하고 다면적인 과정이기 때문이다. 철썩이는 파도는 바위를 깎아 내는 것은 물론이거니와 모래와 돌멩이의 분포를 바꾼다. 절벽면은 동결 팽창으로 갈라지고 빗물에 마모된다. 물은 또 풍화라는 화학적 마멸 현상을 일으킨다. 염 때문에 부식되거나 광물과 물이 반응을 일으키는 것이 그런 예다. 느린 화학적 풍화로 약해진 바위에 강한 폭풍이 때리면, 바위가 갑자기 쪼개지거나 무너진다.

프랑스 팔레조에 있는 에콜 폴리테크니크의 베르나르 사포발(Bernard Sapoval, 1937년~)과 동료들은 이런 세부 사항들을 단순화하여 2종류의 침식만을 고려했다. 하나는 폭풍이 때리는 물리적 충격으로 인한 빠른 침식이고, 다른 하나는 화학적 풍화로 인한 느린 침식이다. 그들의 모형에서 해안은 격자로 나뉘었고, 격자의 각 칸에는 침식에 대한 저항력이 서로 다른 여러 종류의 암석들이 무작위 분포로 담겼다. 연구자들은 프랙탈 기하학이 진화하는 과정에서 가장 핵심적인 요소는 해안선이 점차 구불구불해지면서 파도가 점차 잔잔해지고 그

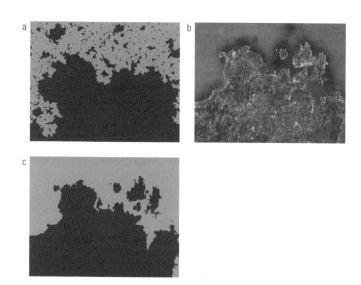

그림 4.13

(a) 컴퓨터 침식 모형에서 깎인 해안선(검은 부분이 육지이다.)의
반도, 만, 들쭉날쭉한 윤곽선은 (b), (c)의 실제 해안(사르데냐 섬
해안으로, (c)는 가장자리를 더 선명하게 보여 준다.)을 빼닮았다.
둘 다 프랙탈 구조이고 프랙탈 차원도 같다.

에 따라 파도가 해안을 침식하는 정도가 달라지는 되먹임 과정이라고
보았다. 연구자들이 모형에 그런 효과를 부여했더니, 매끄러운 해안선
은 금세 여기저기 갈라져 거친 윤곽선으로 바뀌었다. 만, 반도, 섬이 점
점 더 많이 생겨나 구멍을 냈다. (그림 4.13 참조) 침식을 거치면서 가장
단단한 바위만 남아 노출되는 것은 아니다. 그렇다면 오히려 무작위
적이고 비프랙탈적인 패턴이 형성될 것이다. 침식은 약한 부분을 제거
하는 작업과 많이 노출된 부분을 제거하는 작업 사이에서 균형을 잡
으며 진행된다. 이 모형은 실제 해안선 형성에서 분명 중요하게 작용할

여러 요소, 가령 침전물의 이동과 같은 요소들을 무시했지만, 그럼에
도 실제 해안의 명백한 속성들을 대부분 잘 포착한다. 정말로 그럴싸
해 '보이는' 것이다.

쓸려 나가다

하천 유역의 자기 아핀성 돋을새김 형태는 하천망의 분지 구조와
틀림없이 관계있을 것이다. 그러나 어떻게? 로드리게스이투르베, 리날
도, 그리고 동료들은 자신들의 최적 수로망 모형이 연결 고리를 제공
할 것이라고 생각했다. 앞에서 보았듯이 그 모형에서 물은 무작위적으
로 울퉁불퉁한 표면을 흐르면서 사뭇 사실적인 하천망을 그려 낸다.
그런데 그때 물은 봉우리와 계곡을 새기면서 풍경도 바꿔 낸다. 처음
에는 사포를 닮았던 표면이 점점 더 파여, 결국 프랙탈 성질을 띠는 울
퉁불퉁한 언덕과 계곡으로 바뀐다. (그림 4.14 참조) 그 결과는 실제 풍
경과 아주 흡사하다. 풍경이 프랙탈 상태를 취한 뒤에도 계속 침식이
이어지고 형태가 바뀌지만, 프랙탈 차원으로 특징지어지는 기본 형태
는 일정하게 유지된다.

부다페스트의 비체크와 동료들은 진짜 진흙과 물을 쓴 실험으로
이 과정을 조사해 보았다. 그들은 모래와 흙을 섞어 산비탈의 토양처
럼 알갱이가 있으면서도 끈끈한 물질을 만든 뒤, 그것으로 꼭대기가
평평하고 길이가 겨우 50센티미터 남짓한 등성이를 만들었다. 그 위에
물을 골고루 뿌려, 침식으로 어떤 패턴이 조각되는지 관찰했다.

흐르는 물은 두 가지 방식으로 물질을 쓸어 간다. 알갱이들은 지
속적으로 씻겨 나가지만, 때때로 사태가 일어나 표면이 좀 더 급작스
럽게 재구성된다. 실제 언덕과 산비탈에서도 두 과정이 모두 벌어진다.

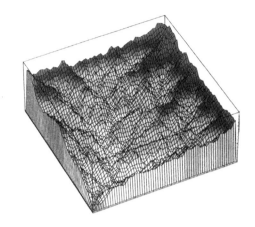

그림 4.14

앞에서 소개했던 최적 수로망 모형에서, 그림 4.6과 같은 하천망이 형성되면 그에 상응하는 지형도 생겨난다. 처음에는 풍경이 무작위적으로 울퉁불퉁하지만, 점차 크기와 높이가 다양한 언덕과 계곡이 생겨나면서 종단면이 프랙탈 형태로 바뀐다.

실험 결과 만들어진 것은 거칠고 울퉁불퉁한 능선이었는데, 그보다 수천 배 큰 바위 능선으로 착각할 만큼 닮은 모습이었다. (그림 4.15 참조) 이 현상은 침식된 표면에 척도 불변적 자기 아핀성이 있다는 사실을 반영한 것이다. 혹 실제 산맥은 부드러운 흙과 모래의 혼합물이 아니라 단단한 바위로 만들어졌다고 항의할 사람이 있을지도 모르겠다. 맞는 말이지만 그것이 문제가 되지는 않는다. 어떤 물질이든 흐르는 물에 쓸려 나가기는 마찬가지이다. 부드러운 매질일수록 더 빨리 쓸려 나갈 뿐이다. 침식에 대한 저항력이 장소에 따라 무작위로 다르다는 점도 같다. 실험실의 모래와 흙은 대강 섞였을 뿐이고, 현실의 바위는 대단히 불균질하다. 마지막으로 양쪽 다 동일한 두 가지 과정으로 침식을 겪는다. 작은 입자들은 물에 현탁되어 점진적으로 제거되고, 이따금 갑작스럽게 사태가 나기도 한다.

이 실험의 결과물은 세상에서 가장 경이로운 풍광을 자그맣게 복제한 셈이다. 이것은 자연의 기본적인 힘들이 더없이 태평하게 척도에

그림 4.15

(a) 모래와 점토를 깔고 그 위에 물을 뿌려 침식을 일으킨 실험에서는 뾰족뾰족한 능선이 만들어졌는데, 그 모습은 그보다 수천 배 큰 규모로 자연에 존재하는 산맥을 닮았다. (b) 가령 돌로미티 산맥을 보라.

무심하다는 사실을 보여 주는 증거이다.

뒤집힌 고드름

안데스 산맥의 눈밭은 이와는 전혀 다른 침식으로 자연의 가장 기이한 장관에 꼽힐 만한 풍경을 만든다. 그곳의 고지대 빙하는 종종 얼음 뾰족탑들의 숲으로 바뀐다. 탑의 높이는 보통 1미터에서 4미터까지며, 그 모습이 흰 두건을 쓴 수도사 무리를 닮았다고 해서 페니텐트(penitentes)라고 불린다. (그림 4.16a 참조) 찰스 로버트 다윈(Charles Robert Darwin, 1809~1882년)은 1835년에 칠레에서 아르헨티나로 가는 길에 그 기이한 형체들을 목격하고 『비글호 항해기(*The Voyage of the*

그림 4.16

(a) 안데스 산맥의 얼음밭과 눈밭은 때로 햇빛에 침식되어

페니텐트라는 송곳 모양 기둥들로 조각된다. (b) 과학자들은

실험실에서 그 과정을 모방하여, 높이가 겨우 몇 센티미터인 얼음

송곳들을 만들었다.

Beagle)』에 이렇게 썼다.

> 계곡에는 만년설이 드넓게 펼쳐진 눈밭이 여럿 있었다. 얼어붙은 눈덩어리가 녹는 과정에서 어떤 부분은 뾰족탑 혹은 기둥 모양으로 바뀌어 있었다. 기둥들은 다닥다닥 붙어 높게 치솟았기 때문에, 짐을 실은 노새가 통과해 지나가기가 어려웠다. 얼어붙은 말 한 마리가 마치 대좌에 앉은 것처럼 얼음 기둥 꼭대기에 올라 있는 것을 보았다. 뒷다리를 하늘로 치켜든 모양새였다. 내 짐작에 말은 눈밭이 평평할 때 머리부터 구멍에 떨어졌고, 나중에 말을 둘러싼 다른 부분들이 녹아서 사라졌을 것이다.

다윈에 따르면 그 지방 사람들은 바람의 침식으로 그런 형태가 생성된다고 믿었다. 그러나 실제 과정은 약간 더 복잡해, 자기 증폭적 되먹임에 의한 패턴 형성의 전형적인 사례라고 할 수 있다. 그렇게 높은 지대에서는 공기가 몹시 건조하기 때문에, 햇빛이 얼음에 닿으면 물로 녹는 것이 아니라 곧장 수증기로 증발한다. 이때 매끄러운 얼음 표면에 옴폭 팬 곳이 있으면, 그 부분이 렌즈처럼 햇살을 집중시켜 주변보다 더 빠르게 파인다. 이것은 확산을 통한 응집이나 수지상 구조의 성장 과정을 거꾸로 감은 것과도 조금 비슷하다. '손가락을 길러 내는' 불안정성이 얼음 표면에서 돌기를 길러 내는 것이 아니라 거꾸로 파고든다고 보면 된다.

　이때 눈 표면에 더러움이 얇게 앉아 있으면 과정이 더 빨라질 수 있다. 골이 깊어지는 부분에서는 자꾸 깨끗한 눈이 드러나기 때문에 증발이 쉽게 일어나지만, 꼭대기에서는 오래된 눈에 덮인 먼지가 모자처럼 눈을 덮어 단열 효과를 내는 것이다. 눈이나 얼음은 깨끗할 때보다 더러울 때 오히려 더 빨리 녹지 않을까? 어두운 물질은 햇빛을 더 많이 흡수하니까 말이다. 그러나 먼지층이 열을 주로 차단하느냐 흡수하느냐 하는 문제는 그 두께에 따라 다르다.

프랑스 리옹에 있는 고등 사범 학교의 물리학자 방스 베르제롱 (Vance Bergeron)과 동료들은 실험실에서 이 자연적 과정을 흉내 내었다. 그들은 눈이나 얼음을 밝은 조명에 노출시켜 '소형 페니텐트'를 만들어 보기로 했다. 빛을 몇 시간 쪼이자, 정말로 얼음 표면에 몇 센티미터 높이의 작은 봉우리들이 생겨났다. (그림 4.16b 참조) 실제로 자연에서도 이렇게 작은 구조들이 발견되는데, 아마도 이것을 발판으로 삼아 온전한 크기의 페니텐트가 만들어지는 것 같다. 어쩌면 우리는 이보다 더 작은 규모에서 이 과정을 응용할 수 있을지 모른다. 햇빛 대신 강력한 레이저로 태양 전지에 쓰이는 실리콘 웨이퍼 표면을 침식하는 것이다. 실리콘 표면이 페니텐트를 닮은 미세한 봉우리들로 뒤덮이면 빛 반사율이 낮아질 테니, 쏟아지는 햇빛을 더 많이 잡아낼 수 있을 것이다. 패턴 형성 과정들은 방대한 산맥, 두더지가 쌓은 두둑, 나아가 미시 세계에 이르기까지 광범위한 축척에서 맥락에 무관하게 늘 똑같이 작동한다. 지질학이 기술에 영감을 줄 수 있고 생물학이 눈송이를 모방할 수 있는 것은 그것 때문이다. 이것이야말로 패턴 형성 과정들의 경이로움이 아닐까?

나무와 잎: 생물학의 가지들

5 장

나무는 '목적'을 갖고 있는 형태이다.
나무는 다윈주의에서 말하는 '설계자 없는
설계'의 좋은 예다.

과학에서 분지 패턴을 묘사할 때 나무에 비기는 비유가 워낙 자주 등장하기 때문에, 그런 모형들과 이론들이 실제 나무의 형태에 관해 무언가 알려 주리라는 기대는 지극히 타당하다. 그러나 여기에는 또 다른 차원의 문제가 있다. 나무는 목적론적 형태라는 점이다. 나무는 '목적'을 갖고 있는 형태이다. 나무는 다윈주의에서 말하는 '설계자 없는 설계'의 좋은 예다.

　나무는 많은 과제를 충족시켜야 한다. 어떻게 뿌리에서 잎까지 물을 끌어올릴까? 어떻게 자신의 엄청난 무게를 지탱할까? 어떻게 빛 수집 효율을 극대화할까? 빛을 놓고 이웃들과 경쟁해서 이길 만큼 높게 자라야 하지만 그러면서도 뿌리가 못 버틸 만큼 육중해져서는 안 된다는 과제를 어떻게 풀까? 이런 딜레마들이 있으니, 우리가 수학이나 물리학에 기반한 단순한 모형 하나로 나무의 형태를 속속들이 설명할 전망은 거의 없다. 가령 분지 성장 불안정성처럼 단순한 하나의 원칙이 나무의 형태를 지시할 수 있을까? 답은 분명하지 않다.

누가 우리에게 지구나 소금 알갱이의 형태를 묘사하라고 하면, 우리는 '구'나 '정육면체'라고 한마디로 답할 것이다. 그러나 나무에게는 그런 기하학적 꼬리표를 붙일 수 없다. '가지 친 모양'이라는 말만으로는 분명 부족하다. 사실 일반적인 '나무 모양'을 말할 수조차 없다. 종마다 모양이 천차만별이기 때문이다. (그림 5.1과 도판 8 참조) 나무를 정확하게 묘사하려면, 모든 가지들의 각도와 길이를 세세하게 다 말해야 한다. 나무 전체를 말로 그려 내야 한다. (그조차 특정한 그 나무의 모습일 따름이다.) 장 폴 사르트르(Jean Paul Sartre, 1905~1980년)의 『구토(*La Nausée*)』에서 앙투안 로캉탱이 했던 말을 비틀자면, 결국 우리는 눈앞에 있는 나무의 특수성에 끔찍하게 고착되어 버릴 것이다.

나무를 수학적으로 묘사하려는 시도들 중 가장 유용한 것은 그런 접근법을 취하지 않는다. 그 대신 특징적이되 유일하지는 않은 온갖 나무 형태들을 다 생성하는 한 무리의 규칙들, 즉 **알고리듬**으로 나무의 일반적인 형태를 포착하려 한다. 우리는 가령 '사이프러스 알고리즘', '참나무 알고리듬' 따위를 고안할 수 있을 것이다. 일반적인 형태에 대한 알고리듬 접근법은 수학적 프랙탈 연구의 중요한 밑바탕이다. 알고리듬은 일련의 단계들을 규정함으로써 어떤 형태를 '길러 내는' 방법을 알려 주기 때문이다. 그런 수학적 알고리듬이 자연의 성장 과정과 반드시 연관된다는 보장은 없음을 명심해야 하지만, 자연의 어떤 형태는 단순한 단계들을 반복적으로 밟음으로써 만들어진다는 사

그림 5.1

나무의 분지 패턴은 그 종만의 독특한 특징이다.

실 또한 분명하다.

알고리듬 모형은 나무의 생물학이나 그 바탕에 깔린 역학을 눈곱만큼도 고려하지 않으면서도 나무의 핵심적인 생김새를 모방한다. 모형은 실제 성장 과정을 묘사하는 것이 아니고, 나무(혹은 초본)를 닮은 누언가를 만들게끔 돕는 처방에 가깝다. 따라서 모형은 나무가 왜 그렇게 생겼는가 하는 의문에 대해서는 별다른 답을 알려 주지 못하겠지만, 형태의 주요한 특징들에 대한 이런저런 단서를 제공할 수는 있다. 우리는 그 단서를 시작점으로 삼아서 진정한 성장 모형은 어때야 하는지 추측해 볼 수 있을 것이다.

레오나르도 다 빈치는 나무의 성장을 다스리는 알고리듬적 법칙들이 존재할 것이라고 추측했다. (물론 그가 정확히 이런 용어로 표현하지는 않았다.) 일례로 곁가지가 난 부분에 대해서는, 나무의 몸통에서 곁가지가 하나만 날 때는 몸통이 특정 각도로 휘지만 곁가지가 서로 반대쪽에서 2개 날 때는 몸통이 휘지 않는다고 말했다. 평범한 화가라면 이것을 그저 사실적인 그림을 위한 경험 법칙으로 간주하고 말 테지만, 『흐름』에서 이야기했듯이 레오나르도 다 빈치에게는 자연에 대한 묘사와 자연에 대한 이해는 긴밀하게 얽힌 문제였다. 그는 분지점에서 가장 중요한 속성은 가지들의 총단면적이 일정하게 유지되는 것이라고 생각했다. 수력 공학자답게 그는 '관'(나무의 목질은 물과 당분이 풍부한 액체를 말단까지 나르고 또 받아오는 데 쓰이는 생물학적 통로들, 즉 체관부와 물관부가 망을 이룬 구조이다.)이 가지를 뻗더라도 액체 운반 능력은 그대로 유지해야 한다고 생각했던 것이다.

가지들의 각도에 대한 레오나르도 다 빈치의 법칙은 사실일까? 어느 정도는 사실이지만(그림 5.2 참조), 구체적으로는 곁가지의 크기에 따라 달라지는 듯하다. 하나만 돋은 곁가지가 아주 작을 때는 몸통이 거의 휘지 않는다. 독일의 해부학자 겸 발생학자였으며 예나에서 에른스트 하인리히 필리프 아우구스트 헤켈(Ernst Heinrich Philipp August Haeckel, 1834~1919년)에게 배운 빌헬름 루(Wilhelm Roux, 1850~1924년)는 19세기 말에 이 법칙을 좀 더 정교하게 규정했다. 루는 다음과 같이

그림 5.2

(a) 나뭇가지는 곁가지가 하나일 때는 몸통이 휘지만 (b) 2개가 서로 반대쪽에서 날 때는 휘지 않는다는 레오나르도 다 빈치의 법칙을 대체로 따른다.

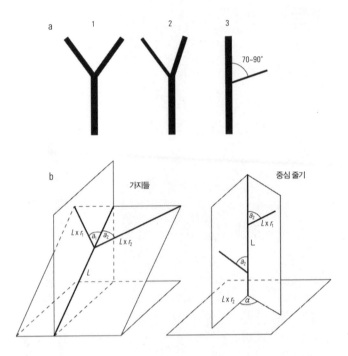

그림 5.3

(a) 가지의 법칙들. 자연에서 가지가 나는 방식을 일군의 규칙으로
공식화하려고 했던 최초의 사례는 19세기에 루가 고안한 법칙들이다. 원래
루는 이 법칙들을 혈관망에 대해서 세웠다. (b) 한편 혼다 히사오는 알고리듬
방식으로 사실적인 나무 패턴을 생성하는 규칙들을 세웠다. 왼쪽 그림에
표현된 법칙은 나무의 몸통에서 직접 뻗는 가지를 제외한 모든 가지들에게
적용되고, 몸통에서 직접 뻗는 가지는 오른쪽 그림의 규칙을 따른다.
그림에서 r_1과 r_2는 중심 가지나 나무 몸통의 길이(L)에 대한 곁가지의 길이
비를 뜻하고, a_1과 a_2는 각각의 가지가 발산하는 각도를 뜻한다. 몸통에서
연달아 난 가지들은 서로 각도 α만큼 벌어진다.

주장했다.

1. 하나의 중심 줄기가 폭이 같은 두 가지로 갈라질 때, 가지들이 원래의 몸통과 이루는 각도는 서로 같다.
2. 갈라진 두 가지의 굵기가 서로 다르다면, 둘 중에서 가는 가지가 두꺼운 가지보다 더 큰 각도로 휜다.
3. 너무 가늘어서 몸통을 휘지 못하는 곁가지라면, 틀림없이 몸통과 70도에서 90도까지의 각도를 이루면서 난다.

그림 5.3a에 이 규칙들이 그려져 있다. 그런데 루는 이 규칙들을 나무를 대상으로 정한 것이 아니라 혈관망을 연구했고 1920년대에 와서야 생물학자 세실 던모어 머리(Cecil Dunmore Murray 1897~1935년)가 이 규칙들을 식물의 줄기에 적용했다. 머리도 사실은 혈액의 흐름에 더 흥미가 있었지만, 그를 비롯한 연구자들은 이제 나무와 혈관계가 닮은 것이 우연이 아닐지도 모른다고 생각했다. 두 구조는 모두 **도관망**이다. 액체를 나르는 속 빈 관들로 이루어졌다는 뜻이다. 다만 정맥과 동맥은 관의 굵기가 다양한 반면, 나무는 가는 관들의 다발이 분지점에서 여러 뭉치로 나뉘는 구조이다.

머리의 알고리듬 법칙을 써서 무작위로 가지를 뻗은 망을 만들어보면, 제법 사실적인 '나무들'이 만들어진다. 1971년에는 일본 생물학자 혼다 히사오(本多久夫, 1943년~)가 좀 더 복잡한 나무 분지 구조 생성 알고리듬을 제안했다. 내용은 다음과 같다. (그림 5.3b 참조)

1. 모든 가지는 하나의 분지점에서 2개의 '딸' 가지를 낳는다.

2. 두 딸 가지의 길이는 '어머니' 가지의 길이에 대해 r_1과 r_2라는 일정한 비를 이룬다.

3. 두 딸 가지는 어머니 가지와 같은 평면(분지면)에 놓여 있고, 어머니 가지로부터 일정한 각도 a_1과 a_2로 뻗는다.

4. 분지면은 그 면에 포함되어 있고 어머니 가지와 수직으로 교차하는

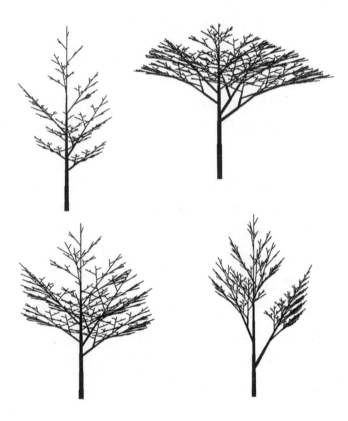

그림 5.4
그림 5.3b에 표현된 혼다의 법칙을 써서 만든 나무들

가지

선분이 늘 지면에 대해 수평이 되도록 존재한다. (이 법칙은 제일 파악하기 어렵지만, 그림에 설명되어 있다.)

5. 법칙 4의 예외는 나무의 몸통에서 직접 뻗어 나오는 가지이다. 그런 가지들은 법칙 2에 규정된 길이 비를 준수하지만, 모두 일정한 각도 a_2로 갈라진다. 그리고 연달아 돋은 가지들 사이의 발산 각도는 고정되어 있다. (그림에서는 a로 표시되었다.)

몇 가지 사소한 변화를 더 가하면, 우리는 이 규칙들이 규정하는 알고리듬으로 현실의 나무를 훌륭하게 모방한 다양한 분지 패턴을 만들 수 있다. (그림 5.4 참조) 실제 나무가 받는 영향(바람, 중력, 최적의 빛 수확을 위한 잎사귀 배치 등)들을 포함하도록 좀 더 수정하면 더욱 사실적인 결과가 나온다. 혼다의 알고리듬은 **결정론적**이다. 일단 길이 비와 각도가 정해지면 다음에는 알고리듬이 분지 패턴을 속속들이 지시하기 때문이다. 한편 컴퓨터로 진짜와 비슷한 나무를 그리는 데 쓰이는 다른 알고리듬들은 무작위적 요소를 도입함으로써 형태를 좀 더 불규칙하게 만들기도 한다. 자연에서는 가지가 부러지거나, 가지들끼리 충돌하거나, 위쪽의 나뭇잎 차양이 그늘을 드리워 성장이 저지되거나, 비바람에 물리적으로 시달리거나 함으로써 분지 패턴에 무작위성이 도입된다. 캐나다 리자이나 대학교의 프셰미스와프 프루신키에비치(Przemysław Prusinkiewicz, 1952년~)가 개발한 또 다른 결정론적 알고리듬, 이른바 L 체계는 초본과 양치류를 닮은 구조들도 만들 수 있다. (그림 5.5 참조) 결국 과학자들은 식물의 실제 성장 방식을 묘사한 모형으로부터 나무 성장 알고리듬을 구성하는 적절한 규칙들이 저절로 **유도**되기를 바랄 것이나. 이런 과정에 대해서는 내가 『모양』에서 이야기한 바 있다.

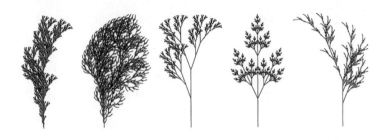

그림 5.5
'결정론적' 분기 알고리듬에 따라 생성된 초본과 양치류에서는 규칙들이
패턴을 완벽하게 규정한다. (즉 무작위적 요소가 전혀 없다.) 이런
구조에서는 하나의 모티프가 여러 축척에서 반복적으로 나타나는데, 다만
규칙성이 드러나는 정도는 편차가 있다.

크기 비율

머리는 1920년대에 혈관망 형태에 대한 법칙들을 세우면서 중요
한 진전을 이루었다. 머리는 망을 묘사하는 데 그치지 않고 망의 형태
가 왜 그런지를 설명하고자 했다. 그는 혈관망이 자원을 아끼는 **최소화**
원칙을 구현한다고 가정했는데, 이것은 앞 장에서 하천망에 대해 이야
기했던 원칙과 완전히 같다. 머리는 혈관망이 최소한의 힘으로 액체를
펌프질할 수 있는 형태를 취한다고 주장했다. 그리고 가는 혈관은 큰
각도로 발산하고 굵은 혈관은 작은 각도로 발산하는 형태여야만 갈라
진 동맥들로 피를 펌프질해 보내는 에너지가 최소화된다고 주장했다.
레오나르도 다 빈치도 나뭇가지 법칙을 세울 때 대략 이런 성질을 염
두에 두었음이 분명하다. 그도 어떤 종류의 분지 기하학이 계 내에서
액체 흐름을 가장 효율적으로 만드는지 고민했기 때문이다.

하천망과 생물학적 분지망이 모두 액체를 퍼뜨리는 계로서 그 형
태와 기능이 유사하다는 점에 착안하여, 1970년대에 지질학자 레오

가지

폴드는 전자에 대한 자신의 결론이 후자에도 일반화될 수 있는지 살펴보았다. 앞 장에서 소개했듯이, 레오폴드는 하천망의 형태가 흐름의 에너지를 균일하게 퍼뜨리려는 경향성과 그 에너지를 가급적 적게 지출하려는 경향성 사이에서 균형을 이룬 상태일 것이라고 추측했다. 그렇다면 초목도 비슷한 기준을 따를까? 혹시 그렇다면 그 기준은 무엇일까? 레오폴드는 식물에서 힘의 균일한 분포에 상응하는 기준을 찾자면 캐노피(임관, 숲지붕이라고도 하며, 나무의 가지와 잎의 맨 위층을 뜻한다. ─ 옮긴이)가 고르게 퍼져야 한다는 기준이라고 보았다. 그래야만 주어진 햇빛을 최대한 활용할 수 있을 테니까. 한편 강물의 에너지 지출 최소화 원칙에 상응하는 기준은 식물이 가지들의 총길이를 최소화하려는 경향성이라고 보았다. 새 목질이나 줄기를 키우는 데 에너지가 든다는 점을 고려할 때, 이것은 합리적인 가정이다. 다만 레오폴드는 가지의 길이가 같아도 굵기가 다르면 조직의 양이 크게 달라진다는 점에는 신경을 쓰지 않았다.

오스트리아 빈 의과 대학 컴퓨터 의학 연구소의 볼프강 슈라이너 (Wolfgang Schreiner)와 동료들은 이런저런 양을 최소화하는 규칙에 따라 분지 패턴을 생성했을 때 폭넓은 범위의 '최적' 분지 패턴들이 자란다는 것을 확인했다. 연구자들은 가지가 하나하나 순차적으로 덧붙어 분지망이 구성된다고 가정했는데, 이때 새 가지는 지정된 어느 장소에서 돋아나되 기존 가지들의 폭과 길이에 관련된 모종의 양을 최소화하는 형태로 붙어야 한다고 제한했다. 너무 추상적인 이야기로 들리는가? 아마 그럴 것이다. 실제로 추상적인 작업이었으니까. 연구자들은 실제 나무에서 어떤 양이 최소화되는지 알아내려는 것이 아니었다. 분지망의 총길이이든 총 에너지 발산이든, 아무튼 모종의 양을

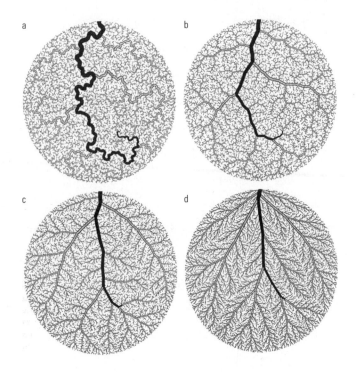

그림 5.6

나무를 닮은 이 망들은 계의 어떤 '전면적' 성질, 특히 모든

가지에게 해당되는 어떤 측면에 관한 총량을 최소화하라는

원칙에 따라 컴퓨터 모형에서 형성되었다. 그림 (a)는 가지들의

총길이를 최소화한 경우이고, (b)는 총면적을, (c)는 총부피를,

(d)는 초부피라고 불리는 '4차원' 성질을 최소화한 경우이다. 어느

경우이든 시뮬레이션 결과로 나타난 분지 패턴은 우리에게 익숙한

모습이다. 그림 (a)는 비교적 평평한 지형에서 흐르는 강을 닮았고,

(c)와 (d)는 점점 더 험준해지는 산악 지형에서 흐르는 강을 닮았다.

가지

선택해 최소화 기준을 적용했을 때 각각 어떤 패턴이 나타나는지 관찰하려는 것이었다. 그 결과, 어떤 양을 선택했느냐에 따라 확연히 다른 구조들이 나왔다. 그러나 모두 우리가 그럭저럭 익숙한 형태들이었다. (그림 5.6 참조) 어떤 패턴은 평지에서 굽이치는 강물을 닮았고, 어떤 패턴은 산악 지형의 유선형 배수망을 닮았고, 어떤 패턴은 잎맥이나 기관지망을 닮았다. 이 결과는 특정 망에서 어떤 요인이 그 구조를 통제하는지는 알려 주지 않지만, 알고리듬적 성장(한 무리의 규칙들을 반복적으로 적용하는 방식)과 최소화 원칙(무엇이 '최선의' 연결인지 규정하는 원칙)을 조합하여 사용하는 기법에 다양한 분지망 구조를 설명할 단서가 담겨 있을지 모른다는 암시를 준다.

그런데 최소화 원칙을 분지망 형태에 적용한 사례로 아마도 가장 충격적이고 자극적이었던 작업은 뉴멕시코 대학교의 두 생태학자 제임스 헴필 브라운(James Hemphill Brown, 1942년~)과 브라이언 조지프 엔퀴스트(Brian Joseph Enquist, 1969년~), 그리고 로스앨러모스 국립 연구소의 물리학자 제프리 브라이언 웨스트(Geoffrey Brian West, 1940년~)가 합작한 연구였다. 그들은 생물체의 체액 분포 체계가 분지형 프랙탈 성질을 띤다는 사실로부터, 왜 생명의 과정들이 체질량에 의존하는가 하는 생물학의 오래된 수수께끼를 설명할 수 있다고 주장했다.

작은 생물은 큰 생물보다 심장 박동이 빠르다. 아기의 심장은 어른보다 빨리 뛰고(호흡도 더 빠르다.), 새처럼 작은 생물은 그보다 더 빨리 뛴다. 심장 박동과 체질량의 이런 관계는 정확한 수학 공식으로 표현되는데, 알고 보니 그것은 멱함수 법칙, 즉 축척 법칙이었다. (60쪽 참조) 아주 다양한 종류의 생물에서 심장 박동은 체질량의 4분의 1제곱에 반비례하는 것으로 밝혀졌다. 한편 생물의 수명은 체질량의 4분의 1제곱에 정비례한다. 몸집이 클수록 오래 사는 것이다. 그렇다 보니 우연하게도 생물이 평생 경험하는 총 심장 박동수(심장 박동 속도에 수명을 곱하면 된다.)는 종을 불문하고 모두 약 15억 회로 일정하다. 쥐든 사람이든 코끼리이든 심장 박동수로 따졌을 때는 각각에게 주어진 시간이 같은 셈이다.

아기에게 밥을 얼마나 자주 먹여야 하는지 아는 사람이라면, 작은 생물일수록 대사 속도가 빠르다는 사실을 금세 이해할 것이다. 생물의 대사 속도, 즉 에너지 소비 속도는 체질량의 4분의 3제곱에 비례한다. 작은 생물일수록 무게당 더 많은 에너지가 필요하다는 뜻이다. 뒤쥐는 매일 자신의 몸무게를 능가하는 에너지를 소비해야 한다. 이런 생물학적 축척 법칙은 그밖에도 몇 가지가 더 있다. 가령 동물의 대동맥 단면적과 나무 줄기의 단면적도 체질량의 4분의 3제곱에 비례한다. 우리는 이런 법칙들을 통틀어 **상대 성장적**(allometric) 축척 법칙이라고 부른다. 미생물에서 고래까지 폭넓은 범위의 생물들이 이 법칙을 따른다.

큰 생물이 작은 생물보다 에너지를 더 많이 쓰리라는 점은 누구나 쉽게 예측할 수 있다. 문제는 어째서 그토록 폭넓은 체질량 범위에 동일한 축척 법칙이 적용되는가 하는 것이다. 그리고 이보다도 더 알쏭달쏭한 문제는 축척 법칙들에 등장하는 구체적인 지수값이다. 모든 지수값이 4분의 1의 배수이기 때문이다. 만일 축척 법칙의 생물학적 변수(가령 심장 박동)들이 몸에서 체액이 퍼지는 속도와 관계있다면, 그 관계는 다시 체액이 이동해야 하는 최대 거리에 달려 있고, 그 거리는 다시 몸의 용적에 비례하며, 용적은 다시 체질량의 3분의 1제곱에 비례할 것이다.[14] 따라서 우리는 모든 축척 법칙의 지수가 4분의 1이 아니라 3분의 1의 배수들이어야 한다는 결론에 도달한다. 그러나 실제 법칙들을 보면, 생물의 몸은 3차원이 아니라 4차원이라고 말하는 것만 같다.

엔퀴스트와 동료들은 몸속 분배망의 분지 구조가 상대 성장적 축척 법칙들을 이해하는 실마리가 될지도 모른다고 짐작했다. 그들은 생물체의 생존이 궁극적으로는 조직을 지탱하는 데 필요한 자원을 공급받는 데 달려 있다고 추론했다. 사람처럼 공기를 호흡하는 생물은 세포에 지속적으로 산소를 공급받아야 한다. 산소는 폐의 분지형 통로를 거쳐서 피로 들어간 뒤, 혈관망을 통해 온몸으로 분배된다. 나무와 풀도 물과 영양소를 공급하는 도관계가 필요하다. 그러나 분지 구조 자체만으로는 충분하지 않다. 분지 구조가 위계적이라는 사실, 즉 큰 가지가 작은 가지로 갈라지고 작은 가지가 더욱 작은 가지로 갈라진다는 사실이야말로 핵심이다. 그런 과정에서는 프랙탈 구조가 만들어지기 쉬운데, 프랙탈 구조는 '차원과 차원 사이'에 존재한다는 이점이 있다. 공간 전체로 퍼져 있지만 공간을 완전히 메우지는 않는 것이다. (완전히 메우면 조직 자체를 위한 공간이 남지 않을 것이다.)

연구자들은 분지점을 거칠 때마다 관들이 조금씩 더 가늘어지는 계를 구상하여 그런 분지망을 모형화해 보았다. 망을 지배하는 원칙은 두 가지였다. 첫 번째, 크기와 무관하게 모든 관은 말단에서 똑같은 굵기의 관으로 끝난다. 그 종말 가지는 혈관계의 모세 혈관에 해당하는 셈이다. 그런데 모세 혈관의 굵기는 생물의 낱개 세포 크기에 맞춰져 있고 세포 크기는 몸 크기와는 대체로 무관하기 때문에, 결국 생물의 종류에 따라 큰 차이가 없다. 두 번째 원칙은 더 결정적인데, 망은 그 속에서 액체를 운반하는 데 드는 에너지가 최소화되는 구조를 취한다는 원칙이다.

사실 식물 도관계에서 망을 구성하는 통로는 단면적이 다 같은 여러 관들이 묶인 다발이다. 다발은 분지점을 지날 때마다 더 가는 다발들로 갈라지고, 나뉜 다발 속에는 도관이 더 적게 들어 있다. 연구자들은 이 조건에서 망이 에너지 최소화 원칙을 따른다고 설정하고 기하학적 성질을 분석했다. 그 결과 대사율이 체질량의 4분의 3제곱에 비례한다는 축척 법칙이 자연스럽게 따라 나왔다. 한편 포유류의 분배망에서는 상황이 좀 더 복잡했다. 체액이 맥동한다는 조건과(심장이 펌프질을 하기 때문이다.) 관들이 탄성적이라는 조건을 모형에 포함해야만 4분의 3 축척 법칙이 나왔다. 더 중요한 점은 이 관계가 프랙탈 분배망에만 적용된다는 것이다. 그런데 우리가 인공적으로 힘을 생산하는 데 쓰는 액체 및 에너지 분배 체계, 가령 내연 기관이나 전기 모터 따위는 프랙탈 망이 아니다. 그래서 이런 계들에서는 질량의 4분의 1제곱이 아니라 3분의 1제곱에 비례하는 멱함수 축척 법칙이 도출된다.

이 결과로 상대 성장적 축척 법칙들을 완전히 설명하지는 못한다. 분지형 배분망이 없는 생물도 그런 법칙들을 따른다는 점이 문제다. 그러나 적어도 이 분석은 생명계에서 프랙탈 망이 중요한 역할을 할지도 모른다는 흥미로운 암시를 준다. 브라운은 크기가 다양한 몸들에게 최적의 공급 체계를 두루 제공하는 프랙탈 망의 능력이야말로 현생 생물들이 엄청나게 다양한 구조와 크기를 취할 수 있는 이유라고 주장했다. 그 덕분에 세균에서 고래까지 다양한 생물이 10의 21제곱에 걸친 폭넓은 배율의 몸집으로 존재할 수 있다는 것이다. 또한 이 이론은 생물학의 작동 방식에 대한 기존의 견해를 약간 재고하게 만든다. 유전학이 등장한 뒤, 과학자들 사이에는 세포에서 생태계까지 모든 생명계를 일차적으로 다스리는 과정은 정보 전달 과정이라는 견해가 득세했다. 유전자의 정보가 개체의 형태를 통제하고 적응도를 결정하며, 생물 집단은 유전자 자원의 조성 변화에 따라 성장하고 분화한다는 내용이다. 그러나 엔퀴스트와 동료들의 연구는 정보가 아니라 **에너지**에 조명을 비춘다. 그들은 에너지의 낭비(발산)를 최소화하면서 효율적으로 분배할 필요성이야말로 분배망의 패턴을 결정짓는 요인이라고 주장했다. 생물의 크기는 부수적인 결과이고, 그 크기에 따라 생물체의 체적, 활동성, 수명이 결정된다는 것이다. 연구자들은 자신들의 이론으로 생태계 차원의 생물학적 성질도 설명할 수 있다고 주장했다. 이를테면 일정한 넓이의 땅에서 서식하는 동식물의 밀도가 개체의 질량과 어떤 관계가 있을까 하는 문제이다. 이 관계도 축척 법칙을 따르는 경향이 있는데, 이때 법칙의 지수값은 주어진 에너지로 얼마만큼의 '대사'를 뒷받침할 수 있는가를 고려하여 설명할 수 있다. 엔퀴스트, 브라운, 웨스트는 분지형 배분망에서 유도한 자신들의 축척 법칙이 생명계의 작동 방식에 대한 통일된 시각을 제공할 수 있다고 믿는다.

생명의 그물망

톰프슨은 패턴과 형태를 설명할 때 '블랙박스'식 다윈주의보다 공학을 끌어들인 해답을 늘 선호했으므로, 우리가 지금까지 이야기한 이런 내용을 들었다면 틀림없이 전부 이해하고 받아들였을 것이다. 실제로 그는 『성장과 형태』의 앞부분에서 생물학적 축척 법칙을 논했다. 그는 나무의 역학 구조를 볼 때 나무가 제 무게 때문에 구부러지지 않으려면 몸통 지름이 높이의 2분의 3제곱에 비례해 커져야 한다고 말했다. 또한 "우리 주변의 동물 중에서 작은 새와 작은 짐승은 빠르고 잽싸지만 더 큰 동물들은 더 느리고 차분하게 움직인다."라고 썼다.

그러나 앞에서도 지적했듯이, 톰프슨의 논증에는 왜 어떤 구조가 가능하고 어떤 구조가 불가능한지를 이해하는 것만으로는 해결되지 않는 부분이 있다. 우리는 그보다 더 나아가 수수께끼의 조각들이 구체적으로 어떻게 끼워 맞혀지는지를 알아야 한다. 같은 맥락에서, 프랙탈 분지망이 액체를 가장 효율적으로 분배하고 에너지 확산을 최소화하는 방법이라고 말하는 것은 어쩌면 간단한 일이다. 그러나 핵심적인 문제는 자라나는 생물이 그 사실을 모른다는 점이다. 폐의 미세한 기관지 하나하나까지 유전적 청사진에 따라 제작되지는 않을 것이다. 세상에 똑같이 생긴 폐는 없고, 한 몸 안에서도 두 폐가 서로 다르다. 세상에 서로 완벽하게 겹쳐지는 플라타너스 나무가 없는 것과 마찬가지다. 이런 망들은 분명 성장하는 과정에서 형성되는 부분이 있고, 그 과정은 이제 우리가 익숙한 개념인 우연과 필연의 조합으로 진행된다. 구조의 전반적인 형태, 가령 프랙탈 차원이나 평균 교차 각도로 묘사할 수 있는 성질들은 사례마다 크게 차이가 없지만, 세부 사항들은 언제나 다르다. 그렇다면 이런 과정을 가능하게 하는 법칙은 무엇일까?

혈관계를 예로 들어 보자. 인체의 혈관계에서 제일 많이 연구된 부분은 망막의 혈관망이다. (그림 5.7 참조) 망막 혈관망은 유달리 빽빽하게 가지를 친 모습인데, 망막의 산소 요구량이 다른 어떤 조직보다도 높기 때문이다. 스위스 베른 대학교의 안과학자 베리 매스터스(Barry R. Masters)는 미국 조지아 주 애틀랜타의 물리학자 페레이둔 패밀리(Fereydoon Family, 1945년~)와 함께 망막 혈관망의 프랙탈 차원을 계산해 보았다. 그 값은 약 1.7이었다. 확산을 통한 응집(DLA) 모형에서 형성된 입자 덩어리나 절연 파괴 모형에서 형성된 균열 및 방전 패

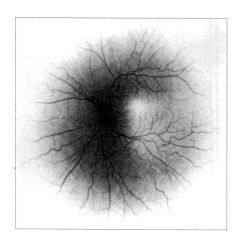

그림 5.7

망막의 혈관은 프랙탈
분지망을 이룬다. 프랙탈
차원은 약 1.7이다.

턴과 같은 값이다. 앞에서 말했듯이 이런 과정들은 라플라스 성장, 즉 성장의 최전선에 무작위로 돋아난 작은 융기가 양의 되먹임으로 증폭되어 새로운 가지로 자라나는 현상에 해당한다.

　그렇다면 망막 혈관망도 라플라스 성장 불안정성의 영향을 받아 자란다는 뜻일까? 가능하기는 하다. 그러나 꼭 그렇다는 뜻은 아니다. 우선 앞에서도 말했듯 프랙탈 차원은 분지 구조의 대강의 특징을 말해 주는 잣대일 뿐이다. 프랙탈 차원이 1.7인 망을 형성하는 메커니즘이 세상에 하나뿐이라고 볼 근거는 없다. 그 점을 차치하더라도, 망막 혈관 구조는 DLA 덩어리와 그다지 닮지 않았다는 문제가 있다. 망막 혈관망은 훨씬 덜 꼬불꼬불하고, 덩어리진 부분도 적다. 게다가 혈관이 증식해 곁가지를 낳는 혈관 형성(angiogenesis) 과정은 꽤 복잡한데다가, 그 결과로 늘 무작위로 가지를 뻗으면서 발산하는 구조만이 생기는 것은 아니다. 혈관들이 더 복잡하게 이어질 때도 있다. 가령 혈관들이 교차하여 닫힌 고리를 형성할 때도 있다. 하천망에는 자기 회피

그림 5.8
식물 도관계의 분지 패턴. (a) 담쟁이 덩굴,
(b) 부채꼴 산호, (c) 그리포니아라는
아프리카산 관목의 잎맥 일부이다.

성이 있지만(DLA도 일반적으로 자기 회피성이 있다.) 혈관망은 반드시 그렇지는 않다. 이 현상은 혈관 형성과 비슷한 과정으로 형성되는 식물의 잎맥망에서 특히 뚜렷하다. (그림 5.8 참조) 이처럼 도관계에서 두 가지가 다시 이어지는 현상을 문합(anastomosis)이라고 부르는데, 이것은 망의 한 지점에서 다른 지점으로 가는 경로가 하나 이상일 수 있다는 뜻이다. 따라서 이런 도관계들은 A에서 B로 가고 싶을 때 여러 경로들 중 선택할 수 있다는 점에서 나무보다는 파리 지하철과 더 비슷하다.

혈관망 형성의 첫 단계는 혈관 모세포라는 세포들에서 혈관이 생겨나는 과정이다. 이 과정은 주화성에 의해 진행되는 듯하다. 주화성이란 세포들이 내놓은 어떤 화학 물질이 주변으로 퍼져서 다른 세포들을 끌어들이는 성질이다. 다른 세포들은 그 유인 물질의 농도가 가장 높은 곳을 향해 움직인다. 바로 이 주화성 덕분에 세균들이 서로 대화를 나누고 각자의 움직임을 조율하며 복잡한 패턴과 흐름을 형성할 수 있다고 앞에서 이야기했다. 혈관 모세포가 배출하는 유인 물질은 혈관 내피 성장 인자라는 단백질 분자이다. 그 분자의 영향으로 세포들이 한곳에 모여 사슬처럼 다발을 이루고, 다시 그 다발들이 교차하면서 망을 이루어 혈관이 된다.

혈관망이 분지형 프랙탈 구조로 발달하는 것은 그다음 단계로, 이것이 바로 혈관 형성이다. 생명체가 자랄수록 혈관망을 통해 생명에 긴요한 체액을 공급받아야 할 조직의 양이 많아진다. 혈관은 확장하는 풍경 속의 교통망인 셈이다. 이때 풍경의 일부분이 공급망으로부터 너무 멀어지면 생명 유지에 필요한 재료(가령 산소나 영양소)가 고갈될 위험이 있으므로, 새 길이 필요하다. 그러나 새 혈관을 만드는 일은 새 도로를 닦는 일과 마찬가지로 에너지와 물질을 투입해야 하는 일이라서, 가벼이 처리할 수 없다. 그렇다면 어떤 세포가 위험에 처했는지를 어떻게 확인할까? 그 세포들은 어떻게 혈관 형성을 촉진할까? 혈관망의 형태는 궁극적으로 이런 질문에 대한 대답에서 유도되어야 할 것이다.

혈관 형성 단계도 화학 신호의 확산에 의존한다. 기존 혈관망에서 멀리 떨어진 조직의 세포들은 혈관 형성 인자라는 단백질을 생산하여 배출한다. 그런 세포를 가리켜 허혈성 세포라고 부른다. 허혈성 세포가 내보낸 화학적 전령이 근처의 혈관에 도달하면, 그 지점에서 신호의 농도가 커지는 방향으로 새 가지가 돋는다. 화학 신호의 근원을 향하여 새 가지가 뻗는 것이다. 고통 받는 세포들이 "구명줄을 던져 줘!"라고 요청한 셈이다. 식물의 독특한 잎맥 패턴도 이와 비슷한 과정으로 만들어지는데(그림 5.8 참조), 이때는 옥신이라는 식물성 호르몬이 화학 신호로 기능하는 듯하다. 나는 『모양』에서도 옥신을 언급했다. 옥신은 자라나는 식물의 줄기 끝에서 새 잎사귀나 낱꽃이 등장하는 방식을 제어함으로써 그런 요소가 이른바 잎차례에 따라 놀라운 수학적 규칙성을 띠면서 배열되게끔 만든다고 했다. 그런데 바로 그 물질이 더 작은 규모에서 잎사귀 하나하나의 분지 패턴을 형성하는 일도 맡는 것이다. 마치 식물의 프랙탈 성질을 멋지게 재현한 현상인 듯 보이지 않는가?

일반적으로 옥신은 고르지 않게 점점이 분포되어 있다. 몇몇 고립된 지점에서는 풍부하지만, 그 주변에서는 농도가 낮다. 옥신이 풍부한 지점이 있으면 식물은 그것을 영양소를 더 달라는 호소로 해석하므로, 새 잎맥은 보통 그 지점을 향해 자란다. 그렇다면 이때 옥신이 풍부한 지점은 주변보다 옥신을 빠르게 생산해 낸 지점일까? 정말로 그렇다면 잎의 바탕에 깔린 옥신의 분포 패턴이 잎맥망의 형태를 결정하는 셈이다. 그러나 실제로는 그렇지 않다. 잎의 세포들은 어느 지점에서나 대충 같은 속도로 옥신을 생산하며, 그로부터 자기 조직적으로 얼룩덜룩한 분포 패턴이 등장하는 듯하다.

예일 대학교의 파벨 디미트로프(Pavel Dimitrov)와 스티븐 주커(Steven W. Zucker)는 어떻게 그럴 수 있는지 보여 주었다. 그들은 S라는 신호 호르몬을 똑같이 생산하고 배출하는 세포들의 집합으로 잎의 일부분을 모형화했다. 모든 세포들은 자기 내부와 주변의 S 농도를 '감지'할 줄 안다. 만일 이웃한 세포에 S가 훨씬 적다면, 세포는 자신의 표면 막을 변형시켜서 S를 이웃 세포에게 더 내준다. 이렇게 투과성을 높인 세포는 잎맥 세포로 변하기 시작한 셈이다. 정상 세포보다 S를 더 아낌없이 전달하니까 말이다. 호르몬은 새로 형성된 잎맥을 통해 고농도 지역에서 저농도 지역으로 이동한다. 그런데 기존에 존재하던 잎맥은 다른 세포들에게 호르몬을 효율적으로 보내주는 세포들이므로, 잎맥 자체가 보통 호르몬 저농도 지역이다. 따라서 새 통로는 호르몬 고농도 지역을 그것에 가까운 잎맥과 이어 주도록 자란다. 기존 잎맥과 멀리 떨어진 지점일수록 S가 많이 축적되므로, 그 지점을 잇는 새 잎맥이 형성되도록 부추기는 신호가 더 강한 셈이다. 이 과정은 하천망 형성 방식과도 조금 비슷하다. 비는 모든 지점에 똑같이 내리지만, 빗물은 가장 가파른 경사를 따라 흘러서 강에 도달함으로써 차츰 새 지류를 만든다.

모형에서 만들어진 잎맥 성장 패턴들은 실제 관찰되는 패턴들과 비슷했다. 특히 새 잎맥이 기존의 잎맥과 직각으로 만나는 경향성이 있다는 점이 그랬다. 잎맥은 '외딴' 가지처럼 생겨날 수도 있고, 서로 교차하거나 고리를 형성할 수도 있다. 세포들의 격자가 성장해 망이 진화함에 따라, S가 농축된 지점들은 이리저리 옮겨 다닌다. 오래된 지점들은 '구제되고', 통로에 접근하지 못해 굶주리는 지점들이 새로 생겨난다. 모형과 마찬가지로 현실에서도 성장 중인 잎사귀의 옥신 지점들은 일시적이다. 이것은 잎맥이 반드시 나야만 하는 장소가 모종의 청사진에 따라 애초에 정해져 있지는 않다는 뜻이다. 패턴은 스스로 그려지며, 매 단계가 다음 단계의 바탕이 된다.

이 현상은 화학 물질이 균일한 매질 속에서 확산과 반응을 동시에 수행함으로써 자발적으로 패턴을 형성하는 과정에 비견할 만하다.

나는 『모양』에서 그러한 과정을 소개하며, 이것으로부터 동물들의 점무늬, 줄무늬, 그물망 무늬 등을 설명할 수 있다고 말했다. 화학 반응-확산 체계라고 불리는 이 과정에서 생물학적 패턴들이 형성되는 방식을 연구하는 데 앞장섰던 사람은 독일의 생물학자 한스 마인하르트 (Hans Meinhardt, 1938년~)였는데, 그는 또한 잎맥망도 이렇게 설명할 수 있다고 처음 주장했다. 마인하르트는 2종류의 화학 신호가 확산하는 모형을 제안했다. 신호들은 가지의 성장과 분할을 촉진하며, 가지의 말단들은 서로 회피하는 경향이 있다고도 가정했다. 한편 자라나는 말단과 기존 잎맥 사이의 반발력은 그보다 작기 때문에, 말단들끼리 정면으로 만나는 일은 없지만 말단 하나가 오래된 가지와 교차하는 일은 가능하다. 이것이 앞에서 언급했던 문합이다. 이렇게 가정한 마인하르트의 반응-확산 모형은 사실적으로 보이는 잎맥망을 만들어 냈다. 그러나 이것은 어디까지나 가설적인 모형이다. 게다가 2종류의 화학적 유인 물질을 가정해야 한다는 점은 조금 꺼림칙하다. 현실에서 그런 화학 물질로 확인된 사례는 아직 옥신뿐이기 때문이다.

한편 본과 파리의 동료들은 깨지기 쉬운 물질의 얇은 층에서 발생한 균열망(132쪽 참조)과 도관망 사이에 유사점이 있다는 사실을 알아차렸다. 일례로 양쪽 모두 가지들은 직각으로 교차할 때가 많다. 연구자들은 그 유사성에 착안해, 도관망도 어쩌면 화학 신호가 아니라 기계적인 힘으로 제어될지 모른다는 의견을 내놓았다. 잎에는 부드러운 조직층과 뻣뻣한 조직층이 모두 있기 때문에 응력이 발생할 수 있다는 것이다. 그리고 잎맥이 자라는 방향과 갈라지고 교차하는 각도는 잎맥들이 서로 밀고 당기는 방식에 따라 결정될지 모른다고 주장했다.

만약 이런 연구들에서 별다른 소득이 없더라도, 우리는 적어도 나무를 길러 내는 방법이 하나 이상 가능하다는 것을 알게 되었다. 게다가 분명한 점도 한 가지 있다. 자연은 우연과 결정론을 절묘하게 저울질하는 모종의 단순한 원칙들을 적용해서 액체 운반이라는 역할에 멋지게 적응한 여러 분배망을 만들어 냈다는 점이다.

웹 세상: 현대 IT 문명의 가지

구성 요소들 간의 복잡한 상호 연결이
체계를 지탱한다.

6장

2003년 여름 어느 날, 뉴욕의 모든 불이 나갔다. 사실은 디트로이트에서 캐나다 일부까지 북아메리카 동부에서 전체적으로 불이 나갔다. 캐나다 인구의 3분의 1과 미국인 7명 중 1명꼴로 정전을 겪었다. 그러나 맨해튼이 곤경에 빠진 모습은 유달리 우리의 상상력을 자극하는 법이다. 실제 그 도시가 유례없는 어둠에 묻혀 사무실은 텅 비고 거리는 컴컴해지고 주식 거래가 멈추었다. 비상사태가 선포되었다.

뉴욕 사람들은 처음에는 당연히 테러 공격일지 모른다고 걱정했다. 그러나 테러는 아니었다. 전례가 드물 만큼 대규모로 전력망 자체가 고장 나서 생긴 소동이었다.

그러나 전력망은 경제와 안보와 시민들의 안전에 너무나 중요한 만큼(뉴욕의 추운 한겨울에 이런 일이 벌어졌다고 상상해 보라.) 파국적인 고장을 피하도록 설계되어 있지 않을까? 더구나 전력망은 복잡하게 얽힌 망 구조로, 한 지점에서 다른 지점으로 이어지는 경로가 여러 개 있다. 도시의 도로망처럼 한쪽 길이 막혀도 언제나 다른 길이 있다. 사고가 얼마나 파괴적이고 광범위했기에 그 풍부한 대안들까지 망가졌을까? 정전 지역은 다들 책임을 추궁당하고 부인하기 바빴다. 캐나다 국방부는 나이아가라 지역에 떨어진 벼락 탓이라고 말했다. 캐나다 총리실은 뉴욕의 발전소 화재가 원인이라고 말했다. 캐나다 국방 장관은 구체적으로 펜실베이니아의 원자력 발전소가 고장 난 탓이라고 말했다. 뉴욕 주 주지사는 이 중 어떤 의견도 따르지 않고 캐나다에 책임을 떠넘겼다.

미국-캐나다 합동 대책 본부는 미국 역사상 최대의 정전 사태를 조사하는 임무를 맡았다. 그들이 2004년 초에 발표한 최종 보고서의 결론을 따르면, 사태는 퍼스트 에너지라는 전력 회사가 오하이오의 공급 구역에서 나무 다듬기를 게을리한 탓이었다. 8월 14일 오후 1시 30분, 오하이오 이스트레이크의 발전소에서 컴퓨터가 고장 나는 바람에 발전소가 전력 수요에 대응하지 못하고 송전을 멈추었다. 그 때문에 근처 고압선에 부하가 걸렸고, 고압선이 그만 웃자란 나무에 닿는 바람에 한계를 넘어 사고가 발생했다.

웃자란 나무라고? 북아메리카 동북 해안의 전력망이 오하이오의 키 큰 나무들에 취약했다고? 겨우 그것 때문에 그날 오후 4시 15분에 발전소 256개가 일제히 차단되었다고? 대체 어떤 바보가 그런 체계를 설계했다는 말인가? 여러분이 이렇게 묻는 것도 당연하다.

그러나 바보이든 아니든 아무도 그 체계를 설계하지 않았다는 것이 답이다. 어떻게 설계하겠는가? 그만한 규모의 전력망은 일개 사무용 건물처럼 건축가의 청사진에 따라 뚝딱 건설할 수 있는 것이 아니다. 그것은 전력 수요, 인구 구성, 기술, 수리와 개비의 필요성이 변함에 따라 그에 대응하여 끊임없이 확장하고 변형하면서 성장하는 구조이다. 그것은 인위적인 계획의 산물이 아니고, 오히려 도시처럼 생물에 더 가깝다. 구성 요소들 간의 복잡한 상호 연결이 체계를 지탱한다.

문명은 이처럼 중앙의 계획 없이 시간에 따라 진화하는 복잡한 망을 다양하게 만들어 냈다. 도로망과 도시의 거리들이 그렇고, 전 세계의 공항과 항구를 연결하는 통상과 여행의 그물망이 그렇다. 기술적 인공물 중에서 복잡한 망으로 인식된 첫 사례는 전화망이었지만, 통신의 상호 연결성을 진정으로 부각시킨 망은 인터넷이었다. 그런데 이런 구조들 너머에는 그보다 덜 구체적이지만 사회의 성쇠에는 더 중요할지 모르는 인간관계의 망들이 존재한다. 친구와 동료의 망, 사업과 상업의 망, 그리고 생각, 돈, 소문, 문화, 질병이 전달되는 가상의 통로들이다.

이런 체계들은 이론이 분분한, 이른바 합리적 설계의 장점으로부터 득 볼 것이 많지 않다. 우리는 그것들이 한때 자연 철학이라고 불렸던 현상에 해당한다고 간주해도 좋을 것이다. 우리는 무엇이 그 성장을 다스리는지 알지 못하고, 어떤 구조가 생겨나는지도 알지 못한다. 우리는 마치 자연계의 면면을 탐구하듯이 그런 체계들을 연구해야 한다. 실제로 그런 체계들이 자연의 망, 가령 먹이 사슬이나 세포 속 유전자와 단백질의 연결망과 공통점이 많다는 사실이 갈수록 분명해지고 있다. 그러니 10여 년 전까지만 해도 과학자들이 복잡한 사회적 망들, 그 속의 연결 패턴들, 망 구조에서 비롯하는 특징들에 대해 별달리 아는 바가 없었다는 사실이 오히려 놀라울 따름이다. 2003년 북아메리카 정전 사태는 그런 망을 이해하고 성장 법칙을 해독하고 구조를 지도화하는 것이 왜 시급한 문제인지 보여 준 많은 이유 중 하나였다.

세상은 하나의 무대

최근까지만 해도 우리가 인간 사회에서 볼 수 있는 망의 전형적인 패턴은 오직 한 가지였다. 나무의 패턴, 즉 족보의 패턴이었다. 요즘은 족보 작성을 취미로 삼은 사람이 많다. 어떤 경우에는 집착이라고 해도 될 정도다. 이것은 전통적으로 자신의 혈통에 신경을 많이 썼던 귀족들로부터 전해진 버릇이었고, 또한 성서의 계보도를 강조했던 신학자들로부터 전해진 버릇이었다. 중세 회화들은 성서의 계보도를 말 그대로 나무에 빗대어 묘사했다. (예수의 조상들을 그린 '이새의 나무'는 성당 스테인드글라스의 단골 주제였다.) 이것은 초기 다윈주의자들이 선호했던 나무 상징과도 개념적으로 명백하게 연관된다. 다윈주의자들이 그렸던 분지 패턴은 고전적인 '존재의 대사슬'을 형상화한 것이었다.

망에 대한 이 진부한 비유에서 한 가지 주목할 점은, 이 비유가 방향성을 암시하고 경로의 유일성을 강조한다는 점이다. 나무의 둥치에서 어떤 가지의 끝까지 가는 길은 하나뿐이다. 우리가 강에서 어느 지류의 상류로 거슬러 올라가려면, 물길이 갈라지는 지점을 만날 때마다 매번 반드시 올바른 가지를 선택해야 한다. 이런 계통수에서는 고리처럼 순환하는 구조가 드물다. 근친혼을 했던 옛 귀족들의 계통수는 요즘의 전형적인 사회 구성원들보다(이 구성원들이 자급자족적인 작은 공동체에 살지 않는 한) 순환하는 경우가 훨씬 더 많았지만 말이다.

그러나 사회적 구조를 이해하려면, 나무는 적절한 비유가 못 된다. 여러분도 한번 친구들의 망을 머리에 그려 보라. 오히려 순환 구조가 보통임을 금세 알아차릴 수 있다. 나는 조를 알고 메리도 아는데, 조와 메리도 서로 안다. 우리는 모두 같은 사무실에서 일하기 때문이다. 나는 친구 데이브의 파티에 갔다가 우연히 친구 웬디를 만났다. 두 사람이 동창이기 때문이다. 이런 식이니 우리가 친구 사이에 선을 이어 망을 그리면 이리저리 연결된 패턴이 나타날 것이다. 따라서 나무보다 그물이나 거미줄이 더 적절한 이미지일지도 모른다. 이런 망에서는 한 교차점(**노드**라고 부른다.)에서 다른 교차점으로 가는 길이 여러 개 있다.

수학자들은 이런 망을 **그래프**라고 부르며, 그래프 이론으로 그 성질을 연구한다. 수학에서 이 분야의 창시자를 꼽으라면, 18세기 스위스의 위대한 기하학자 레온하르트 오일러(Leonhard Euler, 1707~1783년)를 들어야 한다. 오일러는 동프로이센의 도시 쾨니히스베르크(지금은 러시아에 속한 칼리닌그라드)에 놓인 다리들에 관한 수수께끼를 고민했다. 프레겔 강에 놓인 다리는 7개였는데, 그중 5개는 강물이 갈라지는 곳에 위치한 섬으로 통했다. 그 다리들을 한 번씩만 건너면서 모두 걸어 보는 것이 가능할까? 1735년에 오일러는 그것이 불가능하다고 증명했다. 그는 각 지점을 노드로 표현하고 지점들을 잇는 다리를 노드들을 잇는 연결로 표현해서 쾨니히스베르크의 평면도를 그래프로 바꾸었고, 그래서 문제를 풀 수 있었다. 그래프 이론 역사상 최초의 정리였던 셈이다.

그래프는 일종의 지도지만, 지리에는 그다지 신경을 쓰지 않는다. 지점들 간의 공간적 거리에는 신경을 쓰지 않는다는 말이다. 그 대신 연결의 패턴, 흔히 쓰는 용어로 말하자면 망의 **위상**에 관심을 둔다. 지하철 노선도가 조금 비슷하다. 노선도에서 역들의 공간적 위치 관계는 현실의 지리적 위치 관계와 어느 정도 관련이 있지만, 노선도에서 역들 사이의 거리는 현실에서의 거리와 별로 관련이 없다. 당신이 평생 지하철을 타고 다닌 사람이라면, 노선도가 지리적 사실성을 얼마나 추구하는가 하는 문제에는 관심이 없을 것이다. 가령 역이 북쪽에 있는가 동쪽에 있는가 하는 문제는 안중에 없을 것이다. 오로지 연결성만, 달리 말해 한 역에서 다른 역으로 어떻게 가느냐 하는 문제만 중요하게 여길 것이다. 더구나 그래프가 공간 구조를 반영하지 않을 때, 가령 친구들의 망을 묘사할 때는 그림에서 노드들의 위치에 아무런 의미가 없다. 오직 위상만 중요하다.

그러면 실제 친구들의 망은 어떻게 생겼을까? 사회학자들과 인류학자들은 오래전부터 이 질문에 흥미가 있었다. 수학적으로 엄밀하게 문제를 다루려는 첫 시도는 1950년대에 등장했다. 당시 시카고 대학교의 수학자였던 아나톨 라파포트(Anatol Rapoport, 1911~2007년)는 감염성 질병이 인구에 확산되는 방식을 이해하고 싶었다. 질병이 개인적 접촉을 통해서 전달된다면, 전파 속도는 감염된 사람이 감염되지 않은(혹은 면역이 있는) 사람과 얼마나 자주 만나느냐에 달려 있을 것이다. 고립된 공동체에서 병이 발생한다면, 공동체는 초토화될지언정 바깥 세상에는 큰 충격이 없을 것이다. 반면에 사람들이 매일 낯선 사람들과 마주치는 대도시라면, 질병이 금세 전염병에 해당하는 비율에 도달할 것이라고 예상해야 마땅하다. 이때 한 개인이 하루에 만나는 낯선 사람의 수로 표현되는 평균 연결성에는 어떤 한계 수준이 존재할 것이다. 사회가 그 수준을 넘지 않으면 질병은 국지적으로 억제된 질병으로 남겠지만, 사회가 그 한계를 넘어서면 질병은 고삐 풀린 듯 널리 퍼지는 전염병이 될 것이다. 과연 그 지점은 어디일까?

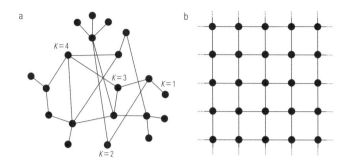

그림 6.1

(a) 사회적 관계망은 개인을 뜻하는 꼭지점, 즉 노드(원)들이 우정의 끈, 일상적인 '감염성' 접촉, 성적 접촉 등을 뜻하는 선으로 서로 이어진 그림으로 표현된다. 연결성 K는 편차가 있다. 어떤 사람은 아주 많이 연결되어 있고, 어떤 사람은 연결이 적다. 개인들 간의 연결이 무작위로 맺어지는 무작위 관계망 혹은 무작위 그래프에서 K값의 분포는 구체적인 수학식에 따르고, 그 평균값은 구체적으로 정의된다. 그런 관계망은 (b)의 규칙적인 격자와는 달리 무질서하다. 규칙적인 격자에서는 모든 점들의 연결성이 다 같다. (일례로 사각형 격자에서는 연결성 K가 늘 4다.)

라파포트는 어떤 사회의 전형적인 '접촉망'이 어떤 모양인지 알 수 없었다. 그러나 그것이 상당히 무작위적인 모양이라고 가정해도 합리적이라고 생각했다. 한마디로 당신이 집단의 다른 구성원과 마주칠 확률은 상대가 누구이든 다 같다는 것이다. 만남의 평균 횟수, 즉 평균 **연결성** K가 제법 정확하게 정해져 있다고 가정하는 것도 합리적인 듯했다. 예를 들어 당신은 일터에서든 가게에서든 하루에 다른 사람을 평균적으로 30명 만나 감염시킬 수 있을 것이다. 물론 무작위성이 이야기의 전부는 아니다. 당신이 낯선 사람을 무작위로 만날(즉 감염시킬) 확률보다는 가까운 가족을 만날 확률이 훨씬 더 높기 때문이다. 그러나 연구의 시작점으로서는 무작위성을 가정해도 괜찮을 것이다.

이때 질병이 전파되는 사회적 관계망은 일련의 노드(사람)들이 평균 K개의 다른 노드들과 무작위로 연결된 그래프로 표현된다. (그림 6.1a 참조) 라파포트와 동료들에 따르면, 이때 총 감염 인구는 연결성 K의 평균값이 커짐에 따라 지수적으로 비례해서 커졌다. 노드들에 연결이 많을수록 질병이 더 널리 퍼지는 것이다. 물론 이것은 누구든 당연히 예상할 만한 결과였지만, 라파포트는 그 예상을 정확한 수학 용어로 표현했다.

1950년대 말에 헝가리 수학자 에르되시 팔(Erdős Pál, 1913~1996년)과 동료 레니 알프레트(Rényi Alfréd, 1921~1970년)는 라파포트가 도입한 무작위 그래프(random graph)를 더욱 철저하게 연구했다. 그들은 이런 그래프의 일반적인 성질을 이해하고자 했다. 그것은 결코 쉬운 일이 아니었다. 왜냐하면 주어진 개수의 노드들을 잇는 무작위 그래프의 수는 정의상 엄청나게 많기 때문이다. 무작위 그래프는 가깝든 멀든 무작위로 두 노드를 골라 연결을 맺는 과정을 반복함으로써 구축된다. 다음과 같은 알고리듬을 반복적으로 따름으로써 그래프를 '기를' 수 있는 것이다.

1. 노드 하나를 무작위로 고른다.
2. 다른 노드를 무작위로 고른다.
3. 둘 사이에 연결선을 긋는다.

이 과정을 따랐을 때 모든 노드들이 같은 개수의 연결을 거느린다는 법은 없다. 보통은 오히려 그렇지 않을 것이다. 그러나 모든 그래프에

가지

대해 노드당 평균 연결 개수(K)를 계산할 수는 있다. 그 값은 우리가 위의 단계를 반복하면서 착실히 커질 것이다. 에르되시와 레니는 이때 이런 질문을 던졌다. K가 커지면 그래프는 얼마나 더 조밀하게 연결될까? 만약 노드는 많은데 연결은 적다면, 어떤 노드들은 계속 고립되어 있을 것이다. 연결된 노드들이라도 그 범위가 좁을 것이다. 만약 노드보다 연결이 더 많다면(K가 크다면), 망에서 어떤 두 노드를 고르더라도 둘을 잇는 경로가 존재할 가능성이 높다. 전체 노드 배열의 이런 '연결성'은 K가 커짐에 따라 어떻게 바뀔까? 언뜻 연결성도 꾸준히 커지지 않을까 싶지만, 에르되시와 레니의 계산에 따르면 실제로는 K가 1에 가까운 어떤 임계값을 넘어서는 순간 연결성이 급작스럽게 바뀌었다. 서로 연결된 노드들의 집합 중에서 제일 큰 덩어리를 살펴보면 이 사실을 분명히 알 수 있다. 만일 노드당 평균 연결 개수가 1이 채 안 된다면, 최대의 덩어리라고 해 봐야 여전히 작아 그 크기가 전체 망에 비하면 무시할 만할 것이다. 그러나 일단 K가 1을 넘어서면, 최대 덩어리의 크기는 몹시 빠르게 자라 금세 망 전체의 크기와 맞먹는다.

이 사실은 라파포트가 연구했던 문제와 같은 역학 연구에서 중요한 의미를 띤다. 무작위 관계망에서 연결성이 어떤 문턱값을 넘어서는 순간 질병이 폭발적으로 번질 수 있다는 뜻이기 때문이다. 그 지점에서는 거의 모든 사람들이 거의 모든 사람들과 연결되기 때문에 그렇다.

무작위 그래프에는 중요한 성질이 또 있다. 그래프 속에서 길을 얼마나 빨리 찾을 수 있는가 하는 성질이다. 내가 한 노드에서 다른 노드로 가고 싶다고 하자. 만일 연결성이 문턱값보다 한참 높다면, 그래서 사실상 거의 모든 노드들이 연결되어 있다면, 내가 취할 수 있는 경로는 아주 많을 것이다. 내가 건너야 하는 연결의 개수가 곧 경로의 길이라고 정의할 때, 어떤 경로들은 무척 길 테지만 또 어떤 경로들은 상당히 짧을 것이다. 무작위 연결 원칙에 따라 시각적으로 '멀리 떨어진' 노드들 사이에도 지름길이 많이 만들어질 테니 말이다. (시각적 거리는 보통 아무런 물리적 의미가 없다는 점을 상기하자. 그것은 2차원 그림에서 노드들을 표현하는 방법일 뿐이다. 따라서 연결의 '길이'도 아무런 의미가 없다. 그러므로 우리가 경로의 길이를 논할 때는 그 속에 포함된 연결의 개수로만 이야기해도 좋다. '지름길'이란 노드들의 망에서 많은 연결을 거칠 필요 없이 소수의 연결만 거쳐도 한 지점에서 다른 지점으로 갈 수 있도록 보장하는 성질이다.)

무작위 그래프에서 평균 연결성 K를 정의할 수 있듯이, 평균 경로 길이 L도 정의할 수 있다. 그것은 한 노드에서 다른 노드로 갈 때 건너야 하는 연결의 평균 개수이다. 무작위 그래프라면 관계망이 아무리 커도 평균 경로 길이가 놀랍도록 짧을 수 있다. 우리에게는 이 현상에 대한 익숙한 표현이 있다. "세상 참 좁아."

우리가 왜 그런 표현에 익숙한가 하면, 경험으로 느끼는 세상이 그렇기 때문이다. 당신이 파티에서 생전 처음 보는 사람을 만났는데 알고 보니 그녀가 당신의 매부와 동창이더라는 식이다. 내 경험상 나이가 들수록 그런 일이 더 자주 있는 것처럼 느껴진다. 그리고 사회적 관계망이 정말로 무작위망이라면 이것은 놀랄 일이 아닌 셈이다. 좁은 세상 효과를 고려할 때, 노드들이 가까운 이웃하고만 연결된 규칙적 격자(그림 6.1b 참조)보다는 무작위망이 사회적 관계망에 대한 묘사로서 훨씬 낫다. 규칙적 격자에는 지름길이 없다. 한 노드에서 '멀리 있는' 다른 노드로 가려면 그 사이의 모든 연결을 일일이 거치는 수밖에 없다.

그런데 여기에는 문제가 있다. 사회적 관계망이 실제로는 무작위

　　　　　　　　　가지

적이지 **않다**는 점이다.

　이 사실은 여러분도 잠깐만 생각해 보면 금방 이해할 수 있을 것이다. 내가 앞에서 언급했던 이유가 있기 때문이다. 무작위망 모형에서 당신의 두 친구가 서로 알 확률은 그들 각각이 다른 집단 구성원을 알 확률과 다르지 않다. 그러나 이것은 얼핏 보기에도 사실과 다르다. 내가 데이브의 파티에서 우연히 웬디를 만난 것은 웬디와 데이브가 오래된 친구였기 때문이다. 우리는 또 친구의 친구를 만나서 친구가 되고는 한다. 아니면 우리가 모두 직장이나 학교나 스포츠 동호회에서 만났을 수도 있다. 전문 용어로 표현하면, 사회적 관계망에서 A와 B, A와 C 사이에 연결이 있을 때 B와 C 사이에 연결이 있을 확률은 그것들 각각이 다른 무작위 노드와 연결될 확률보다 훨씬 더 크다. 요컨대 친구들끼리는 상호 연결성이 대단히 높은 **무리**를 형성하는 편이고, 그 무리는 다른 무리들과 좀 더 낮은 밀도로 연결된다. (그림 6.2 참조) 다른 사회적 관계망도 마찬가지다. 회사들은 다른 회사들과의 거래 관계에서 무리를 짓는 경향이 있고, 과학자들이나 음악가들의 협동 작업도 마찬가지다.

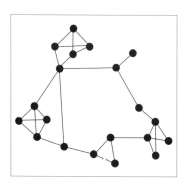

그림 6.2
현실의 사회적 관계망은 무리를 짓는 경향이 있다. 친구들끼리는 서로 다 알게 되기 때문에 더 조밀한 망으로 연결되고, 그 집단과 다른 집단들은 더 낮은 밀도로 연결된다.

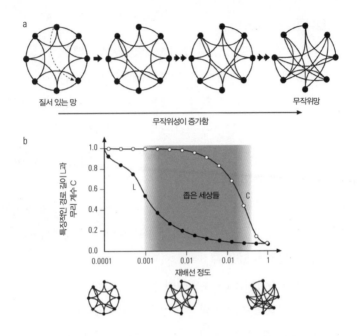

그림 6.3

(a) 스트로개츠와 와츠의 재배선 망은 무작위로 연결을 끊었다가 다시 잇는 과정을 겪음에 따라 규칙적인 격자에서 무작위적인 망으로 차차 변했다. (b) 이때 재배선 정도가 양극단 사이의 값이라면(0 = 규칙적 격자, 1 = 완벽하게 무작위적인 망), 어느 두 점 사이의 평균 경로 길이 L은 짧지만 무리 짓기의 정도 C는 상당히 큰 '좁은 세상' 망이 나타났다.

무리 짓기는 경로를 짧게 만드는 좁은 세상 효과와는 반대되는 것처럼 보인다. 무리 짓기는 사실상 한 노드가 멀리 떨어진 노드보다 근처에 있는 노드와 연결될 가능성이 높다고 말하는 것이니까. 즉 지름길 형성에 편향이 있는 것이다. 어쩌면 무리 짓기는 격자형 그래프에서 예측되는 현상일지도 모른다. 격자형 그래프에서는 모든 연결이

가지

'국지적'이고, 노드들은 이웃들하고만 연결된다. 그렇다면 사회적 관계망은 어떻게 격자망의 특징인 무리 짓기 성질과 무작위망의 특징인 짧은 평균 경로 성질을 동시에 지닐까?

1990년대 말 코넬 대학교에서 연구하던 물리학자 덩컨 제임스 와츠(Duncan James Watts, 1971년~)와 스티븐 헨리 스트로개츠(Steven Henry Strogatz, 1959년~)는 그런 조합이 가능하다는 것을 보여 주었다. 그들은 어떤 망을 격자 구조에서 무작위 구조로 점진적으로 바꿔나가는 모형을 고안했다. 그들은 그 작업을 무작위 재배선이라고 불렀는데, 알고 보면 놀랄 만큼 간단한 발상이었다. 처음에는 격자에서 출발하여, 한 번에 노드 하나씩 '재배선'한다. 매 단계마다 무작위로 노드를 하나 고른 뒤, 그것의 연결들 중 하나를 가까운 이웃에게서 뜯어내고 무작위로 선택한 다른 노드와 이어 주는 것이다. 그 다른 노드는 멀든 가깝든 상관없다. 와츠와 스트로개츠는 원형 격자에서 시작했다. 원형 격자는 경계가 없기 때문이다. (경계의 노드들은 내부의 노드들과 연결성이 다르기 마련이다.) 그림 6.3a에서 왼쪽의 원형 격자는 얼핏 전형적인 격자처럼 보이지 않겠지만 어엿한 격자이다. 모든 노드들이 가장 가까운 두 노드와 그다음으로 가까운 두 노드에 이어져 있다. 이 구조에서 무작위 재배선을 진행하면, 규칙적 구조는 사라지고 연결들이 마구 뒤엉킨 망이 나타난다.

그 과정에서 무리의 규모와 평균 경로 길이는 예상대로 줄었다. 규칙적인 격자에서는 두 값이 모두 크지만 무작위망에서는 둘 다 작다. 그런데 여기에서 중요한 점은 두 값이 같은 속도로 줄지 않는다는 것이었다. 평균 경로는 재배선을 몇 번만 해도 금방 짧아졌다. 지름길이 몇 개만 생겨도 대부분의 노드들이 다른 대부분의 노드들과 '가까워지기' 때문이다. 반면에 무리의 규모는 재배선이 좀 더 진행되어도 크게 바뀌지 않았다. 따라서 재배선 정도가 양극단의 사이일 때, L(평균 경로 길이)이 작으면서도 무리가 존재하는 망이 나타났다. (그림 6.3b 참조) 이런 망은 현실의 '좁은 세상' 사회를 닮았기 때문에, 와츠와 스트로개츠는 그것을 '좁은 세상 망'이라고 명명했다.

사회적 관계망은 정말로 이런 모습일까? 사람들의 친구 관계에 대한 데이터를 구하기는 무척 어렵지만(이 이야기는 잠시 뒤에 다시 하겠다.) 와츠와 스트로개츠는 다르게 접근했다. 그들은 배우들이 영화에 함께 출연한 적이 있는가에 따라 연결되는 망을 살펴보았다. 이 격자에서 노드는 배우이고, 두 배우가 함께 연기했다면 두 노드가 직접 연결된다. 이 망의 장점은 명확하게 정의된다는 점이다. 두 배우는 같은 영화에 나왔든지 아니든지 둘 중 하나이다. 게다가 망은 이미 알려져 있었다. 1990년대 초에 어느 미국 대학생들이 발명한 게임 덕분이었다. 그 영화광들은 케빈 노우드 베이컨(Kevin Norwood Bacon, 1958년~)이 영화 세계의 중심이라는 결론을 내렸다. 베이컨이 엄청나게 뛰어난 배우라서 그런 것은 아니었고(물론 훌륭한 배우이다.), 딱히 대스타라서 그런 것도 아니었다. 다만 그가 당시 제작된 영화들에 모조리 출연한 것처럼 보였기 때문이다. 베이컨은 자신보다 더 이름난 많은 스타와 함께 일했다. (그의 초기 출연작에 「애니멀 하우스」, 「다이너」 같은 앙상블 작품이 있었던 것도 도움이 되었다.) 이른바 케빈 베이컨 게임의 목표는 어떤 배우와 베이컨을 가급적 짧은 단계 만에 잇는 것이다. 엘비스 프레슬리 (Elvis Presley, 1935~1977년)? 프레슬리는 「하럼 스카럼」(1965년)에서 수잰 코빙턴(Suzanne Covington, 1946년~)과 연기했고, 코빙턴은 「뷰티 샵」 (2005년)에서 베이컨과 함께 나왔다. 따라서 엘비스에서 베이컨까지 2단

가지

계 만에 닿을 수 있다. 엘비스의 베이컨 수는 2다.

이런 정보는 IMDB(인터넷 영화 데이터베이스)에서 다 알아낼 수 있다. IMDB는 1898년부터 지금까지 제작된 거의 모든 상업 영화들을 목록화해 두었다. (약 20만 건이다.) 그러나 와츠와 스트로개츠는 그 데이터베이스를 훑을 필요조차 없었다. 버지니아 대학교의 컴퓨터 공학자 브렛 체이든(Brett C. Tjaden)과 글렌 와슨(Glenn Wasson)이 케빈 베이컨 게임을 자동화하기로 마음 먹고서 이미 영화배우 관계망을 지도화해두었던 것이다. '베이컨의 신탁'이라고 불리는 웹사이트[15]에 가면, 어떤 배우에 대해서든 베이컨 수를 단숨에 알아낼 수 있거니와 그 배우에서 베이컨으로 이어지는 최단 경로도 볼 수 있다. (내가 엘비스의 연결고리를 알아낸 것도 그 사이트에서였다. 미안한 말이지만 그 전에는 수잰 코빙턴이라는 이름을 전혀 몰랐다.) 체이든은 와츠와 스트로개츠에게 데이터베이스에 대한 접근을 흔쾌히 허락했다.

연구자들은 영화배우 관계망이 다른 사회적 관계망들에 대한 대리물이기를 바랐다. 물론 영화에 함께 출연하는 것은 우정을 맺는 것과는 다르지만(오히려 그 반대일 가능성이 높다는 악명이 있다.), 어느 정도 공통점이 있다고 가정해도 합리적일 것이다. 설령 그렇지 않더라도 영화배우 관계망은 **직업적** 접촉망에 대한 모형으로는 괜찮을 것이다. 어쨌든 그들이 살펴본 결과, 영화배우 관계망은 좁은 세상 망의 고유한 특징으로 파악된 성질들을 갖고 있었다. 노드와 연결의 개수가 같은 무작위망과 비교할 때, 영화배우 관계망은 평균 경로 길이는 비슷하지만 무리는 더 많이 지은 상태였다.

평균 경로 길이는 정확히 3.65였다. 이것은 어떤 두 배우이든 평균직으로 3단계에서 4단계 만에 이어진다는 뜻이다. 데이터베이스가 한 세기를 아우르고 많은 나라를 포함한다는 점을 감안할 때, 실로 놀라운 일로 느껴진다. 그런데 케빈 베이컨은 어떨까? 평균 베이컨 수는 현재 약 2.9다. 케빈 베이컨은 정말로 평균보다 더 많이 연결되어 있다. 그에게 도달하려면 평균 3번 미만의 점프로 충분하다. 그러나 그가 딱히 특별한 경우는 아니다. 평균 경로가 그쯤 되는 배우는 베이컨 말고도 많고, 심지어 베이컨보다 더 많이 연결된 배우도 1,000명이 넘는다. 지금까지 최고는 로드 스타이거(Rod Steiger, 1925~2002년)로, 평균 스타이거 수는 2.68이다. 덩컨 제임스 와츠(Duncan James Watts, 1971년~)가 지적했듯, 좁은 세상 망에서는 거의 **누구나** 망의 중심인 것처럼 보인다.

케빈 베이컨 게임은 존 과르(John Guare, 1938년~)가 1990년에 발표한 희곡 「6단계의 분리(Six Degrees of Separation)」 덕분에 대중화된 또 다른 친숙한 문구를 반영하는 듯하다. 연극에서 한 등장인물은 "지구 상의 모든 사람들은 불과 6명 만에 서로 이어진다."라고 주장했다. 과르는 어디에서 이 발상을 얻었을까? 왜 6명일까? 1967년 하버드의 사회 과학자 스탠리 밀그램(Stanley Milgram, 1933~1984년)은 사회적 관계망의 연결성을 측정하는 기발한 실험을 고안했다. 그는 네브래스카 주 오마하에서 196명을 무작위로 고른 뒤,[16] 그들에게 편지를 주면서 그것을 매사추세츠 주 샤론 출신으로 보스턴에서 일하는 어느 주식 중개인에게 전달해 달라고 요청했다. 밀그램은 그 남자의 이름만 알려주었으며, 더구나 이상한 조건을 덧붙였다. 참가자가 그 남자를 직접 추적하려고 하지 말고, 자신보다 그 남자를 더 잘 알 것 같은 다른 사람에게 개인적으로 편지를 전달하라는 것이었다. (참가자에게 보스턴에 친척이 있을 수도 있고, 참가자가 주식 중개인일 수도 있고 하는 식이다.) 모든 참가자들은 편지가 목적지에 도착할 때까지 똑같은 일을 하도록 요청

가지

받았다. 놀랍게도 편지들 중 일부는 정말로 목적지에 도착했다. 그런데 더 놀라운 점은 도착한 편지들이 도중에 겪은 전달 횟수였다. 평균적으로 6번만 전달되면 충분했던 것이다. 오마하의 출발점과 보스턴의 주식 중개인 사이에 5명만 거치면 되었다. 정말이지 좁은 세상이다.

사회적, 직업적 관계망의 평균 경로가 짧다는 사실을 암시하는 사례는 그 밖에도 많다. 수학자들은 오래전부터 나름의 케빈 베이컨 게임을 해왔다. 무작위 그래프 이론의 창시자인 에르되시와 자신을 잇는 최단 경로를 발견하는 놀이였다. 굳이 에르되시인 까닭은 그가 무작위 그래프 이론을 창시했기 때문은 아니고, 그가 수많은 논문을 쓰면서 엄청나게 많은 연구자와 공동 작업을 했기 때문이다. (그는 논문을 1,500편 넘게 발표했다.) 그런 방식으로 에르되시와 이어지는 수학자들과 과학자들의 관계망에서 평균 에르되시 수는 약 4.7이다.[17] 한편 뉴멕시코주 산타페 연구소의 마크 뉴먼(Mark E. J. Newman)은 로스앨러모스 국립 연구소의 물리학자들이 만든 아카이브에 논문 초록을 올린 과학자 4만 4000명의 협동 연구 관계망을 분석해, 평균 경로 길이가 5.9라고 밝혔다. 여기에서도 6단계의 분리이다. 뉴먼은 다음과 같이 결론지었다. "좁은 세상 효과는 과학에 유익한 징후이다. 과학적 정보, 즉 발견과 실험의 결과와 이론이 지인들의 관계망에서 그다지 멀리 여행하지 않고서도 그것을 유용하게 쓸 만한 사람의 귀에 들어간다는 뜻이기 때문이다."

좁은 세상 성질은 다른 협동 작업에서도 확인되었다. 바르셀로나의 물리학자 파블로 마르틴 글레이세르(Pablo Martín Gleiser)와 레온 다논(Leon Danon)은 1912년에서 1940년 사이에 재즈 밴드에서 연주했던 음악가 1,000여 명을 목록화한 '레드 핫 재즈 아카이브'의 자료를 바탕으로 관계망을 살펴보고, 평균 경로 길이가 고작 2.79임을 발견했다.

한편 와츠와 스트로개츠는 사회적 체계와는 무관한 두 가지 망도 살펴보았다. 미국 서부의 전력망과 예쁜꼬마선충이라는 선형동물의 신경 세포 연결망이었다. 예쁜꼬마선충은 다세포 생물 중에서 제일 많이 연구된 생물이다. 세포 수가 비교적 적기 때문인데, 암컷은 정확히 959개이고 수컷은 1,031개다. 그중에서 302개는 원시적인 신경계를 이루며, 그 연결 패턴은 정확하게 알려져 있다. 와츠와 스트로개츠의 분석에 따르면, 두 망 모두 좁은 세상 속성을 지녔다. 즉 비슷한 규모의 무작위망과 비교할 때 평균 경로는 비슷하면서도 무리는 더 많이 지었다.

부익부 빈익빈 현상

그런데 그런 망들은 정확히 어떻게 생성되었을까? 와츠와 스트로개츠가 무작위 재배선 모형에서 출발해 좁은 세상 망의 사례들을 만드는 데 성공하기는 했지만, 그것은 다소 인위적인 과정이었다. 모든 노드들이(모형의 구조상) 연결을 딱 3개씩만 갖도록 제약한 원형망이었기 때문이다. 사회적 관계망들은 물론 그렇지 않다. 그러나 와츠와 스트로개츠는 사회적 관계망이라도 아주 많이 다르지는 않을 것이라고 가정했다. 사람들의 친구 수가 다 같지는 않겠지만 그렇게 크게 다르지도 않을 것이라고 추측했다. 달리 말해 사람들의 친구 수에는 평균값이 있을 것이고, 평균보다 친구가 더 적거나 더 많은 사람의 수는 평균에서 멀어질수록 점점 더 적어질 것이다.

나중에 와츠가 유감스러운 심정으로 고백한 바, 그들은 현실이 정말로 그런지 확인해 보지는 않았다. 그러나 사실 현실의 좁은 세상 망

가지

은 전혀 그렇지 않은 것이 많다.

최초의 단서는 1999년에 나왔다. 인디애나 주 노트르담 대학교의 버러바시 얼베르트라슬로(Barabási Albert-László, 1967년~)와 동료 얼베르트 레커(Albert Réka, 1972년~), 정하웅(1968년~)은 대학 도메인에 있는 30만 개 남짓한 웹 페이지들의 연결성 통계를 분석해 보았다. 모든 웹 페이지는 하이퍼링크를 통해 다른 웹 페이지와 연결되어 있고, 우리는 마우스로 하이퍼링크를 클릭해서 그 다른 페이지로 넘어갈 수 있다. 연구자들은 월드 와이드 웹(WWW)의 일부인 그 연구 대상 구역이 좁은 세상이라는 사실을 확인했다. 그리고 만약에 그 구역이 웹 전체를 대표한다면, 세상의 모든 웹 페이지들은 평균 19개의 링크 만에 서로 이어질 것이라고 계산했다. 당시 월드 와이드 웹에 있는 문서 수는 10억 개가 넘었는데도 말이다. 또한 그런 좁은 세상 구조 때문에, 월드 와이드 웹이 아무리 빨리 자라더라도 평균 경로 길이는 그만큼 빨리 커지지 않을 것이다. 가령 페이지 수가 10배로 늘어도, 어느 두 페이지 사이의 평균 거리 링크는 겨우 2개 더 늘어날 것이다. 망이 빠르게 확장해도 평균 경로가 천천히 증가하는 이 현상은 좁은 세상 망 고유의 특징이다. 새 노드를 신속히 기존의 망에 엮어 주는 지름길이 무척 많기 때문이다.

그런데 이때 링크들의 패턴은 와츠와 스트로개츠가 암묵적으로 가정했던 패턴과는 사뭇 달랐다. 대부분의 페이지는 링크가 딱 하나뿐인 데 비해 일부 페이지는 수백 개였고, 극소수의 페이지는 수천 개였다.[18] 연결이 적은 페이지가 연결이 많은 페이지보다 흔하다는 사실은 여러분도 직관적으로 예측할 수 있을 것이다. 그런데 버러바시와 동료들이 확인한 통계는 노드 연결이 독립적이고 무작위적이라고 가정했을 때 예측되는 결과와는 달랐다. 그들의 패턴은 아주 구체적인 수학식을 따랐다. 연결의 개수가 K인 페이지의 수는 K의 몇 제곱에 반비례한다는 공식이었다. 한마디로 이것은 또 하나의 멱함수였다. 2장에서 설명했듯이, 멱함수로 구조가 묘사되는 계는 일반적으로 **척도 없는** (scale-free) 구조이다. 특징적인 규모가 없는 구조라는 말이다. 연결망에 대해서라면 노드들이 '전형적으로' 취하는 연결 개수가 없다는 뜻이다.

우리는 무작위로 고른 노드가 K개의 연결을 가질 확률이 얼마나 되는지 연결성 통계로부터 알 수 있다. 그 확률은 당연히 K가 클수록 낮아지지만, 무작위 재배선 모형이나 무작위 그래프에서 형성된 망들에 비해 감소 속도가 느리다. 요컨대 월드 와이드 웹은 연결성이 대단

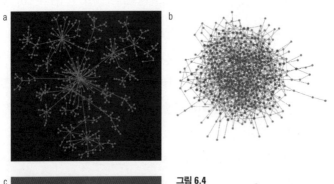

그림 6.4
(a) 척도 없는 망에서는 연결성이 대단히 높은 소수의 점들이 '꼬집힌' 것처럼 보인다. (b) 반면에 무작위 그래프는 비교적 고르다. (c) 인터넷의 일부를 구조화한 그림에서는 꼬집힌 성질이 뚜렷하게 드러난다. (다음을 보라. http://www. cybergeography.org/atlas/topology.html)

가지

히 높은 페이지를 비례적으로 더 많이 갖고 있다. 그렇기 때문에 평면에 망을 그리면 군데군데 '꼬집힌' 것 같은 부분이 나타난다. 그것은 연결성이 대단히 높은 노드로 수많은 연결이 모여드는 지점이다. (그림 6.4a 참조) 대조적으로 무작위 그래프는 전체적으로 비교적 고른 것처럼 보인다. (그림 6.4b 참조) 인터넷의 물리적 구조(웹 페이지들을 잇는 가상의 망이 아니라 실제 컴퓨터들 사이의 연결을 뜻한다.)도 그런 형태이다.[19] (그림 6.4c 참조) 이것은 곧 모든 노드가 동등하지는 않다는 뜻이다. 어떤 노드는 다른 노드보다 훨씬 더 많이 연결되어 있다. 무명의 노드가 훨씬 많지만, 유명한 노드도 소수 존재하는 것이다.

지금은 다양한 종류의 많은 망이 연결성 측면에서 멱함수 분포를 따르는 이런 위상을 취한다고 알려져 있다. 이메일 통신(두 노드 사이에 이메일이 전달되면 연결이 성립된 것으로 본다.), 공항들을 잇는 비행망, 국가들의 교역망, 영화배우들의 망이 다 그렇다. 인간의 사회적 세상 밖에서는 어떨까? 버러바시와 동료들은 세포의 생화학적 경로들에서도 척도 없는 망을 발견했다. 그들이 살펴본 것은 대장균의 대사 반응에 관여하는 분자들 간 상호 작용, 그리고 발효에 쓰이는 효모의 효소들 간 상호 작용이었다. 이때 두 분자가 한 화학 반응에 함께 참여하면 둘 사이에 연결이 있다고 보았다. 분석 결과 둘 다 척도 없는 망이었다. (그림 6.5 참조)

이런 위상 구조는 어떻게 나타날까? 한 무리의 노드들을 배선하는 방법이 여러 가지라는 사실은 그래프 이론이 진작부터 아는 바였다. 그래서 에르되시와 레니의 무작위 그래프는 여러 방식 중에서도 노드들을 무작위로 골라 연결하는 방식을 선택했다. 그러나 버러바시와 얼베르트는 현실의 망이 묘목에서 가지가 나는 것처럼 **성장할** 때가 많다는 사실을 알아차리고, 척도 없는 망의 기원을 성장과 형태의 문제로 접근했다. 월드 와이드 웹은 매일 새로운 웹 사이트가 태어나고 새로운 페이지가 더해지면서 나날이 성장한다. 새 노드가 망에 접속할 때의 문제는 그것이 다른 어떤 노드들과 연결될 것인가 하는 점이다. 만일 늘 가장 가까운 노드와 연결된다는 규칙이 있다면, 대체로 격자 구조가 만들어질 것이다. 반면에 무작위로 골라서 연결된다는 규칙이 있다면, 무작위 그래프가 만들어질 것이다. 그런데 버러바시와 얼베르트는 척도 없는 망이 둘 중 어느 쪽도 따르지 않는다는 사실을

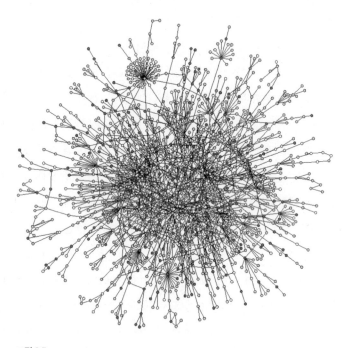

그림 6.5
효모의 대사에 관여하는 분자들이 형성하는 망의 일부. 점은 분자를 뜻하고, 연결은 한 분자를 다른 분자로 바꾸는 효소 반응을 뜻한다.

가지

보여 주었다. 새 노드가 기존의 노드에 무작위로 붙기는 하지만, **편향**이 있다. 이미 많은 연결을 거느린 노드일수록 새 노드에게 선택될 가능성이 더 높다. 연결이 2개인 노드는 1개인 노드보다 새 노드에게 선택될 확률이 2배 높다.

이것은 이미 연결이 많은 노드일수록 망이 성장할 때 더 많이 연결되기 쉽다는 말이다. 그렇다고 해서 가장 많이 연결된 노드가 새 연결을 몽땅 끌어들인다는 **보장**은 없다. 선택에는 늘 우연적인 요소가 작용하기 때문이다. 노드가 굉장히 많다면, 아무리 유리한 입장에 있는 노드라도 새 연결을 다른 노드들에게 빼앗기지 않고 자신이 차지할 확률이 상대적으로 작을 것이다. 척도 없는 망에서 가장 많이 연결된 노드의 수가 가장 적은 것은 그 때문이다. 아무튼 이 '선호적 연결(preferential attachment)' 법칙의 의미는 분명하다. 노드들의 연결성 측면에서 부자는 갈수록 더 부자가 된다는 뜻이다. 연결성의 불평등 구조는 선호적 연결 법칙 때문에 언제까지나 지속된다. 버러바시와 얼베르트는 그 불평등의 속성을 멱함수 통계로 묘사했던 것이다.

돌이켜 보면 이것은 놀랄 일이 아니다. '부익부 빈익빈'은 자본주의 사회에서 실제로 발생하는 듯한 원칙이다. 돈이 돈을 번다. 정말로 그렇다면, 경제적 부유함에도 멱함수 분포가 있지 않을까? 극소수의 개인들이 터무니없이 부유해지지 않을까? 1897년 이탈리아의 경제학자 겸 사회학자 빌프레도 파레토(Vilfredo Pareto, 1848~1923년)는 많은 사회에서 정말로 그렇다는 것을 보여 주었다. 최소한 소득 분포에서 부유한 쪽 극단의 수치들은 분명히 멱함수 법칙을 따랐다. 오늘날 경제학자들은 이것을 파레토 법칙이라고 부르는데, 미국의 사회학자 로버트 킹 머튼(Robert King Merton, 1910~2003년)은 마태 효과라고 명명하기도 했다. 이런 불평등에 대한 역사상 최초의 묘사가 「마태복음」에 나오기 때문이다. "누구든지 가진 자는 더 받아 넉넉해지고, 가진 것이 없는 자는 가진 것마저 빼앗길 것이다."

하지만 왜 망들이 이 원칙에 따라 자랄까? 대사 경로에서 영화배우까지 모든 척도 없는 망들에 일반적으로 적용되는 해석은 없다. 그러나 사회적 관계망이라면, 이 현상이 명성의 문제로 환원될 때가 많다. 유명한 사람일수록 명성이 더 높아지기 쉬운 것이다. 월드 와이드 웹을 생각해 보자. 당신이 새 웹 페이지를 제작했는데, 그 내용의 일부에 표준적인 참고 자료를 하나 연결해 두고 싶다. 이때 당신은 남들이 같은 목적으로 골랐던 링크를 선택할 가능성이 높다. 물론 요즘은 구글을 검색해 그 링크를 찾겠지만, 그러면 선택의 편향이 결정론적으로 더 강해질 뿐이다. 구글은 웹 페이지들의 순위를 매길 때 각각의 웹 페이지가 얼마나 많이 링크되어 있는가를 기준으로 삼기 때문이다.[20] 그러니 유명한 페이지가 링크를 더 많이 얻는 것은 사람들이 모든 대안을 다 검토한 뒤에 그 페이지가 최선의 자료라고 결정하기 때문이 아니다. 그 페이지가 이미 '유명하기' 때문이다. 과학 문헌의 인용 횟수도 마찬가지로, 그 순위도 멱함수 통계를 따른다. 사람들은 어떤 책이나 논문을 스스로 다 읽었기 때문에 인용하는 것이 아니다. 남들이 먼저 인용했기 때문에 인용한다.

그렇다고 해서 노드의 연결성이 노드의 진정한 가치와 무관하다는 말은 아니다. 어느 웹 페이지나 인용문이 처음에 남들보다 더 많은 연결을 끌어들이기 시작한 까닭은 그것이 정말로 훌륭해서일지도 모른다. 그러나 선호적 연결의 법칙이 작동하는 한, 노드들의 연결성 차이는 실제 가치의 차이를 반영하지 않을 가능성이 높다. 명성의 효과

가지

가 인위적으로 일부 노드의 연결성을 다른 노드들보다 부풀려, 진정한 품질의 순위가 역전될 수 있다.

망의 세계

그렇다면 좁은 세상 망은 종류를 불문하고 모두 척도 없는 망일까? 전혀 아니다. 최초에 와츠와 스트로개츠가 만들었던 좁은 세상 망에도 그런 성질은 없었다. 전력망도 척도 없는 망이 아니다. 가령 캘리포니아 남부의 전력망은 노드들의 연결성 측면에서 멱함수 관계를 드러내지 않는다. 그것은 아마도 전력망이 지리적으로 2차원에 존재하는 물리적 실체라는 사실과 관계있을 것이다. 그런 조건에서는 어떤 노드든 가까운 이웃의 수가 제약될 수밖에 없고, 아주 먼 노드와의 직접적인 연결은 흔하지 않기 때문에, 극도로 연결성이 높은 노드가 구축되기 어렵다. 도로망도 마찬가지다. 도로망은 연결성이 고도로 높기는 해도 척도 없는 망은 아니다. 사실 좁은 세상 망도 아니다. 도로망은 오히려 규칙적인 격자를 닮았다.

척도 없는 망도 일반적으로 한계가 있다. 이론적으로는 한 노드가 거느릴 수 있는 연결의 최대 개수에 한계가 없지만, 현실적으로는 한계가 있다. 어떤 배우가 오라는 곳이 아무리 많아도 은퇴하거나 죽기 전에 영화를 100만 편이나 찍을 수는 없는 노릇이다. 공항의 수용 능력은 궁극적으로 활주로나 시설 따위의 개수에 따라 제약된다. 이것은 연결성이 아주 높은 영역에서는 통계가 멱함수 관계에서 벗어난다는 뜻이다. 실제 확률은 멱함수 법칙의 예측보다 더 낮다. 2002년에 보스턴 대학교의 루이스 누니스 아마랄(Luís A. Nunes Amaral, 1945년~)과 동료들은 월드 와이드 웹 망도 그렇다는 것을 보여 주었다. 왜 그럴까? 웹은 너무나 방대한지라, 우리가 하이퍼링크를 걸 표적을 고를 때 계 전체를 살펴볼 수 없기 때문이다. 우리는 이미 걸러진 정보를 놓고서 처리하는 셈인데, 그것은 곧 가능한 모든 노드들 중에서 특정 하위 집합만 고려한다는 뜻이다.

현실에서 친구들로 구성된 사회적 망은 어떨까? 그것은 척도 없는 망일까? 답은 분명하지 않다. 그런 데이터를 모으기 몹시 어려운데다가 그 데이터가 보편적인지 확인하기는 더 어렵기 때문이다. 1988년에 유타 주에서 모르몬 신자 43명의 친교 관계를 조사한 연구가 있었고, 1960년대 위스콘신 주에서 중학생 417명의 교우 관계를 조사한 연구가 있었다. 그 분포는 둘 다 척도 없는 망이 아니라 평균 연결 횟수가 잘 정의된 망인 듯했다. 그런데도 그 망들은 좁은 세상이었다. 모든 사람들이 적은 수의 연결만 거치고도 서로 연결된다는 점에서 말이다.

척도 없는 망의 특징 중에서, 우리가 노드들의 연결성에 드러나는 멱함수 척도에만 집중하면 자칫 놓치기 쉬운 면이 또 하나 있다. 인터넷의 구조를 시각적으로 표현한 그림 6.4c를 보자. 첫눈에 놀랍게 느껴지는 점은 이것이 흡사 덩어리로 이루어진 것 같다는 점이다. 여러 노드들이 빽빽한 공으로 뭉쳐 마치 민들레 홀씨처럼 보이고, 공들끼리는 좀 더 희박한 연결로 이어져 있다. 달리 말해 망 속에 서로 구분되는 **공동체**들이 있다. 인터넷의 경우에는 대체로 지리에 따라서 그런 모듈이 생기는 듯하다. 각국의 하위 인터넷 망이 하나의 모듈을 이루고, 그 속에도 가령 군대처럼 특정한 직업 공동체를 반영하는 하위 모듈이 있다. 대부분은 아닐지라도 많은 사회적 관계망에서 공동체 구조가 나타난다는 것은 놀라운 일이 아니다. 누가 뭐래도 결국 우리의 삶은 그런 방식으로 조직된다는 사실을 반영한 현상이니까. 과학자들의

가지

공동 작업 관계망에서는 같은 분야에서 일하는 사람들끼리, 나아가 같은 학과에서도 같은 세부 분야에서 일하는 사람들끼리 공동체를 결성하기 쉽다. 친구들의 관계망은 사는 동네나 직장을 중심으로 구축된다. 모듈성은 좁은 세상의 구성원들에게 고도로 무리 짓는 특징이 있다는 점을 반영한 현상일지도 모른다.

그러나 척도 없는 망이면서도 모듈적 공동체 구조를 띠지 않는 망도 얼마든지 만들 수 있다. 그럼에도 몇몇 망이 공동체 구조를 띤다는 사실은 곧 망의 연결성 통계에서 드러난 속성만으로는 그 형태를 다 이해할 수 없다는 방증이다. 그러나 망에 공동체 구조가 있는지 없는지 확인하는 일, 즉 어떤 모듈들이 있고 그것들 사이의 경계는 어디인지 알아내는 일이 늘 쉽지는 않다. 망의 성장 방식에는 무작위성이 크게 작용하기 때문에, 두 노드 집합이 진정으로 유의미한 독립적 공동체라기보다는 그야말로 우연히 둘 사이의 연결이 희박할 수도 있다. 그러니 우리는 두 집합 사이에 연결이 적다는 사실을 확인하는 데 그쳐서는 안 되고, 연결 개수가 순전히 우연에 의한 수준보다 더 적은지 아닌지도 확인해 보아야 한다.

과학자들은 복잡한 망에서 공동체 구조를 알아내기 위한 기법을 다양하게 고안했다. 이 '묻힌' 정보를 캐내면 아주 유익할 때가 많다. 그 정보가 없다면 그저 엉망으로 뒤엉킨 '배선'처럼 보였을 것 같은 망을 이해하게 해 주기 때문이다. 가령 대사 반응망이라면, 세포들의 생화학적 기능이 어떤 모듈들로 조직되어 있는지 알 수 있다. 뉴먼은 이런 공동체 발견 기법을 적용해, 온라인 서점 아마존에서 미국 정치에 관한 책을 사는 사람들의 관계망에 깔린 흐름을 드러내 보았다. 뉴먼은 신간 105권으로 구성된 망을 조사했다. 각각의 책이 노드에 해당한다. 그는 아마존 웹 사이트에서 어떤 책을 산 사람들은 다른 어떤 책도 함께 사는 경향이 있다고 표시된 경우에 두 노드가 연결된다고 간주했다. 그 결과 '진보적인' 책으로만 이루어진 공동체와 '보수적인' 책으로만 이루어진 공동체가 깔끔하게 분리되었고, 몇몇 '중도파' 책과 양쪽의 책을 섞어서 가지는 작은 집합도 2개가 있는 것으로 드러났다. 뉴먼은 또 1,000여 개의 블로그가 연결된 상태에도 이와 비슷한 정치적 분리가 있다는 사실을 확인했다. 이렇듯 확연한 분리에 대해 그는 "많은 사람이 지적했듯이 현재 미국의 정치적 풍경이 양극화 상태라는 사실을 보여 주는 증거이려니와, 나아가 두 당파가 응집한다는 사실을 보여 주는 증거"라고 말했다. 요컨대 사람들은 자신의 견해를 강화하는 글만 읽으려고 한다.

뉴먼은 복잡한 망들의 심층에 깔린 또 다른 하부 구조도 조명했다. 어떤 망에서는 연결성이 높은 노드들끼리 평균 이상의 빈도로 연결되어 "부자 클럽"이라고 불리는 무리를 형성하는 성향이 있다. 이 현상을 동류 혼합(assortative mixing)이라고도 부른다. 우리의 사회적, 경제적, 직업적 관계망에 정말로 부자 클럽이 존재한다면, 그것은 분명 사회의 기능에 크나큰 영향을 미칠 것이다. 예를 들어 부자 클럽 구성원들끼리만 특권적 정보를 공유하고, 나머지 구성원들에게는 그 정보를 천천히 조금씩만 전달할지 모른다. 뉴먼이 분석한 바, 에르되시와 레니의 무작위 그래프에는 부자 클럽이 없다. 버러바시와 얼베르트의 '선호적 연결' 모형에서 형성된 척도 없는 망에도 부자 클럽이 없다. 그러나 과학자, 영화배우, 경영자의 협동망을 포함해 현실의 많은 사회적 관계망에는 부자 클럽이 있다. 한편 자연적으로 형성된 망 중에서 일부는 오히려 동류 혼합에 역행한다. '부자' 노드끼리의 연결이 예측보다 더 적은 것이다. 인터넷이 그렇고, 월드 와이드 웹도 약간 그렇다. 효모의 단백질 간 상호 작용, 선형동물의 신경망, 해양 생물의 먹이 사슬도 그렇다. 요컨대 사회적 관계망은 이런 망들에 비해 기술적으로든 생물학적으로든 무언가 다른 점이 있다. 인간은 부자 클럽을 형성하는 성향을 타고났을지도 모른다. 뉴먼은 사회적 관계망에서는 공동체로 구획화하려는 성향이 강한 데 비해 다른 종류의 망에서는 그런 성향이 덜하기 때문이라고 해석했다.

망을 검색하기

이제 우리는 망의 모양과 형태가 그 기능에 중요하게 작용한다는 사실을 차차 이해할 수 있다. 그렇다면 망의 위상은 그 속에서 길을 찾는 편의성에 어떤 영향을 미칠까? 노드들 간의 평균 경로가 짧다는 특징을 지닌 좁은 세상 망이라면 우리가 분명 길을 더 빨리 찾을 수 있을 것이다. 언제나 지름길이 있을 테니까. 그러나 그것은 지도가 있을 때의 이야기다. 지도가 없다면 어떤 연결을 따르는 것이 최선인지 어떻게 알겠는가? 우리를 대신해 검색을 해 줄 요량으로 발명된 검색 엔진들이 있지만, 최고의 검색 엔진이라도 불과 한 줌의 기준으로부터 우리가 원하는 바를 늘 직관적으로 알아낼 수는 없는 노릇이다. 게다가 월드 와이드 웹은 이제 너무나 방대해서 어떤 검색 엔진도 그 전체를 색인화하고 포괄할 수는 없다.

밀그램이 획기적인 실험으로 밝혀낸 사회적 관계망의 핵심 특징은 단순히 그것이 좁은 세상이라는 점이 아니다. 그것이 **검색 가능한** 좁은 세상이라는 점이다. 어느 두 사람 사이에 짧은 사회적 경로가 존재하더라도 우리가 그것을 찾지 못하면 아무 가치가 없다. 그런데 정확히 방법은 모르겠지만(사실 이것이 정말로 놀라운 점이다.) 우리는 어떻게든 그 경로를 찾아낸다. 적어도 몇몇 경우에는. 왜일까?

이때 '몇몇 경우에'라는 말은 중요한 진실을 감추고 있다. 이런 상황에서의 '검색 성공률'은 사실 비교적 낮기 때문이다. 밀그램의 실험을 논할 때 종종 간과되는 사실이 있는데, 그가 사슬의 출발점으로 고른 사람들은 정말로 네브래스카 오마하 시민 중에서 무작위로 선택한 사람들이 아니었다. 약 300명 중에서 100명가량은 주식 중개인이었고(알다시피 최종 표적은 보스턴의 주식 중개인이었다.), 또 다른 100명은 네브래스카가 아니라 보스턴에 살았다! 정말로 무작위로 선택되어 네브래스카에서 여행을 시작했던 편지 96통 중에서는 18통만이 목적지에 도달했다. 중도 탈락률이 높았던 셈이다. 그 원인은 어느 정도 단순한 무관심 때문이었을 것이다. 그런데 와츠와 동료들은 참가자가 표적과의 거리를 얼마나 가깝게 인식하느냐에 따라 전달의 완결 여부가 좌우된다는 것을 발견했다. 2003년에 그들은 이메일을 써서 밀그램 실험을 재연했다. 이메일은 자원자를 모집하기 쉽다는 장점이 있어, 총 166개 나라에서 6만 명이 넘는 참가자를 모집할 수 있었다. 표적도 다양하게 마련했다. 13개 나라에 거주하는 18명으로 배경도 다양했다. 그렇게 개시된 2만 4163개의 사슬들 중 끝까지 완결된 것은 384개였다. 이런 검색은 중도 탈락률이 높다는 사실을 다시금 보여 준 셈이다. 그런데 유독 그중 한 표적에게 가는 사슬들은 다른 표적에게 가는 사슬들에 비해 탈락률이 훨씬 낮았다. 그 표적은 미국 아이비리그에 속한 대학교의 교수였다. 그에게로 이어진 사슬들의 총경로가 딱히 더 긴 것은 아니었다. 그저 중간에 끊기지 않았을 뿐이다. 참가자의 절반 이상은 대학 교육을 받은 미국인이었으므로, 와츠와 동료들은 중간

단계의 참가자들이 사슬이 완결되리라고 믿었기 때문에 실제로 사슬이 끝까지 이어졌다고 분석했다. 참가자들은 에스토니아의 문서 보관인에게 갈 메시지보다는 미국의 학자에게 갈 메시지를 전달하는 편이 더 가치 있다고 느꼈던 셈인데, 왜냐하면 그것이 성공률이 더 높다고 판단했기 때문이다.

그야 어쨌든 이런 실험에서 사회적 관계망의 좁은 세상 특징이 어떻게든 활용된다는 점은 여전히 놀랍다. 중간 참가자는 사실 자신이 메시지를 효과적인 방향으로 전달하고 있는지 아닌지 알 도리가 없기 때문이다. 2002년에 와츠, 뉴먼, 그리고 수학자 피터 셰리든 도즈(Peter Sheridan Dodds)는 왜 이런 일이 가능한지를 알아보았다. 그들은 망의 공동체 구조, 특히 구성원이 자신을 특정 공동체와 동일시하는 것이 검색 가능성의 핵심이라고 주장했다. 그들에 따르면, 사람은 누구나 마음 속에서 전체 망을 여러 집합으로 쪼갠 뒤 그것들을 위계적으로 배치한다. 그 방식은 여러 가지이다. 가령 직업에 근거하여 집합을 상상할 수도 있고, 지리적 위치에 근거하여 상상할 수도 있다. 서로 다른 방식으로 그려진 위계적 그림들은 서로 겹치며, 우리는 이 전체 그림에 의존해 타인과의 '사회적 거리'를 잰다. 전체 망의 구성원 중 대부분은 이런 사회적 지평선 너머에 존재하기 때문에 우리에게는 처음부터 논외의 대상이다. 우리는 '사회적 거리'가 짧은 국지적 연결들만을 고려하는 것이다. 연구자들은 사람들이 다양한 방식으로 망의 위계를 개념화하고 자신과 약간이나마 비슷한 이웃들 사이에 연결을 짓는 과정을 조사해 보았다. 그 결과 그런 식으로 형성된 관계망은 대부분 검색 가능했다. 사람들이 자신의 시점에서 망을 바라본 정보에만 의존해 메시지를 전달하더라도 출발점에서 종착점까지의 평균 경로가 짧다는 의미에서 말이다.

한마디로 사람들이 지도 전체를 볼 필요는 없다. 사람들이 자신을 서로 겹치는 여러 공동체의 구성원으로 여기는 한, 협소한 시점에서도 메시지를 효과적으로 전달할 수 있다. 연구자들은 공동체성의 이런 다중성이야말로 사회적 관계망을 좁은 세상으로 만드는 핵심 요소라고 주장했다. 그 덕분에 '뜻밖의' 지름길이 발견되는 것이다. 조는 같은 사무실에서 일하는 메리에게 메시지를 전달했고, 메리는 그것을 다른 나라에 사는 형제 레이에게 전달했다. 조는 레이라는 사람의 존재조차 몰랐다. 메리와 가족 이야기를 한 적이 없기 때문이다. 메리가 대화에 끼어들지 않는 한, 조와 레이는 자신들 사이의 사회적 거리가 엄청나게 멀다고 말할 것이다. 메리를 거치는 지름길은 2종류의 '사회적 차원', 즉 직장과 가족을 거치므로, 가령 조와 메리와 레이가 모두 같은 직종에서 일하는 상황에 비해 이 상황에서는 다른 정보가 없는 한 조와 레이가 지름길을 볼 수 없다.

미네소타 칼턴 대학교의 수학자 데이비드 리벤노웰(David Liben-Nowell)과 동료들의 연구도 사회적 관계망의 '다차원성'을 지지했다. 그들은 라이브 저널이라는 온라인 커뮤니티를 쓰는 블로거 중 미국에 사는 약 50만 명의 관계망을 조사했다. 이 관계망의 장점은 사용자가 스스로 친구로 여기는 다른 사용자들을 명시적으로 목록화해 둔다는 점이다. 덕분에 리벤노웰과 동료들은 사람들의 우정이 지리적 근접성에 얼마나 의존하는지 알아볼 수 있었다. 온라인 커뮤니티니까 위치는 중요하지 않다고 예상할 법하지만, 실제로는 친구 관계의 3분의 2가 물리적 근접성에 의존했다. 그렇다면 물론 나머지 3분의 1은 위치에 무관하다는 말이다. 그런 관계는 사람들이 무언가 다른 '사회적 차원'에서 서로 공통점을 인식하기 때문에 형성된다.

다음으로 연구자들은 그 망에서 밀그램 방식의 이메일 전달 실험을 실시했다. 그러나 블로거들에게 실제로 전달을 요청하지는 않았고, 모든 사람이 자기 친구들 중에서 표적과 지리적으로 가장 가까운 이에게 메시지를 넘긴다고 가정할 때 어떻게 될지를 컴퓨터로 시뮬레이션했다. 그랬더니 메시지의 13퍼센트가 4단계 만에 표적에 도달했다. 이 결과는 언뜻 수수께끼로 보인다. 일찍이 컴퓨터 과학자 존 마이클 클라인버그(Jon Michael Kleinberg, 1971년~)가 격자망에서 지리적 근접성에 따라 메시지를 전달하는 방식으로는 절대로 효율적인 경로를 찾을 수 없다는 명제를 증명했기 때문이다. 격자망에는 좁은 세상 효과가 없다는 말이다.

서로 모순되는 듯한 두 결과에 대해, 리벤노월과 동료들은 어떤 두 사람이 친구가 될 가능성은 단순히 거리가 멀어질수록 줄기만 하는 것이 아니라 근처에 사람이 얼마나 많이 있느냐 하는 점에도 좌우되기 때문이라고 해석했다. 사람이 지리적으로 가까운 친구를 고를 때 선택의 대상이 되는 집단의 크기도 중요하다는 말이다. 어떤 두 사람이 친구가 될 가능성은 둘 사이에 얼마나 많은 사람이 존재하느냐에 달려 있다. 이것은 지리적 거리의 문제인 동시에 그 속에 존재하는 사람들의 밀도 문제이다. 이런 망은 클라인버그가 조사했던 균일한 지형의 격자망과는 꽤 다르고, 좁은 세상 망처럼 검색이 가능하다는 미덕을 갖고 있다.

우리가 정보 따위를 망에 유통시키고 싶다면, 좁은 세상 속성은 참으로 유익하다. 그 덕분에 망의 구석구석까지 상당히 효율적으로 무언가를 피뜨릴 수 있으니까. 그러나 세상에는 우리의 사회적, 기술적 관계망에 퍼지지 **말았으면** 싶은 것도 있다. 질병이나 컴퓨터 바이러스가 그렇다. 생물학자들은 1세기 전부터 질병이 인구 집단에 전파되는 방식을 연구해 왔지만, 망의 위상이 중요한 역할을 할지도 모른다는 사실을 깨달은 것은 얼마 되지 않았다. 역학 연구의 표준 모형에서는 모든 개인을 건강한 사람과 감염된 사람의 두 부류로 나눈다. 건강한 사람이 감염된 사람을 만나면 자신도 감염될 가능성이 있다. 한편으로 감염된 사람이 다 나아서 다시 건강해지기도 한다. 그렇다면 질병의 전파 속도는 감염과 회복의 상대적 확률에 따라 달라질 것이다. 감염 노출자-감염자-감염 노출자(SIS, susceptible-infected-susceptible) 모형이라고 불리는 이 모형에서는, 질병 확산 속도가 어느 문턱값을 넘어서면 질병은 전염병이 되어 인구 전체를 휩쓸고 인구의 일정 비율을 지속적으로 감염시킨다. 그러나 확산 속도가 문턱값보다 낮으면, 질병은 사그라든다. 그렇다면 우리의 목표는 감염 확률을 낮추는 백신 등을 써서 확산 속도를 문턱값 아래로 붙잡아 두는 것이어야 한다.

　물리학자 로무알도 파스토르사토라스(Romualdo Pastor-Satorras) 와 알레산드로 베스피냐니(Alessandro Vespignani)는 사람들의 접촉 관계가 척도 없는 망으로 묘사될 때 SIS 모형이 어떻게 전개되는지 살펴보았다. 그 경우 질병의 양상은 적잖이 바뀌었다. 전염병으로 격상되는 문턱값은 존재하지 않았고, 질병은 아무리 느리게 퍼져도 망 전체에 침투할 수 있었다. 이 현상은 컴퓨터 바이러스에 대한 우리의 경험과도 일치한다. 컴퓨터 바이러스는 척도 없는 이메일 망으로 전달된다. 그것을 완벽하게 근절하기란 가망 없을 만큼 힘들다. 바이러스는 어딘가에 늘 존재하면서 극소수 비율의 컴퓨터를 끊임없이 감염시킨다.

　사람의 질병은 어떨까? 그 확산 방식은 사람들의 접촉이 척도 없는 망을 이루는가 아닌가에 달려 있다. 현대는 값싼 항공 여행의 시대라, 멀리 떨어진 인구 집단들 사이에 지름길이 많다. 이 점은 조류 독감 바이러스 H_5N_1에서 생길 우려가 있는 악독한 독감 균주와 같은 새로운 감염성 질병들이 제기하는 위험에서 우리가 중요하게 따져 보아야 할 문제다. 2005년 독일 괴팅겐의 막스 플랑크 동역학 및 자기 조직화 연구소에서 더크 브로크만(Dirk Brockmann, 1969년~)과 동료들은 자유로운 비행 때문에 사람들의 접촉망이 척도 없는 좁은 세상을 이룬다는 가설의 증거를 찾았다. 그들은 미국 땅에서 1달러 지폐들이 '여행하는' 경로를 그 일련 번호를 근거로 추적하는 자동화 시스템을 발명해, 50만 장에 가까운 지폐의 데이터를 받아 분석했다. 그 결과 지폐가 여행한 거리와 여행에 걸린 시간의 관계는 멱함수 법칙을 따르는 것으로 밝혀졌는데, 이것은 지폐들이 척도 없는 망에서 유통된다고 가정할 때 나오는 결과이다. 만일 대부분의 지폐가 사람들의 지갑에 든 채 이곳저곳 이동한다면, 지폐의 이동 패턴은 사람들의(적어도 미국인들의) 이동 패턴에 대한 좋은 단서인 셈이다. 그러나 이 결과는 사람들의 접촉 및 감염 관계망이 척도 없는 망이라는 가설에 대한 직접적인 증거는 되지 못한다.

세상에는 열차에서 팔꿈치를 부딪히는 것보다 친밀하고 감기 이상의 무언가를 안길지 모르는 접촉도 있다. AIDS는 오늘날 때 이른 사망을 일으키는 원인으로 세계 3위를 차지하며, 아프리카 사하라 이남 지역에서만 매년 200만 명을 죽인다. 성적 접촉망은 HIV를 퍼뜨리는 치명적 격자망이다. 우리는 그 망의 패턴을 조금이라도 알아야만 전염병에 효과적으로 대처할 전략을 세울 수 있다. 만일 그것이 척도 없는 망이라면, 바이러스를 완전히 근절하기란 가망 없는 일일 것이다. 그러나 우리는 성적 접촉망이 정말로 척도 없는 망인지 아닌지 아직 모른다. 2001년에 스웨덴 사람 3,000명을 대상으로 한 조사에서 12개월간의 성적 파트너 수가 멱함수 분포를 따른다는 결과가 나왔지만, 이 결과에 대해서는 아직 논란이 있다.

통신 실패

이런 발견의 숨은 의미는 척도 없는 망에서의 흐름이(정보이든 헛소문이든 질병이든) 쉽사리 끊어지지 않는다는 사실이다. 보건 문제에서는 낙담할 소식이다. 그러나 인터넷과 같은 기술망에서는 척도 없는 위상의 이런 측면이 미덕으로 보인다. 링크가 몇 개 끊어지더라도 망이 산산조각 날 위험은 없다는 뜻이기 때문이다. 경로가 늘 여러 개 있는데다가 좁은 세상 특유의 지름길이 더해지면, 그것은 곧 우리가 이메일을 전달할 때 늘 좋은 대안 경로를 발견할 수 있다는 뜻이다. 얼베르트, 정하웅, 버러바시는 노드를 하나씩 무작위로 "죽일" 때(노드로 들어가고 나오는 모든 연결을 끊을 때) 척도 없는 망과 다른 종류의 망들이(가령 무작위 그래프가) 어떻게 조각나는지를 비교함으로써 위의 짐작이 사실임을 확인했다. 무작위 그래프에서 '연결 실패'가 발생하면 망은 금세 고립된 무리들로 쪼개져, 한 지점에서 다른 지점으로 갈 수 없게 된다. (그림 6.6a 참조) 그러나 척도 없는 망은 다르게 쪼개진다. 제법 심각할 정도로 연결이 많이 끊어져도, 서로 연결된 노드들로 구성된 큰 무리가 끝까지 남는다. 손상이 계속 진행되어도 이 중심 무리는 노드들의 작은 '섬'을 하나씩 떨어뜨릴 뿐이다. (그림 6.6b 참조) 망은 산산조각 나지 않고 완만하게 쪼그라든다.

서버가 먹통이 되거나 오류를 일으키는 고장이 실제로 발생하기

가지

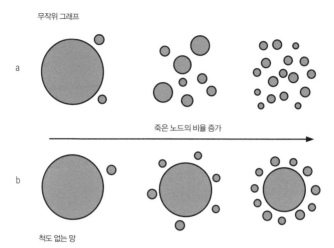

무작위 그래프

a

죽은 노드의 비율 증가

b

척도 없는 망

그림 6.6

망이 조각나는 방식. 노드들이 무작위로 점점 더 많이 비활성화되어 그것들에
달린 연결이 사실상 끊어지면, 망은 고립된 작은 단위들로 쪼개진다. 그러나
(a) 무작위 그래프는 (b) 척도 없는 망보다 속도가 훨씬 빠르다. 후자는 보통
중심의 큰 무리는 유지한 채 작은 섬들을 떨어뜨려 '쪼그라든다.'

때문에, 이런 속성은 인터넷과 같은 망에게 정말로 바람직하다. 그러
나 누군가가 인터넷을 일부러 그렇게 설계한 것은 아니다. 오히려 누군
가가 설계했다면 탄력성이 이만큼 뛰어나지 못한 다른 위상을 선택했
을 가능성이 높다. 인터넷은 스스로 성장하는 과정에서 이렇게 행복
한 속성을 갖게 된 것이다.

　그러나 척도 없는 망의 튼튼함에는 대가가 따른다. 아킬레스건이
라고 부를 만한 그 단점은 망의 탄력성이 고도로 연결된 소수의 허브
에 의존한다는 점이다. 부자 중의 부자, 여러 영역 사이에 지름길을 제

공하는 노드들 말이다. 누군가가 노드를 무작위로 제거하는 대신 연결성이 가장 높은 허브만 노려서 망가뜨린다면, 이야기는 굉장히 달라진다. 인터넷은 무작위적 파괴에 직면해서는 회복력이 탁월하지만 (링크가 100퍼센트 가까이 끊겨져도 한 무리의 연결된 노드들이 존재하여 우리가 망을 가로지를 수 있을 것이라고 한다.) 연결성이 가장 높은 노드들부터 망가뜨리는 공격에는 대단히 취약하다. 누구든 적절한 지점 몇 군데만 노리면 망 전체를 몰살시킬 수 있다. 얼베르트, 정하웅, 버러바시는 그런 전략으로 전체 노드의 18퍼센트만 비활성화되어도 인터넷이 수많은 작은 조각으로 쪼개질 것이라고 추정했다. 사이버 전쟁의 위협에 대응하고자 설립된 세계 여러 단체들이 걱정하는 문제 중 하나가 이런 고의적인 망 파괴이다. 보건 서비스에서 전력망까지 우리 삶에서 점점 더 많은 측면이 인터넷과 같은 정보의 통로에 의존하는 실정이기 때문에, 이 문제는 심각한 골칫거리로 대두하고 있다.

척도 없는 망의 취약성에는 긍정적인 면도 있다. 세포의 생화학적 경로들도 척도 없는 망으로 조직되는 듯하다. 가령 단백질 효소들의 상호 작용이 그런 패턴이어서, 우리가 병원체나 불량 세포의 '허브'를 표적으로 삼아 약물을 가하면 그것을 쉽게 죽일 수 있을 것이다. 질병이 척도 없는 망에서 더 빨리 퍼지고 근절하기가 더 어렵기는 해도, 핵심 허브들을(가장 많이 연결된 개인들, 이를테면 성적으로 가장 활발한 사람들) 공략하는 면역 조치와 백신 프로그램을 사용하면 크나큰 긍정적 효과를 미칠 수 있다. 버러바시와 동료 데죄 졸탄(Dezsö Zoltán)의 분석에 따르면, 우리는 바이러스 감염에서 허브들을 치료하는 전략을 씀으로써 바이러스가 전염병이 되려면 넘어야 하는 문턱을 재도입할 수 있다. 따라서 완벽한 근절도 가능할지 모른다. 물론 현실에서는 누가

가지

허브인지를 파악하는 것도, 그들에게 접근하여 치료하는 것도 쉽지 않다. 그러나 설령 좀 엉성하더라도 가장 많이 연결된 노드들을 우선적으로 찾아서 치료하는 면역 조치를 실시한다면, 척도 없는 망에 전염병 문턱값을 다시 도입할 수 있을 것이다. 그러면 바이러스를 단속하기가 쉬워질 것이고, 그러다가 바이러스가 자연적으로 소멸할 수도 있다.

마지막으로, 망 구조 연구는 맨해튼의 불빛이 꺼졌던 것과 같은 정전 사고에 대해서 무엇을 알려 줄까? 전력망이 척도 없는 망인지 아닌지는 확실하지 않다. 아마도 일부는 그렇고 일부는 아닐 것이다. 어쨌든 일반적으로 **모든** 전력망은 좁은 세상 망인 듯하다. 노드들 사이에 지름길이 많고 평균 경로가 짧기 때문이다. 그런 까닭에 전력망 또한 튼튼함과 취약함이 공존하는 듯하다. 무작위적인 사고는 대체로 문제가 되지 않는다. 전기가 에둘러 갈 다른 대안 경로를 찾을 수 있기 때문이다. 그러나 전력망은 소수의 국지적인 사고들이 계단식으로 꼬리를 무는 파국적 붕괴, 즉 과부하가 전력망에 빠르게 퍼지면서 갈수록 격화되는 사고에 취약하다. 미국의 2003년 정전이 이런 사고였던 것 같고, 한 달 뒤에 이탈리아 전역에서 벌어졌던 정전도 이런 사고였을 가능성이 높다. 국지적 사고가 발생하면 전력 부하는 격자망의 다른 부분으로 전달된다. 그러면 이제 그 부분에 과부하가 걸려서 차단이 발생하고, 문제는 전력선을 따라 또 다른 부분으로 이동하면서 줄줄이 끊어진 연결들을 뒤에 남긴다. 계단식 붕괴 성향이 없는 망을 설계하는 것도 가능하기는 하다. 그런 망은 대개 좁은 세상 망이 아닐 것이고, 오히려 노드들 간의 평균 경로가 긴 편일 것이다. 그러나 전력망이나 컴퓨터 망처럼 중앙의 계획 없이 성장하는 기술적 관계망에서는 우리에게 설계라는 선택지가 사실상 주어지지 않는다.

그래도 좁은 세상 망에서 계단식 붕괴를 절대로 피할 수 없는 것은 아니다. 우리는 어떤 위상의 망에서 그런 사고가 벌어지는지를 제대로 이해함으로써 사고를 피할 수 있을 것이다. 또 망의 패턴을 고려해서 적절한 맞춤형 대응 전략을 세울 수 있다. 드레스덴 공과 대학교의 더크 헬빙(Dirk Helbing, 1965년~)과 동료들은 이런 경우에 가장 많이 연결된 노드들이 망가지지 않도록 강화하는 것이 최선의 전략이라고 주장했다. 이 말은 직관적으로 옳게 들린다. 복잡하게 분석하지 않아도 누구나 추측할 만한 결론일지도 모른다. 그러나 그것도 우선 망이 구성되는 방식을 이해할 때나 가능한 일이다. 우리는 우리가 다루는 것이 어떤 패턴인지 먼저 알아야 한다.

가지

자연이라는 융단: 패턴의 원리

자연은 가장 긴 실만 골라 패턴을 짜기에, 직물의 작은 조각 하나하나가 전체 융단의 조직을 드러낸다.

— 리처드 필립스 파인먼(Richard Phillips Feynman, 1918~1988년),

『물리 법칙의 특성(*The Character of Physical Law*)』

자연은 몇 안 되는 법칙들을 끊임없이 조합하고 반복한다. 잘 알려진 오래된 곡조를 무수히 다양하게 변주하여 흥얼거린다.

— 랠프 월도 에머슨(Ralph Waldo Emerson, 1803~1882년),

『에세이(*Essays*)』

이제 정리할 때가 되었다. 나는 이 3부작으로 무지개의 끝에서 우리를 기다리는 '패턴의 대통일 이론' 따위는 없다는 사실을 여러분에게 분명히 알렸기를 바란다. 우주는 그런 식으로 만들어지지 않았다. 안타깝게도 최근에는 일부 물리학자들 때문에 하나로 통일된 거대한 그림을 열망하는 분위기가 생겼지만, 우리가 접하는 세상, 우리가 보고 만지는 실재적인 물질의 세상은 너무나 어수선해 하나의 그림으로 다 묘사될 수 없다.

그렇다고 우리가 산더미 같은 세부 사항에 굴복해야 한다는 말은 아니다. 나는 자연에 연거푸 등장하는 근본적인 패턴 형성 과정들이 있다고 말했고, 그것들은 다양한 환경에서 동일하게 작동한다고 말했다. 라플라스 성장 불안정성은 눈송이, 매연 덩어리, 보도와 대류의 균열을 일으킨다. 대류는 구름, 돌, 뜨거운 우유가 담긴 냄비를 다스린다. 반응-확산 과정은 표범의 점무늬와 개미들의 무덤을 만든다. 자연은 하나의 패턴 형성 법칙이 아니라 여러 원칙들이 갖춰진 팔레트를 쓴다. 그리고 나는 세부가 중요하지 않고 소수의 난해한 방정식으로 매사가 설명되는 세상보다는 일군의 공통적인 과정들을 우아하고 섬세하게 무한히 변주하고, 조합하고, 변형시키며 스스로 융단을 짜 나가는 세상이 훨씬 더 경이롭다고 생각한다. 내가 느끼기에 자연의 다양한 패턴에서 진정 놀라운 점은 그것들의 핵심에 소수의 기본적인 과정들이 있다는 사실이 아니다. 세부가 약간만 바뀌어도, 혹은 구체적인 초기 조건 혹은 **경계** 조건이 약간만 바뀌어도 그토록 환상적인 다양성이 만들어진다는 점이다. 나비의 날개 무늬를 떠올려 보라. 비슷한 맥락에서, 하천망의 패턴과 망막 신경망의 패턴은 같기도 하고 다르기도 하다. 우리가 그것들을 설명할 때는 둘 다 프랙탈이라고 말하는 것만으로는 충분하지 않다. 프랙탈 차원을 계산하더라도 충분하지 않다. 하천망을 완벽하게 설명하려면 침전물의 운반, 변화하는 기상 조건, 암반 지질의 구체적인 특성 등등의 복잡한 현실을 함께 고려해야 하는데, 이런 것은 신경 세포와는 아무런 관련이 없다.

보기 드문 통찰력과 폭넓은 사고를 갖췄던 물리학자 고(故) 롤프 윌리엄 란다우어(Rolf William Landauer, 1927~1999년)는 보편성에 대한 지나친 열광과 열망을 경계해야 하는 이유를 다음과 같이 간결하게 말했다. "복잡계는 복잡하니까 복잡계다. 복잡계에서는 많은 일이 동시에 벌어진다. 세심하게 찾아보면, 복잡계의 어느 구석에서는 프랙탈, 카오스, 자기 조직적 임계성, 로트카-볼테라 포식자-먹이 진동(Lotka-Volterra predator-prey oscillations) 등 각자가 좋아하는 장난감을 발견할 수 있을 것이다. 그런 현상은 고립된 상태이나마 비교적 잘 발달되어 있을 것이다. 그러나 어느 하나의 단순한 통찰이 전체를 설명해 주리라고 기대하지는 말아야 한다."

결론을 맺는 장에서 지나친 요약을 경계하는 말로 이야기를 시작하는 것은 부끄러운 일일지 모르지만, 나는 이래야 한다고 본다. 자발적 패턴 형성에 대한 이해의 뼈대를 이루는 개념들은 너무나 강력하고 포괄적인 듯해서, 그것들이 만물 이론으로 통하는 열쇠인 양 통용될 때가 많기 때문이다. 톰프슨이라도 우리가 그렇게 믿어 버리기를 바라지는 않았을 것이다.

그래도 다양한 패턴 형성 체계들에 많은 공통점이 있어서 우리가 하나를 이해하면 나머지도 많이 예측할 수 있다는 사실은 분명하다. 이것은 정말로 특별하고 흥분되는 일이다. 이 점을 깨달은 과학자들은 학문 분과 사이의 전통적이고 엄격한 구분을 조롱하게 되었고 오늘날은 물리학자, 경제학자, 화학 공학자, 지질학자가 다 함께 대화하게 되었다. **그것도 같은 언어로.** 과학에서 이런 일이 벌어지면, 무언가 대단히 흥미로운 것이 생겨난다.

그러나 우리가 지금까지 보았듯이, 패턴 형성 이론의 이면에 있는 발상 중에는 오래된 것도 많다. 진동하는 화학 반응은 1901년부터 알려졌고, 대류 세포는 1900년 무렵에 알려졌다. 케플러는 17세기에 눈송이가 6각 대칭을 이루는 이유를 추측했다. 그러나 1920년대에 톰프슨은 형태와 패턴의 중요성을 동료들에게 납득시키지 못했으며, 패턴 형성이 어엿한 독자적 연구 분야로 떠오른 것은 불과 지난 20년 안팎의 일이다. 왜 그럴까?

폭발적으로 성장한 컴퓨터의 능력이 한 이유이다. 패턴 형성에 관한 이론적 개념은 실험으로 확인하기 어려운 점이 많다. 너무나 많은 요인이 관여하기 때문에 모두 동시에 통제할 수 없다. 그러나 컴퓨터를 사용함으로써 연구자들은 모든 조건을 똑같이 반복하는 것은 물론이고 복잡한 요소를 마음대로 포함시키거나 배제하는 '이상적' 실험을 수행할 수 있게 되었다. 이론적 모형은 원리는 단순해도 일일이 계산해서 확인하기는 불가능할 때가 많다. 손으로 직접 계산하면 영영 끝나지 않을 것이다. 그런데 컴퓨터 능력의 향상은 현존하는 기술적 도구들 중에서 가장 중요한 도구를 과학자들에게 제공할 뿐 아니라, 한편으로는 마이클 패러데이(Michael Faraday, 1791~1867년), 윌리엄 톰슨 켈빈 경(Lord William Thomson Kelvin, 1824~1907년), 존 윌리엄 스트럿 레일리 경(Lord John William Strutt Rayleigh, 1842~1919년), 제프리 잉그럼 테일러(Geoffrey Ingram Taylor, 1886~1975년), 안드레이 니콜라예비치 콜모고로프(Andrey Nikolaevich Kolmogorov, 1903~1987년)와 같은 초창기

가지

연구자들의 업적이 얼마나 경이로운 것이었는지 부각시킨다. 그들은 오직 예리한 직관에만 의존해 패턴 형성 과정의 핵심적 물리학을 유추해야 했으니까 말이다.

나는 패턴 형성에 관한 개념들이 최근에야 발달한 데는 또 다른 이유가 있다고 본다. 흔히 강조되지는 않지만 마찬가지로 중요한 이유다. 그것은 1980년대 중반부터 성숙한 이론 물리학의 한 분야가 자발적 패턴 형성에 자주 나타나는 특징들, 가령 갑작스럽고 전면적인 상태 변화, 축척 법칙 등등을 이해할 개념틀을 제공했다는 점이다. 그 분야란 상전이와 임계 현상에 대한 연구다. 이 연구는 오늘날 모든 물리학의 바탕을 이루면서도 그다지 부각되지 않는 편이다. 여기에 대해서는 나중에 더 이야기하겠다.

그러면 이제 앞 장들을 관통했던 몇 가지 요소를 정리해 보자. 여러분도 이미 그 존재를 조금쯤 느꼈을지도 모른다. 이 요소들은 설령 한자리에 모여도 하나의 '패턴 이론'을 이루지는 못한다. 이 개념들은 우리로 하여금 물리계와 자연계에 나타나는 다양한 패턴과 형태의 험한 물살을 건너도록 도와주는 징검돌에 가깝다.

맞서 겨루는 힘들

보통 자발적 패턴은 상충된 요구를 제기하는 여러 힘이 타협한 결과다. 몇몇 중합체나 비누 분자들이 취하는 가지런한 구조(그림 e.1, 『모양』 2장 참조)는 구조물의 표면적과 곡률을 최소로 유지하면서도 분자들을 효율적으로 쌓아야 한다는 두 가지 요구 사항을 멋지게 만족시킨 해법이다. 어떤 화학적 혼합물에서는 확산하는 파도 패턴이나 정적인 점무늬, 줄무늬가 나타나는데(그림 e.2, 『모양』 3~4장 참조), 이것은 구

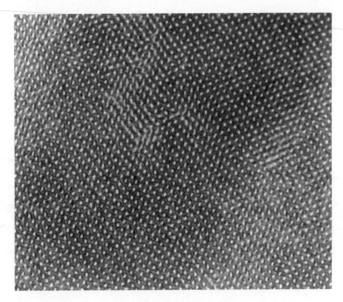

그림 e.1

혼성 중합체의 질서 있는 구조는 구성 단위들 간 접면의 표면적과
곡률, 그리고 분자들을 효율적으로 쌓는 방법 사이에서 균형을
달성한 결과이다.

성 분자들의 반응과 확산이 균형을 이룬 결과이자, 화학 반응에 대한
단거리 증폭과 장거리 억제가 균형을 이룬 결과다. 비스커스 핑거링에
서 나타나는 아메바 발처럼 뭉툭한 돌기(2장 참조)는 접면에서 가지를
생성하려는 불안정성과 그 가지의 크기를 제약하는 표면 장력이 경쟁
한 결과다.

　눈송이 역시 미시적 대칭성을 내재한 환경에서 그런 절충을 이룬
결과물이다. 유체에서 파도가 연속적으로 밀려와 소용돌이를 그리며
부서지는 현상은 파도를 일으키는 불안정성이 파도를 억제하는 점성

가지

을 이길 때 나타난다. (『흐름』 3장 참조) 그 승리로부터 특정 규모의 패턴이 선호되어 나타나는 것이다.

자연적 패턴 형성의 아름다움과 복잡성에서 핵심은 경쟁이다. 경쟁이 지나치게 일방적일 때는 모든 패턴이 사라지고, 아무런 구조 없이 시시각각 변화하는 무작위성이나 특징 없는 획일성이 나타난다. 어느 쪽이든 단조롭기는 마찬가지다. 패턴은 경계에서 산다. 양극단 사이의 풍요로운 경계 지역에서는 작은 변화가 큰 효과를 일으킨다. '혼돈의 가장자리'라는 관습적인 표현에서 우리가 유추할 수 있는 사실이 바로 이것이리라. 패턴은 서로 겨루는 힘들이 획일성을 추방하되 완벽한 혼돈을 야기하지는 못하는 상황에서 등장한다. 어쩐지 위험한 장소일 것 같다. 그러나 우리가 살아온 세상이 원래 그렇다.

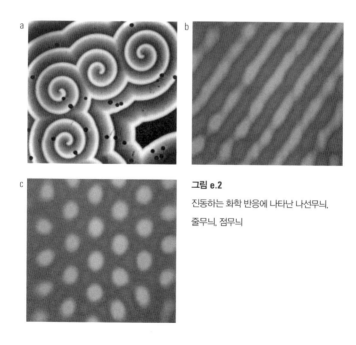

그림 e.2

진동하는 화학 반응에 나타난 나선무늬.
줄무늬, 점무늬

대칭성 깨짐

원래 균일했던 체계에서 자발적으로 패턴이 나타나면, 애초의 대
칭성이 낮아지거나 **깨진다.** 그러니 대칭성과 패턴을 혼동하지 말아야
한다. 대칭성이 높다고 해서 패턴이 풍성한 것은 아니다. 오히려 놀라
운 패턴일수록 대칭성이 낮거나 아예 없을 때가 많다. 한편 대칭성은
한 번에 조금씩만 깨지는 편이므로, 대칭성이 가장 낮은 패턴은 그 패
턴을 형성하는 추진력이 최대로 작용하여 계가 평형에서 가장 멀리
벗어났을 때 나타나기 쉽다. **왜** 평형에서 멀어지면 대칭성이 깨지는가
하는 문제는 잠시 뒤에 설명하겠다. 지금은 대칭성 깨짐이 바닥에 타
일을 까는 작업과는 다르다는 점만 짚고 넘어가자. 가령 레일리-베나
르 대류(Rayleigh-Bénard convection, 그림 e.3, 『흐름』 3장 참조)에서 나타나
는 대류 세포들의 육각형 배열은 비활성 매질에서 임의의 형태를 띤
세포들을 하나하나 배치하는 방식으로 만들어진 것이 아니다. 그렇다
기보다는 추진력(여기서는 가열 속도)이 패턴 형성 문턱값을 넘어서는

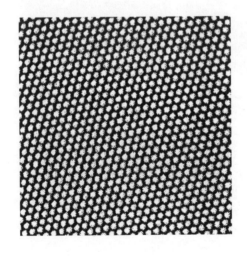

그림 e.3
레일리-베나르 대류에서
나타난 대류 세포들의 육각형
배열

가지

순간, 매질의 모든 지점들이 동시에 '육각형 형성 성향'을 갖게 된다고 말해야 한다. 그 뒤에는 아주 작은 요동만 생겨도 그 '육각형 성질'이 전면적으로 발휘된다. 육각형 배열은 타일들이 아니라 바닥 자체에서 나오는 것이라고 표현할 수도 있겠다.

비평형

내가 소개했던 패턴 형성계들은 거의 모두 평형에서 벗어난 상태였다. 즉 열역학적으로 가장 선호되는 상태가 아니었다. 한때 과학자들은 그런 계를 접근 불가능한 것으로 여겼고, 심지어 꼴사나운 것으로 여겼다. 변화의 과학이라 할 수 있는 열역학은 원래 19세기에 공학으로 발전했던 학문으로, 평형 상태의 계들을 묘사하는 것이 그 목표였다. 열역학은 변화가 어느 방향으로 벌어지는지 알려 주었고, 그 변화로부터 끌어낼 수 있는 유용한 일의 양이 얼마인지 계산해 주었다. 그러나 고전 열역학은 변화 **도중에** 벌어지는 일에 대해서는 별 말이 없었다. 열역학은 화학 공학자와 기계 공학자가 기계의 성능을 평가할 때 쓰기에 썩 훌륭한 도구였지만, 그것이 제공하는 세계관은 다소 인공적이었다. 그 세계에서는 모든 과정이 안정된 상태에서 다른 안정된 상태로의 잇따른 도약으로 이루어지고 상태들 자체는 시간이 흘러도 변하지 않는다고 본다. 이것은 우리가 아는 세상과는 다르다. 현실에는 **영원히** 평형에 도달하지 못할 듯한 과정도 있다는 불편한 진실 앞에서 열역학은 침묵했다. 강물은 영광스럽고 덧없는 단 한 번의 질주로 자신을 몽땅 바다에 비우지 않는다. 물은 하늘로 돌아가고, 또 다른 여정을 밟아 다시 고지대로 내려온다. 이 과정은 하늘에 태양이 빛나는 한 언제까지나 이어질 것이다.

이처럼 다소 제한된 열역학적 그림으로부터 **시간의 화살**이라는 개념이 생겨났다. 세상의 거의 모든 과정들은 선호하는 방향이 있는 것처럼 보인다. 과정은 한 방향으로만 흐를 뿐, 거꾸로는 흐르지 않는 듯하다. 열은 뜨거운 곳에서 찬 곳으로 흐르고, 물에 떨어진 잉크 방울은 반드시 넓게 퍼진다. 우리는 이런 과정을 **비가역적** 과정이라고 부른다. 일방향 과정은 우리의 직관에 들어맞지만(잉크 방울이 도로 뭉치는 일은 절대로 없다.) 그 이면의 미시적 사건들을 자세히 살펴보면 조금 혼란스러운 점이 있다. 잉크 입자가 물에서 움직이는 방식을 묘사한 수학 방정식에는 시간의 화살이 담겨 있지 않기 때문이다. 만일 우리가 입자의 움직임을 녹화한 뒤 거꾸로 틀어도 우리는 그 차이를 알아채지 못할 것이다. 거꾸로 감은 과정이 물리 법칙을 위반하지도 않는 듯하다. 시간을 거꾸로 감아 고루 퍼졌던 잉크가 작은 방울로 뭉치는 과정을 볼 때 우리가 뭔가 이상하다고 느끼려면 입자 하나가 아니라 입자들 전체의 행동을 보고 있어야만 한다.

대부분의 과학자들은 비가역성의 뿌리가 열역학 제2법칙에 있다는 의견에 동의한다. 열역학 제2법칙은 주변으로부터 고립된 계(주변과 에너지나 물질을 교환하지 않는 계)에서는 **엔트로피**가 커지는 방향으로만 변화가 진행된다고 규정한다. 간단히 설명하면 무질서도가 커지는 방향이라는 뜻이다. 이것은 물리학이 아니라 확률에 의한 법칙이다. 이 법칙은 계가 구성 요소들을 배열하는 방식에 여러 선택지가 존재할 때만 적용되는데, 이때 질서 있는 배열보다 무질서한 배열이 훨씬 많기 때문에 확률상 늘 무질서도가 커진다. 『모양』에서 이야기했듯, 1950년대에 진동하는 화학 반응 개념이 등장했을 때 과학자들은 이 법칙을 근거로 들어 반대했다. 엔트로피는 어떤 의미에서 무질서의 잣대이므

가지

로, 열역학 제2법칙은 자발적 패턴 형성에 큰 문제를 제기하는 것처럼 보였던 것이다.

우리는 열역학으로 평형 상태의 계가 어떤 모습일지 예측할 수 있다. 열역학에 따르면 평형 상태의 계는 총에너지가 가급적 작아지는 형태를 취한다.[21] 이것이 **에너지 최소화** 기준이다. 『모양』에서 나는 비눗방울 막의 형태가 이 기준에 따라 통제된다고 말했다. 그렇다면 비평형계의 상태도 비슷한 기준에 따라 정해질까?

비평형계의 열역학은 최초 상태에 비해 엔트로피가 증가한 최종 상태가 무엇이냐 하는 문제에 관심을 두지 않는다. 오히려 그렇게 **되어가는** 과정, 즉 변화가 일어나는 과정에 관심을 둔다. 계가 비가역적적 변화를 겪으면 열역학 제2법칙에 따라 처음보다 엔트로피가 커진다. 변화가 엔트로피를 **생산하는** 셈이다. 그러다가 계가 새로운 평형에 도달하면, 엔트로피 생산이 멈춘다. 그러니 변화 과정은 엔트로피 생산과 밀접하게 얽혀 있는 듯하다.

노르웨이의 과학자 라르스 온사게르(Lars Onsager, 1903~1976년)는 1930년대에 그 관련성을 연구하기 시작했다. 그는 계가 평형에서 약간만 벗어날 때 겪는 변화를 대상으로 하여, 그때의 추진력과 엔트로피 생산 속도를 연결하는 보편 법칙을 유도했다. 그는 그 작업으로 1963년에 노벨 화학상을 받았다. 한편 러시아 출신으로 브뤼셀에서 일하던 화학자 일리야 프리고진(Ilya Prigogine, 1917~2003년)은 이 그림에 중요한 요소를 더했다. 평형에서 그다지 멀지 않은 계라는 조건에서 비평형계는 엔트로피 생산 속도를 **최소화**하도록 행동하는 경향이 있다는 원칙이었다. 이때 누군가 계가 평형(엔트로피 생산 속도가 0인 상태)에 도달하는 것을 막는다면, 계는 그 대신 엔트로피를 가급적 낮은 속도로

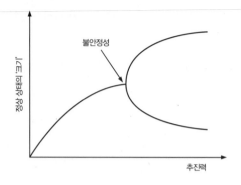

그림 e.4

정상 상태가 불안정해져서
계에게 두 가지 새로운
선택지가 주어지는 지점에서
분지가 일어난다. 그림의
'쇠스랑'처럼 생긴 분지는
계가 평형 상태로부터 멀리
벗어났을 때 흔히 발생한다.

생산하는 동적 정상(定常) 상태에 정착한다. 그렇다면 이것은 평형에서 벗어난(그러나 그다지 멀지 않은) 계가 선호하는 상태를 규정하는 기준인 셈이다.

그러나 이 원칙의 어디에도 평형에서 벗어난 계가 패턴 상태에 도달한다는 단서, 즉 베나르 대류 세포나 튜링의 점무늬와 같은 질서 있는 구조로 이루어진 상태에 도달한다는 단서는 없다. 오히려 패턴은 평형에서 비교적 많이 멀어진 계에서 나타나는 경향이 있으며, 그런 조건에서는 온사게르 등이 작성한 방정식이 더 이상 적용되지 않을 뿐 아니라 프리고진의 엔트로피 생산 최소화 법칙도 무너진다. 그렇다면 도대체 패턴은 어디에서 생겨날까?

1950년대와 1960년대에 프리고진과 동료 폴 글랑스도르프(Paul Glansdorff, 1941년~)는 비평형 열역학이 취급하는 범위를 넓혀 평형에서 먼 계라는 좀 더 흥미로운 상황까지 포함시켰다. 그 결과 어떤 계를 평형에서 멀어지게 만드는 추진력이 커지다 보면 어느 순간 엔트로피 생산을 최소화하는 정상 상태가 고비를 맞는다는 사실이 밝혀졌다. 정상 상태는 고비에서 둘로 갈라져, 또 다른 상태로 변한다. 꾸준히 진화하던 정상 상태가 두 갈래로 분리되어, 계가 취할 수 있는 상태에 대한 새로운 선택지들을 제공하는 것이다. (그림 e.4 참조)

새로운 상태는 어떤 형태일까? 프리고진과 글랑스도르프의 이론은 이 문제에 대해서는 대답하지 않았다. 그러나 우리는 평형에서 먼 계가 드러낸다고 알려진 자기 조직적 구조와 패턴이야말로 그런 상태라고 가정해도 좋을 것이다. 그런데 우리가 그보다 한 발 더 진전하려면, 규칙적이거나 질서 있는 비평형계의 상태들이 언뜻 비슷한 질서를 띠는 듯한 평형계의 상태들과 근본적으로 어떻게 다른지부터 알아야 한다.

소산 구조

규칙성은 드물지 않다. 흔들리는 진자, 튕기는 공, 청과물상의 좌판처럼 가지런히 쌓인 결정 속 원자들, 지구가 매년 태양을 도는 것. 이 모두가 공간이나 시간에서 규칙적인 주기를 따르는 과정이다. 그러나 레일리-베나르 대류의 규칙적인 육각형 격자는 구리 금속과 같은 결정 속 원자들의 육각형 격자와는 다르다. 후자는 평형 상태의 구조로, 그 주기성은 구성 요소의 특징적인 규모에 따라 결정된다. 즉 구리 원자의 크기에 따라 결정된다. 한편 레일리-베나르 대류는 쉼 없이 관통하는 에너지 때문에 평형에서 벗어난 상태를 유지하는 계로서, 그 과정에서 에너지가 발산되어 엔트로피가 생성된다. 이때 에너지 투입이 멈추면, 즉 위아래의 온도 기울기가 평평해지게 내버려 두면 패턴은 사라진다. 마찬가지로 벨로우소프-자보틴스키(BZ) 반응의 진동(『모양』 3장 참조)은 계속 신선한 반응물이 투입되고 생성물이 제거될 때에만 패턴을 유지한다. 이처럼 엔트로피 생성 때문에 평형에서 먼 상태를 유지하는 패턴을 **소산 구조**(dissipative structure)라고 부른다.

대개의 평형 구조와는 달리, 소산 구조에서 나타나는 패턴의 공간적 규모는 구성 요소의 크기와는 무관하다. 가령 대류 세포는 그 속에서 순환하는 분자들보다 훨씬, 훨씬 더 크다. 게다가 패턴의 규모 척도는 계가 요동을 겪어도 일정하게 유지된다. 누군가 대류하는 액체를 휘저으면 패턴이 일시적으로 사라지지만, 교란이 가라앉으면 똑같은 구조가 다시 형성된다. 계는 자신이 어떻게 생겨야 하는지를 '기억한다.' 과학자들은 소산 구조의 이런 튼튼함을 가리켜 **끌개**(attractor)의 지배를 받는다고 표현한다. 끌개란 계를 묘사하는 변수들의 추상 공간에서 구조들이 '닻을 내리는' 장소이다. 끌개의 예로는 진동하는 BZ 반응의 한계 주기를 들 수 있다. 한편 소산 구조의 반대는 **보존**(conservative) 구조이다. 이런 구조에는 끌개가 없기 때문에 구조가 임의로 모습을 바꿀 수 있다. 태양을 공전하는 행성의 궤도가 좋은 예다. 만일 궤도의 반지름이 달라지면(가령 다른 천체와 파국적인 충돌을 일으켜서), 행성은 예전의 궤도로 돌아오지 않고 새 값에 머물러 있을 것이다.

그러나 만약에 소산 구조가 지나치게 세게 '걷어차이면', 구조가 다른 끌개, 즉 기존과는 상당히 다른 상태나 패턴에 가까이 다가가서 결국 그쪽으로 이끌릴지 모른다. 끌개는 울퉁불퉁한 지형에 존재하는 계곡과 같다. 우리가 언덕의 정점에 서 있다가 떠밀리면, 여러 계곡 중 하나로 굴러떨어질 것이다. 그렇다면 우리가 여기에서 주목할 점은 비평형계가 여러 소산 끌개 상태들 사이에서 점진적으로 변하는 것이 아니라 도약하듯 이산적(離散的)으로 변한다는 점이다. 이 문제를 상세히 살펴보자.

가지

불안정성, 문턱값, 분지

내가 소개했던 패턴들은 대부분 갑자기 나타난다. 한 순간에는 아무것도 없다가, 다음 순간에는 모든 것이 달라져서 갑자기 줄무늬, 사구, 맥박이 나타난다. 패턴 형성을 촉진하는 추진력은 딱 한 단계 높아졌을 뿐인데 말이다. 과정이 일순간 벌어지는 성질은 거의 모든 대칭성 깨짐 과정이 공유하는 듯하다. 이런 점에서 대칭성 깨짐 과정은 평형 열역학의 **상전이**(phase transition)와 비슷하다.

상전이는 물질이 한 평형 상태에서 다른 평형 상태로 갑자기 도약하는 현상이다. 얼음에서 물로, 물에서 증기로, 자석에서 비자석으로. 이것은 '전면적' 변형이다. 물이 어는점 아래로 냉각되었을 때 일부만 얼음으로 바뀌고 일부는 액체로 남아 있는 일은 있을 수 없다.[22] 섭씨 0도 아래에서는 모든 물이 얼음으로 바뀔 태세를 갖추었으며, 시간만 충분하면 틀림없이 그렇게 될 것이다. 또한 이것은 모 아니면 도의 현상이다. 온도가 어는점보다 약간만 더 높아도, 얼음은 평형 상태에 도달했을 때 전부 물이 될 것이다. 온도가 어는점보다 약간만 더 낮아도, 전부 얼 것이다.

달리 말해 여기에는 문턱값이 있다. 계는 문턱값을 넘자마자 전체적인 상태 변화를 겪는다. 그런데 패턴 형성 과정도 이럴 때가 많다. 위에서 이야기했던 대류 패턴은 가열 속도가 문턱값을 넘었을 때 나타나고, 유체의 소용돌이 패턴은 흐름 속도가 문턱값을 넘었을 때 나타난다. 균열의 경로는 갈라지는 속도가 문턱값을 넘자마자 흔들리기 시작한다.

또한 평형 상전이의 상태 변화는 대칭성 깨짐을 동반할 수 있다. 얼음 결정은 분자 차원에서 질서 있는 구조인 데 비해(정확하게 말하자면 여러 질서 있는 구조들을 취할 수 있다.) 액체 물은 분자 차원에서 무질서하다. 그렇다면 얼음이 녹을 때 대칭성이 깨지는 것일까? 그렇게 짐작할 만하지만, 사실은 거꾸로다. 대칭성은 물이 얼 때 깨진다. 액체는 등방성(공간의 모든 방향이 동등한 상태)인 데 비해 얼음의 결정 구조에서는 특정 방향이 '특별'해지기 때문이다.

요컨대 평형 상전이는 거의 모든 패턴 형성 과정의 특징인 갑작스런 전환처럼 자발적이고, 전면적이고, 대칭성이 바뀔 때가 많고, 문턱값을 넘었을 때 발생한다.

이런 상전이들 중 일부에서는 한 상태가 다른 상태로 곧바로 재배열된다. 그러나 평형 상전이든 비평형 상전이든, 계가 새롭게 취할 상태에 **두 가지** 대안이 제공되는 경우도 있다. 두 대안은 동등하지만 같지는 않다. 대류 롤 세포들이 형성되는 과정을 생각해 보자. 이웃한 롤들은 서로 반대 방향으로 구른다. 그러나 어느 롤 하나만 보면, 이쪽으로 굴러도 되고 저쪽으로 굴러도 된다. 다른 롤들이 모두 그에 맞춰 방향을 바꾼다면 말이다. 계는 문턱값을 넘어설 때 서로 거울상인 두 상태 중 하나를 선택할 수 있는 것이다. 계는 그중 무엇을 택할까? 한쪽을 반대쪽보다 선호할 이유는 없다. 이 문제는 순전히 우연에 따라 결정된다. 배수구에서 물이 빠져나갈 때 생기는 소용돌이도 마찬가지다. 외부에서 약간의 힘이 가해져 균형을 어느 한쪽으로 기울이면 또 모르겠지만.

철 같은 자성 물질이 평형 상태에서 취하는 행동에도 선택지가 있다. 철이 자기화(磁氣化)된 상태일 때는 모든 원자들이 흡사 작은 막대자석처럼 행동하여 N극과 S극이 가지런히 정렬된다. 그런데 자기화된 철을 섭씨 770도(퀴리 온도라고 부른다.) 이상 가열하면 정렬이 흩어진다. 열이 원자들을 무작위적으로 흔드는 효과가 압도하기 때문이다.

가지

그러면 원자들의 자기장이 평균적으로 전부 상쇄되고, 철 덩어리는 더이상 자성을 띠지 않는다. 퀴리 온도에서 자석이 갑자기 비자석으로 변하는 것은 상전이의 사례다. 이때 선택지는 하나뿐이지 않을까? 철이 자석이 되거나 말거나 둘 중 하나일 테니까. 그러나 사실은 금속 원자들이 무작위로 정렬되어 자성을 띠지 않았던 상태에서 퀴리 온도를 지나 점차 **식으면서** 취할 수 있는 상태에는 두 가능성이 있다. 원자들의 자극이 모두 이쪽을 가리킬 가능성과 모두 저쪽을 가리킬 가능성이다. (그림 e.5a 참조) 두 상태는 완전히 동등[23]하고, 이번에도 선택은 무작위적 요동이 균형을 한쪽으로 기울이는 바람에 이뤄진다. (계 전체적으로도 무작위적 선택이 이뤄질 수 있는지, 가능하다면 어떤 방식으로 그런지 궁금할지도 모르겠다. 그 문제는 잠시 뒤에 설명하겠다.) 이것은 완벽하게 대칭적인 언덕 꼭대기에 놓인 공의 처지와 비슷하다. (그림 e.5b 참조) 공은 꼭대기에서는 불안정하기 때문에 이쪽 경사로든 저쪽 경사로든 굴러 내려와야 하는데, 이때 어떤 길을 택할까 하는 문제는 우리가 미리 예측할 수 없고 감지하기도 어려운 교란들에 달려 있다.

어떻게 보면 물이 얼고 녹는 것도 자석의 상전이와 조금 비슷하다. 그것도 원자 차원의 질서가 열이 제공한 무작위성에 압도되거나 거꾸로 무작위성으로부터 질서를 회복하는 과정이니까. 그러나 여기에는 조금 전문적이지만 중요한 차이가 있다. 용해와 응고는 **1차** 상전이라고 불린다. 1차 상전이의 두드러진 특징은 무작위로 선택된 하나 이상의 지점에서 상태 전환이 시작되어 계 전체로 퍼진다는 점이다. 응고는 물속 어딘가에 있는 작은 얼음 '씨앗', 즉 빙핵에서 시작된다. 1차 상전이에서는 또 계의 핵심 속성이 대략 단계적으로 변한다. 이 경우에는 밀도가 그렇다. (물이 얼음보다 밀도가 높다.) 그리고 전환의 문턱값을 넘어선 뒤에도 **덜 안정한** 상태가 남아 있을 수 있는데, 이렇게 위태로운 상태를 준안정 상태라고 한다. 준안정 상태는 언제든 안정한 상태로 바뀔 수 있다. 물이 어는점 아래에서도 얼음으로 바뀌지 않으면 **과냉각** 상태라고 부른다. 빙핵으로 기능할 작은 입자들이 없으면 그럴 수 있다. 이것은 현실에서 전이가 일어나는 지점이 평형 열역학에서 규정된 지점과 다를 수 있다는 뜻이다. 더욱 구체적으로 말하면, 계가 한 방향으로 전이할 때와(응고) 반대 방향으로 전이할 때(용해) 문턱값이 다를 수 있다는 뜻이다. 이것을 **이력 현상**(hysteresis)이라고 부른다. 마지

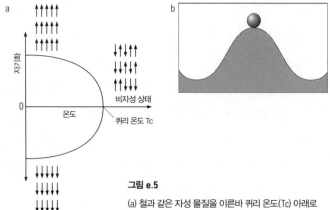

그림 e.5

(a) 철과 같은 자성 물질을 이른바 퀴리 온도(Tc) 아래로
냉각하면, 물질은 그 지점에서 자발적으로 자성을 띠면서
상태의 분지를 겪는다. 그림에서 화살표로 표시된 원자의
자극들이 모두 한 방향으로 정렬되기 때문이다. Tc를 넘는
온도에서는 열이 무작위성을 부여하기 때문에 그럴 수
없다. Tc 미만에서 자석들은 동등한 두 방향 중 하나를
가리킬 수 있다. (b) 이런 상태 분지는 똑같은 두 계곡
사이의 언덕에 올라앉은 공의 상황과 비슷하다. 공은 어느
쪽으로든 굴러 내려야 하지만, 선택은 임의적이다.

가지

막으로 1차 상전이는 간혹 대칭성 깨짐을 수반하지만 반드시 그런 것은 아니다.

반면에 철이 퀴리 온도에서 자발적으로 자성을 띠는 과정은 2차 상전이, 혹은 **임계**(critical) 상전이에 해당한다. 이 경우에는 계가 전이할 때 자성이 급속히 변하기는 하되 **연속적으로** 변한다. 한 값에서 다른 값으로 갑작스레 도약하는 일은 없다. (그림 e.5a 참조) 2차 상전이와 임계 상전이들은 **언제나** 대칭성 깨짐을 동반한다. 그리고 이력 현상이 없다. 새 상태로의 전환이 늦춰지는 일은 없다는 말이다. 이 과정은 새 상태의 핵이라 할 만한 것이 형성되어 성장함으로써 진행되는 것이 아니라 구성 요소들의 무작위적 요동 때문에 일종의 전면적 격동이 벌어지는 것이기 때문이다.

이제 다시 따져 보면, 내가 이야기했던 패턴 형성 분지 과정은 임계 상전이와 비슷하다. 그것은 이른바 **초임계**(supercritical) 분지 과정이고, 그 과정을 거치면 늘 대칭성이 깨진다. 대류가 시작되는 과정이 그렇고, 화학적 튜링 패턴에서 육각형 무늬와 줄무늬가 전환되는 과정 (그림 e.2 참조)이 그렇다. 그러나 패턴 형성 과정들 중에는 1차 상전이와 비슷한 **미임계**(subcritical) 분지에 해당하는 것도 소수 존재한다. 대류

그림 e.6
액체의 대류 패턴은 표적 무늬에서 나선무늬로 갑자기 전이할 수 있다. 그러나 이 전이는 전문적으로 말해 미임계 전이이기 때문에, 표적 무늬와 나선무늬가 공존할 수도 있다.

하는 액체에서 나선무늬와 표적 무늬가 전환되는 과정이 그렇다. (그림 e.6, 『흐름』 3장 참조) 이때 나선과 표적이 한 패턴에서 공존할 수 있는 까닭은 그것이 미임계 분지 과정이기 때문이다. 이런 구분이 조금 난해해 보일 수도 있겠지만, 우리는 임계 상전이의 세부 내용을 이해함으로써 평형으로부터 먼 계에서 패턴이 등장하는 방식에 대한 단서를 얻을 수 있다. 이 이야기는 나중에 하겠다.

해답은 방정식보다 더 많은 것을 알려 준다

상전이와의 비유는 유용하다. 그러나 패턴이 형성되는 분지 과정을 수학적으로 엄밀하게 묘사한 공식을 제공하지는 못한다. 물리학자들은 비유를 좋아하지만, 엄밀성은 더 좋아한다. 비평형계에서 대칭이 깨지는 분지점의 현상을 좀 더 구체적으로 묘사하려는 시도는 1916년에 레일리가 베나르의 대류 패턴을 설명하는 이론을 찾아보면서 본격적으로 시작되었다. 1920년대에 제프리 테일러는 회전하는 실린더들 사이에 낀 액체의 테일러-쿠에트 흐름(Taylor-Couette flow, 『흐름』 6장 참조)에 대해 거의 같은 시도를 했다. 『흐름』에서 설명했듯이 유체의 현상을 철저하게 다루려는 사람은 어떤 문제이든 반드시 나비에-스토크스 방정식(Navier-Stokes equation)에서 시작해야 한다. 이 방정식은 뉴턴의 운동 법칙을 유체에 적용한 것으로, 유체의 각 지점의 속도 변화를 유체에 가해진 힘으로 설명한다. 레일리와 테일러는 먼저 각자 다루는 현상에서 **계가 평형에 가까울** 때, 즉 패턴 형성력이 아주 작을 때 나비에-스토크스 방정식의 해답이 어떤지 알아보았다. 다음으로 계가 평형에서 점점 더 멀어질 때 그 '바탕 상태'가 어떻게 반응하는지 알아보았다.

가지

대류의 경우에 바탕 상태는 흐름이 전혀 일어나지 않는 상황이다. 유체의 위아래 온도 차이가 아주 작다면, 열은 고체처럼 액체에서도 **전도**를 통해서만 전달된다. 이때 문제는 "교란이 약간 가해져도 바탕 상태가 안정되게 유지될까?"이다. 레일리는 유체에 가까스로 감지할 만한 파동적 교란이 가해지는 상황을 상상해 보았다. 이때 파동은 특정한 파장을 띤다. 만일 레일리 수(위아래 온도 차이의 잣대이다.)가 대류 시작 임계점인 Ra_c보다 작다면, 파동의 파장과는 무관하게 시간이 흐르면 요동이 잦아들고 계는 바탕 상태로 돌아간다. 그러나 레일리 수가 정확히 Ra_c라면, 무언가 꿈틀거리기 시작한다. 다른 파장들은 모두 잦아드는데 특정한 한 파장만은 잦아들지도 더욱 증폭되지도 않은 채 유지되는 것이다. 그러다가 레일리 수가 Ra_c를 넘으면, 그 '특별한' 파동이 당장 증폭되어 그 파장을 취하는 패턴이 발생한다. 레일리 수가 그 이상 커지면, 대류 패턴이 취할 수 있는 파장의 범위는 착실히 넓어진다. 레일리 수가 Ra_c 이상일 때도 이 계에 대한 나비에-스토크스 방정식의 해답은 여전히 예의 바탕 상태이지만, 이제는 그것이 **불안정한** 해답이 된다. 사소한 교란만 주어져도, 허용된 여러 파장 중 하나를 취하는 패턴이 등장하니까.

선형 안정성 분석이라고 불리는 이 접근법의 장점은 나비에-스토크스 방정식을 따르는 유체뿐만 아니라 자발적 패턴 형성을 겪는 계라면 어디든지 폭넓게 적용된다는 점이다. 이를테면 우리는 반응-확산계를 묘사하는 방정식도 비슷하게 분석할 수 있다. 어떤 연구자들은 가령 나비에-스토크스 방정식을 모조리 다뤄야 하는 복잡함(더불어 그로 인한 불편함)을 피하면서도 패턴 형성 계들의 일반적 속성을 묘사할 수 있도록 좀 더 단순화된 '모형 방정식'을 작성하려고 시도했다. 그런 방정식은 분석 대상이 되는 특정 계의 구체적인 성질에 구애 받지 않은 채, 패턴이 없는 바탕 상태가 불안정성을 겪을 때 어떤 패턴을 드러내는지 예측할 줄 아는 범용 방정식일 것이다.

　이런 불안정성 연구가 우리에게 주는 가장 중요한 메시지는 무엇일까? 우리가 일단 어떤 계를 다스리는 방정식을 알면 그 계를 그 이상 완벽하게 이해할 필요는 없다는 점일 것이다. 우리가 정말로 원하는 것은 그 방정식에 대한 **특정한 해답**이니 말이다. 그런데 방정식을 안다고 해서 해답도 명백히 알 수 있다는 보장은 없다. 이것은 모든 수리 과학 분야에서 명심할 만한 사실이다. 영국의 물리학자 프리먼 존 다이슨(Freeman John Dyson, 1923년~)에 따르면, 말년의 알베르트 아인슈타인(Albert Einstein, 1879~1955년)과 줄리어스 로버트 오펜하이머(Julius Robert Oppenheimer, 1904~1967년)에게는 "오직 옳은 방정식을 발견하는 것만이 중요한 일이었다." 오늘날 '만물 이론'을 작성하려고 애쓰는 일부 물리학자들도 마찬가지로 말할 수 있을 것이다. 우리가 그런 견해를 취하면, 유체 역학은 나비에-스토크스 방정식을 쓸 수 있게 되는 순간 다 풀린 셈이다. 그러나 우리가 정말로 그 지점에서 멈추었다면, 그 방정식이 품고 있는 무수히 다양한 해답들에 대해서는 결코 짐작하지 못했을 것이다. 비교적 단순한 실험 상황에서조차 말이다. 심지어 수학적 해답을 아는 것으로도 충분하지 못할 때가 있다. 그 해답의 의미를 해석하기 위해서는 반드시 실험을 해야 할 때도 있다.

패턴 선택

　선형 안정성 분석을 하면 비평형계가 어느 지점에서 패턴 형성의 문턱을 넘어서는지 알 수 있다. 그러나 그 결과로 나타나는 패턴

가지

에 대해서도 알 수 있을까? 정확히 문턱값일 때는 '임계적 불안정성(marginally unstable)'을 띠는 파장이 단 하나 존재하기 때문에(적어도 레일리와 테일러가 다룬 사례들은 그랬다.) 그로부터 패턴의 특징적 규모가 정해진다. 그러나 그 규모 척도에서 어떻게 줄무늬, 점무늬, 진행파의 형태가 나타날까? 게다가 일단 문턱값을 넘어서면, 안정된 패턴 형성에 허용되는 파장의 범위가 갈수록 넓어진다. 그중에서 대체 어떤 파장이 선택되는 것일까?

이 의문은 위에서 이야기한 유체 역학 사례들에서만 제기되는 것이 아니다. 패턴 형성의 잠재력이 있는 계라면 거의 뭐든지 이런 선택에 직면한다. 계가 한 무리의 설계들 중에서 고를 수 있는 것이다. 물 표면의 비누 분자(『모양』 2장 참조), 전극에 부착되는 금속(2장 참조), 세균 군집(2장, 『모양』 5장 참조), 통통 튀는 모래(『흐름』 4장 참조), 이 모두가 풍성한 선택지에 직면한다. 계는 그중에서 무엇을 고를까?

이 질문에 보편적으로 대답할 방법은 없다. 다만 이 점에서 평형계과 비평형계는 적잖은 차이를 보인다. 평형계도 패턴과 형태 측면에서 여러 선택지를 가질 수 있지만, 그때 계에게는 최선의 선택을 정하는 단순한 규칙이 (적어도 이론적으로는) 있다. 앞에서 보았듯 평형 상태의 계는 늘 자유 에너지가 최소화되는 구조를 취하려고 한다. 이것은 공이 언덕을 굴러 내린다는 것, 철이 공기 중에서 녹슨다는 것, 물이 어는점 아래에서 얼음으로 바뀐다는 것을 뜻한다. 내가 소개했던 복잡한 패턴들 중에도 평형 조건에서 형성되는 것이 소수 있었다. 비눗방울 거품의 형태, 혼성 중합체의 자기 조직화 과정(『모양』 2장 참조)이 그렇다. 따라서 만일 우리기 자유 에너지에 기여하는 여러 요인을 모두 안다면, 자유 에너지가 최소화되는 형태를 찾아서 정확히 어떤 패턴이 선택될지 예측할 수 있을 것이다.

비평형계는 어떨까? 비평형계에도 '최소화 원칙'과 비슷한 원리가 있을까? 이 문제는 잠시 뒤에 이야기하자.

그보다 먼저, 계가 평형에서 멀어질 때 패턴이 등장하는 방식에 대한 몇 가지 일반적인 관찰 내용을 살펴보자. 이 과정에서는 보통 대칭성이 깨진다. 그리고 대칭성은 계가 평형에서 멀어질수록 한 번에 조금씩 단계적으로 깨지는 경향이 있다. 이 사실만으로도 우리는 패턴들 중에서 유독 줄무늬와 육각형이라는 2종류가 흔한 이유를 이해할 수 있다. 얇게 깔린 유체처럼 균일하고 '평평한'(2차원) 계에서 대칭성을 깨뜨리는 가장 단순한 방법, 달리 말해 대칭성을 가급적 적게 깨뜨리는 방법은 한 방향으로만 주기적인 파동형 변이를 가하는 것이다. (그림 e.7a 참조) 그러면 띠, 줄, 롤 등이 평행하게 늘어선 패턴이 만들어진다. 이런 패턴일 때 줄무늬와 나란한 방향에서는 대칭성이 깨지지 않는다. 우리가 매질 속에서 그 방향으로 이동한다면, 매질의 특징이 변하는 것을 전혀 눈치 채지 못할 것이다. 깨진 대칭성을 확인하려면 줄무늬와 수직으로 교차하는 방향으로 이동해야 한다. 그 방향으로 이동하면 한 상태에서 다른 상태로, 다시 원래 상태로 주기적으로 변하는 것이 느껴질 것이다. 그러므로 균일하고 평평한 계에서 처음 등장하는 패턴은 줄무늬를 닮을 때가 많다. 모래에 이는 물결, 대류의 등장, 테일러-쿠에트 롤 세포가 그렇다.

2차원 계가 대칭성을 한 차원에서만 주기적으로 깨뜨렸다면, 다음으로 취할 '최소' 패턴은 나머지 방향으로도 대칭성을 깨뜨려 전체 계를 구획이나 격자로 나누는 것이다. 이때 최대한 질서 있고 대칭적인 상태를 유지하려면 선택지는 두 가지뿐이다. 기존의 굴곡에 대해

가지

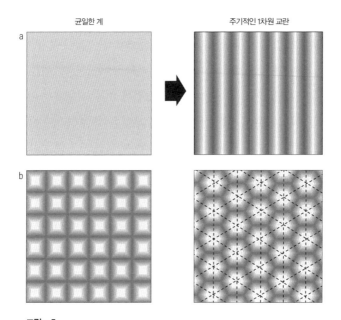

균일한 계   주기적인 1차원 교란

그림 e.7

(a) 단계적으로 대칭 깨기. 균일한 2차원 계에서 대칭을 깨는 가장

단순한 방법은 한 방향으로 주기적 변이를 가하여 줄무늬를 만드는

것이다. (b) 대칭이 두 차원에서 모두 깨지면 사각형이나 삼각형

세포들이 만들어진다. 후자의 경우에는 삼각형 격자가 나타날 수도

있고, 육각형 격자가 나타날 수도 있다.

수직으로 주기적 변이를 가하여 사각형 세포들을 만들거나, 그런 변이
를 60도 각도로 2번 부여해 삼각형 혹은 육각형 세포들을 만드는 것이
다. (그림 e.7b 참조) 그러니 튜링 패턴(『모양』 4장 참조), 대류(『흐름』 3장 참
조), 흔들린 모래(『흐름』 4장 참조)에서 삼각형, 사각형, 육각형 패턴이 나
타나는 깃은 수 수께끼가 아니다. 공간의 **기하학적** 성질이 대칭성 깨짐
방식에 제약을 가하기 때문에 그런 패턴들이 나타날 수밖에 없다.

그러나 논점에서 약간 벗어난 이 이야기는 특정 사례에서 정확히 어떤 대칭성 깨짐이 발생할지 알아내는 문제에서는 답이 못 된다. 그러려면 우리는 산만한 세부 사항까지 더 따져 보아야 한다. 예를 들어 줄/롤이나 육각형 중에서 어느 쪽이 선호될까 하는 질문에는 보편적인 대답이 없다. 대류에 대해 선형 안정성 분석을 해 보더라도 이 질문에 대답하는 데는 도움이 못 된다. 그보다 더 세련된 이론을 써야만 일반적으로 롤이 선호된다는 사실을 발견할 수 있는 것이다. 다만 정성적으로는 선호를 이해할 수 있다. 롤은 상향 흐름과 하향 흐름을 구분하지 않는 데 비해(흐름이 세포의 한쪽 면에서 올라가면 반대쪽 면에서 내려오게 되어 있다.) 육각형 세포는 구분한다. 육각형 세포에서는 흐름이 세포의 중심에서 올라가고 가장자리에서 내려온다. 따라서 롤은 액체의 위아래를 중간에서 나누는 면에 대해 기하학적으로 대칭이지만, 육각형 세포는 대칭이 아니다. 그러나 만일 중간면 대칭이 깨진다면, 가령 더 뜨거운 아래쪽 액체가 더 차가운 위쪽 액체보다 점성이 상당히 낮다면(충분히 가능한 일이다.) 롤 대신 육각형 세포가 나타날지도 모른다. 한편 반응-확산 계의 튜링 불안정성에서는 보통 육각형 점이 선호된다.

비교적 단순한 이런 상황에서 패턴이 선택될 때 우리가 또 하나 눈여겨볼 측면은 속성의 **크기**이다. 줄무늬의 파장이나 육각형 점들 간의 거리 말이다. 이때도 그 규모를 결정하는 단 하나의 기준을 알아내기는 불가능하다. 앞에서 말했듯이 레일리-베나르 대류에서는 선형 안정성 분석을 적용함으로써 패턴이 형성되기 시작할 때 생겨나는 불안정성의 파장을 계산할 수 있다. 그러나 일단 문턱값을 넘어서면 허용되는 파장의 범위가 넓어지며, 그때부터는 롤 세포의 폭이 계의 **역사**에 따라 결정된다. 즉 계가 어떤 과정을 거쳐 대류 상태에 도달했는가

가지

에 따라 결정된다. 심지어 세포의 크기가 한 계에서도 장소에 따라 다를 수 있고, 시간에 따라 변할 수도 있다. 한편 화학적 튜링 계에서는 패턴의 규모가 구성 성분들의 확산 속도에 따라 결정된다. (구성 성분들 중 하나는 패턴 요소의 형성을 개시하는 촉진자로 작용하고, 다른 하나는 근처의 패턴 요소를 가라앉히는 억제자로 작용한다.) 그리고 반응-확산 계는 정지한 패턴이 아니라 움직이는 패턴(진행파)을 생성할 수 있다. 패턴 형성 문턱값을 넘은 상태에서 계에 발생한 파동형 교란이 단순히 차츰 강해지기만 하는 것이 아니라, 그 교란 자체가 움직인다면 그럴 것이다.

앞에서 언급했듯이 다른 패턴으로의 갑작스런 전이는 패턴 형성 추진력이 문턱값에 다다랐을 때 흔히 발생한다. 계가 추진력을 점점 더 세게 받을수록 패턴은 점점 더 화려해지는 것이(복잡해진다고 표현해도 될 것이다.) 보통이다. (특히 유체에서 그렇다.) 복잡성이 순차적으로 증가하는 이런 현상은 벨로우소프-자보틴스키 반응의 진동에서도 뚜렷하게 드러난다. 이 반응은 반응기를 계속 휘저어 액체가 끊임없이 흐르도록 만든 상태에서 진행되는데(『모양』 3장 참조), 이때 화학 물질의 흐름이 점차 빨라지면 진동 주기가 기존의 2배가 되는 분지 현상이 단계적으로 일어난다. 처음에는 진동 1번마다 주기가 반복되다가 다음에는 2번마다 반복되고, 그다음에는 4번마다 반복되고, 이렇게 자꾸 배가되는 것이다. 이 과정은 분지 현상이 **계단식으로** 이어지는 것으로 묘사된다. (그림 e.8 참조) 조잡한 비유지만, 트럼펫 주자가 점점 세게 불수록 배음이 추가로 겹쳐지는 것에 빗댈 수 있다. 결국 계는 너무나도 많은 선택지에 압도된 양, 진동이 혼돈에 빠진다. 분지 과정은 계단식으로 갈라지던 구조를 잃고, 점이 빽빽하게 찍힌 숲처럼 혼란스럽게 흩어진다. 그다음에는 질서를 전혀 찾아볼 수 없다.

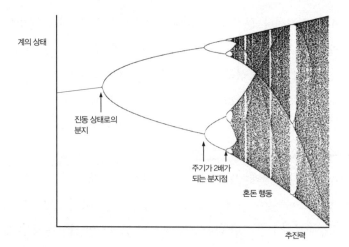

계의 상태

진동 상태로의
분지

주기가 2배가
되는 분지점

혼돈 행동

추진력

그림 e.8

비평형계의 분지 상태는 계가 평형에서 멀어질수록(그림의 왼쪽에서 오른쪽으로
갈수록) 계단식으로 갈리는 구조를 취할 때가 많다. 각 분지점마다 계가 취할
수 있는 상태의 수가 2배가 되는 것이다. 벨로우소프–자보틴스키 반응과
같은 진동계에서는 분지점마다 진동 주기가 2배가 된다. 계가 원래 상태로
돌아오기까지 처음에는 2번의 회전이 필요하다가 다음에는 4번, 그다음에는
8번이 필요한 식이다. 분지 구조는 갈수록 미세하게 갈라져, 결국 주기성이 전혀
없는 혼돈 행동으로 빠져든다. 그림에서 짙은 '먼지'처럼 점이 찍힌 부분이다.

우세 경쟁

　패턴이 한창 성장하는 중이라면, 선택은 서로 다른 패턴 후보들
이 어떻게 발전하고 얼마나 빨리 발전하는가 하는 점에도 좌우된다.
나는 1장에서 수지상 결정의 가지들이 특징적인 규모를 취한다고 말
하며, 그 규모는 가지의 성장 속도와 말단의 분지 성향이 간신히 균형
을 맞추는 상태로 결정된다고 말했다. 가지가 자꾸 더 갈라지려는 성
향을 가지 성장력이 가까스로 능가하는 지점에 '임계 안정성'을 띠는
패턴이 하나 존재하는 것이다. 비평형 전착 과정이나 세균 군집의 성장

과 같은 다른 사례에서는 단순히 제일 빨리 자라는 패턴이 선택된다는 해석도 있다. 그러나 이것이 모든 분지 성장 과정에 일반적으로 적용되는 기준인지는 확실하지 않다. 패턴 선택에는 잡음도 영향을 미친다. 이때 잡음이란 불가피한 환경적 무작위성을 뜻한다. 열 교란으로 인한 무작위성 같은 것이다. 잡음이 모든 패턴들에게 늘 동등하게 영향을 미치는 것은 아니고, 일부 패턴에게 유달리 더 영향을 미칠 수도 있다.

결함과 경계

최초의 불안정성 문턱으로부터 한참 떨어져서 나타난 패턴은 전혀 대칭적이지 않을 때가 많다. 그런 패턴은 도처에 '실수'가 있고, 가끔은 정도가 심해서 대칭성이 몽땅 사라진 것처럼 보인다. 이를테면 대류의 롤 세포나 튜링 구조의 줄무늬에서는 서로 떨어져서 나타나야 할 요소들이 합쳐지고는 한다. 레일리-베나르 대류의 육각형 세포들은 몹시 불완전한 벌집 모양으로 이그러지기도 한다. 왜곡이 쌓이다 보면 평행한 줄무늬가 굽어서 무질서한 파동 패턴이 되고, 육각형 격자를 이루었던 점들이 엉망진창으로 붕괴한다. 그래서 얼룩말의 줄무늬나 표범의 얼룩무늬처럼 생긴 패턴이 나타난다. 이런 패턴에서 완벽한 규칙성은 영영 달성할 수 없는 플라톤식 이상에 불과할 때가 많다. 자이언츠 코즈웨이와 벌집의 유사성은 아주 희미하게만 드러나지 않는가. 그러나 우리는 겉보기에 무질서가 대칭성을 압도한 경우에도 모종의 질서를 읽어 낼 수 있다는 사실을 잊으면 안 된다. 점이나 줄 사이의 평균 거리, 다각형 패턴 요소의 평균 변 개수 등은 대강 일정하게 유지되는 것이다.

결함에는 나름의 논리와 용어가 있으므로, 우리는 바탕 패턴이 독특하게 변형된 모습에서 일반적인 결함 구조를 읽어 내려고 노력해서 '혼란을 해독'할 수 있다. (『흐름』 3장 참조) 과학자들은 이런 시도를 할 때 이미 풍부하게 축적된 결함 형성 이론을 끌어 쓸 수 있을 텐데, 그런 이론은 결정 혹은 액정처럼 결정에 연관된 물질을 연구하는 분야에서 구축되었다.

내가 지금까지 예로 든 원칙들은 모두 '무한한' 계에 적용되었다. 이것은 경계를 무시해도 좋은 계를 뜻한다. 그러나 현실에서는 당연히 패턴 형성계가 무한할 수 없다. 계에는 늘 가장자리가 있다.[24] 만일 계가 패턴의 특징적인 규모 척도보다 훨씬 크다면, 가장자리가 주는 효과는 가장자리에 가까운 영역을 제외하고는 무시할 만할 것이다. 그러나 대개는 그렇지 않으므로, 패턴 전체가 '용기'의 크기나 형태에 영향을 받기 마련이다. 『모양』에서 소개했던 현상을 예로 들어 보자. 동물들은 꼬리의 패턴 형성 메커니즘이 서로 같은데도 동물에 따라 고리무늬나 점무늬를 나타낸다. 그 선택은 발생 과정에서 패턴이 구축될 때 배아 꼬리의 크기와 형태가 어땠는가에 달려 있다. 좀 더 일반적인 예를 들면 동물들의 다양한 털가죽 무늬, 즉 온몸이 크게 두 색깔로 나뉘는가, 큰 얼룩이 몇 개만 있는가, 작은 점이 많이 있는가 등등은 패턴 형성 단계에서 배아의 상대 크기에 따라 결정된다. 무당벌레의 날개에서는 표면적과 곡률이 모두 패턴에 영향을 미친다.

때로는 경계의 형태 때문에, 만일 '무한한' 용기였다면 생겨났을 듯한 패턴과는 질적으로 전혀 다른 패턴으로 바뀐다. 길쭉한 직사각형 접시에서는 대류 롤 세포들이 보통 줄무늬를 이루지만, 둥근 접시에서는 동그랗게 말려 동심원을 이룬다. (그림 e.9a, b 참조) 게다가 패턴

가지

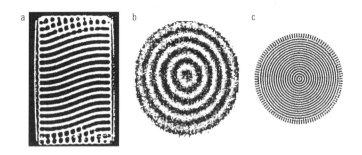

그림 e.9

경계에 대처하는 방법. 대류 패턴에서 대류 롤 세포들의
전체 배열은 용기의 형태에 따라 달라진다.

의 파장은 패턴 요소들이 용기에 온전한 개수로 들어맞아야 한다는
제약에 따라 결정된다. 오르간에서 관의 길이에 따라 음파가, 나아가
주파수가 결정되는 것과도 조금 비슷하다. 어떤 계에서는 패턴이 가
장자리에 적응하기 위해 국지적으로 형태를 바꾼다. 그림 e.9c를 보면,
동심원을 이루던 세포들이 가장자리에서는 짧은 평행선들을 그리며
가장자리와 직각으로 만난다. (그것이 더 안정한 배치이기 때문이다.)

상관관계와 임계점

자기 구축적 패턴은 공간을 측정하고 구획하는 기적적인 능력을
가질 때가 많은 것 같다. 설령 우리가 '한계 안정성'을 띤 파장이 얼마
인지 수학적으로 말할 수 있더라도, 계의 기본 구성 요소들이 어떤 상
호 작용을 거쳐 그 파장을 생성하는지를 아는 것은 또 다른 문제이다.
모래 사구의 크기를 예로 들어 보자. 사구의 크기는 모래 알갱이의 크
기와는 한참 차이가 나고, 알갱이들이 획 튀어 올랐다가 표면에 내려

앉을 때 이동하는 거리와도 한참 차이가 난다. 그래서 우리는 패턴의 규모가 어떻게 생겨나는지 좀처럼 상상하기 어렵다. 알갱이들은 새 사구를 형성하려면 어느 지점에서 움직이기 시작해 어느 지점에서 멈춰야 한다는 사실을 어떻게 '알까?' 튜링 패턴도 그렇다. 화학적 혼합물 속 분자나 원자의 크기, 그리고 그것들의 상호 작용 범위는 작디작은 규모지만(1000만분의 1밀리미터쯤 된다.), 패턴은 우리가 맨눈으로 충분히 볼 만큼 크다. 대충 몇 밀리미터쯤 된다. 상상할 수 없을 만큼 작은 규모에서 벌어진 상호 작용이 어떻게 수백만 배 더 큰 패턴을 만들까?

혹시 계의 구성 요소들은 평형 상태일 때보다 패턴 상태일 때 훨씬 더 멀리까지 서로 '소통'할 수 있는 것이 아닐까? 레일리-베나르 대류에서 나타나는 세포들을 생각해 보자. 대류가 시작되기 전에는 분자들이 잠잠한 액체 속을 무질서하게 누비고 다닌다. 그때 분자들은 이웃 분자의 행동에 거의 신경을 쓰지 않는다. 하물며 1밀리미터 넘게 떨어진 곳의 일에는 더더욱 그러하다. 1밀리미터만 떨어져 있다 해도 분자 수백만 개 너머에 해당하니까 말이다. 그러나 계가 패턴 형성 문턱값을 넘어서면, 계의 독립성이 사라진다. 이제 분자들의 움직임은 아주 먼 다른 분자들의 움직임과 (평균적인) **상관관계**를 맺는다. 달리 말해 우리가 한 대류 세포의 하강면에서 분자들의 움직임을 관찰하면 그로부터 한 파장 떨어진 분자들도 통계적으로 동일한 움직임을 실시하고 있을 것이라는 예측이 가능하다. 나아가 두 파장 너머, 세 파장 너머에서도 같은 움직임이 실시되고 있을 것이고, 그런 식으로 용기 전체가 마찬가지일 것이다. 분자들이 장거리 상관관계에 따라 각자의 영향력 범위를 훨씬 넘어서는 먼 거리에서도 일사불란하게 행동하는 현상은 많은 패턴 형성계의 특징이다.

어떻게 이런 일이 가능할까? 분자들이 각자의 미미한 영향력을 이웃에서 이웃으로 중계해 먼 거리까지 보내는 것일까? 거의 불가능하다. 뜨거운 액체라는 광포한 환경에서 그것은 록 콘서트에서 귓속말 잇기를 하는 것이나 다름없다.

계가 갑작스러운 행동 변화를 겪을 때 장거리 상관관계가 등장하는 현상은 비평형계만의 특징이 아니다. 과학자들은 평형 상전이에서도 그런 현상이 발생한다는 사실을 예전부터 알고 있었다. 평형 상태든 평형에서 먼 상태든, 이런 행동의 핵심은 계가 모든 척도 감각을 잃어버린다는 점이다. 장거리 상관관계는 계가 **척도 불변성**을 띨 때 자주 발달하므로, 결국 모든 척도에서 상관관계가 존재하게 된다.

철이 퀴리 온도에서 임계 상전이를 겪을 때 바로 그런 현상이 벌어진다. 이때 퀴리 온도는 **임계점**의 한 예다. 『흐름』(『흐름』 4장 참조)에서 설명했듯이, 계가 임계점에 있을 때는 모든 규모 척도에서 요동이 발생한다. 액체에도 그런 임계점이 있다. 그 지점에서는 기체와 액체의 구분이 사라지며, 기체와 액체 영역의 분포는 척도 불변성을 띤다. 어떤 척도에서든 그런 분포가 관찰된다는 말이다. (그림 e.10 참조) 그림 e.10은 철에서 원자들의 자극이 이쪽을 가리키는 영역과 저쪽을 가리키는 영역이 뒤섞인 모습이라고 해도 충분히 통할 것이다. (그림 e.5 참조) 철이 퀴리 온도를 거쳐 냉각되면, 제멋대로 여러 방향을 가리키던 원자들의 자극이 한 방향으로 정렬된다. 그러나 계가 정확히 임계점에 있을 때는 앞으로 둘 중 어느 방향이(그림에서는 검은 영역과 흰 영역으로 표시되었다.) 우세할지 예측할 수 없다. 임계 상태의 계는 요동에 무한히 민감하기 때문이다. 아주 사소한 불균형만으로도 계는 한쪽으로 기운다.

계가 임계점에 다가가면, 구성 요소들은 서로의 영향을 점점 더 크게 느끼기 시작한다. 계가 임계점에 다다르지 않았을 때는 자성을 띤 원자와 가까운 이웃 원자들의 행동만 그 원자의 배열에 영향을 미치지만, 계가 임계점에 접근하면 원자 하나하나의 영향력 범위(상관 길이(correlation length)라고 부른다.)가 점점 더 커진다. 그러다가 계가 정확히 임계점에 다다르면, 상관 길이는 '무한'이 된다. 즉 계 전체만큼 커진다. 이것은 원자 자석 하나하나의 자기장이 더 강해진다거나 더 멀리 뻗는다는 말이 아니다. 원자들의 행동이 **집단성**을 띤다는 말이다. 그래서 갈수록 더 커져 가는 집단이 다 함께 협동하듯 행동하게 된다.

구성 요소들의 장거리 상관관계 때문에 그것들이 큰 규모에서 가지런히 조직된다는 측면에서, 비평형 패턴 형성은 임계 상전이를 닮았다. 그러나 중요한 차이점도 있다. 특히 그 결과로 만들어지는 구조가 다르다. 철의 경우에 상전이를 거쳐 만들어진 질서에는 특징적인 규모

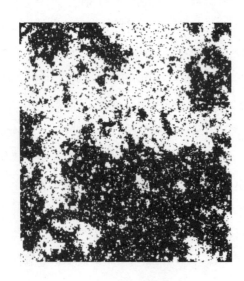

그림 e.10
임계점에서 영역 규모들의
척도 불변성을 보여 주는 그림.
일례로 자석이 퀴리 온도일 때
이런 모습을 취한다. 이 패턴은
프랙탈 구조이다.

척도가 있다. 그 척도는 원자 간 힘의 범위를 반영한다. 자석이 된 철은 자성 배열의 주기성이 원자들의 주기성과 동일한 규모를 띠는 규칙적 구조를 취한 것이다. 우리는 그 규모 척도를 임계점을 넘는 온도에서도 미리 예측할 수 있는데, 왜냐하면 그것은 원자 하나하나가 미치는 자성의 범위와 사실상 같기 때문이다. 반면에 비평형 패턴은 다르다. 비평형 패턴에서 질서의 규모는 구성 요소들의 상호 작용 범위보다 훨씬 더 크다. 그리고 우리가 패턴이 없는 상태의 미시적 물리학을 아무리 살펴본들 그 규모 척도에 대한 분명한 단서를 얻을 수 없다. 따라서 그런 패턴은 계에서 전면적으로 생겨나는 **창발적** 성질로 간주해도 좋을 것이다. 그런 성질은 미시적 상호 작용을 분석하는 환원주의적 시각으로는 보이지 않을 가능성이 높다.

멱함수 법칙과 척도

내가 지금까지 다룬 패턴들은 대부분 본질적으로 **결정론적**인 계에서 형성되었다. 결정론적 계란 우리가 적어도 이론적으로는 계의 행동을 정확하게 묘사하는 방정식을(나비에-스토크스 방정식 같은 것을) 작성할 수 있다는 뜻이다. 그렇다고 해서 그 방정식을 반드시 풀 수 있는 것은 아니지만, 논리적으로는 일단 초기 조건과 경계 조건이(가열 속도, 용기 크기 등등) 규정되면 그 과정의 모든 구성 요소들을 알아낼 수 있다.

그런데 내가 세 권의 책에서 소개했던 패턴들 중 일부는, 특히 이 책에서 이야기했던 패턴들은 결정론적 성격을 띠지 않는다. 비결정론적 패턴을 묘사하는 방정식에는 강한 무작위적 요소가 포함되어 있다. 우리는 그 요소를 통계적이고 평균적인 용어로 묘사할 수 있을 뿐, 그 이상 예측하고 공식화할 수 없다. 확산을 통한 응집(DLA, 2장 참조)

과정이 좋은 예다. 자라나는 DLA 덩어리에 와서 붙는 입자들은 공중에서 공기 분자들에게 이리저리 떠밀려 마구 움직이며 다가오므로, 정확한 궤적이 미리 정해지지 않는다. 이런 패턴 형성에서는 잡음이 중요한 요인으로 작용하고, 완성된 형태는 대체로 무질서해 보인다.

이런 계에서도 모종의 특징적이고 변치 않는 형태가 유지되지만, 그것은 대체로 '숨어' 있다. 그것은 시각적 형태가 아니라 수학적 형태이다. 모래 더미가 사태를 일으키는 현상에서 보았듯이(『흐름』 4장), 사태 규모는 겉보기에 무작위적인 것 같지만 사실은 자기 조직적 임계성의 특징인 '숨은 규칙성'을 따른다. 자기 조직적 임계성은 멱함수 통계로 드러난다. DLA 덩어리나 도시 형태와 같은 무질서한 프랙탈 구조들의 속성 중에서 가장 튼튼한 속성은 멱함수 축척 행동 혹은 프랙탈 차원으로, 우리는 그 속성을 잣대로 삼아 시각적으로는 딱히 공통점이 없는 여러 구조들을 분류하고 비교할 수 있다. 어떤 연구자들은 비평형계가 강한 잡음의 영향 하에 드러내는 복잡한 행동들을 멱함수 법칙으로 대부분 이해할 수 있다고 믿는다. 그러나 자기 조직적 임계성이 그런 계들을 일반적으로 묘사하는 설명틀을 어느 정도까지 제공할지는 분명하지 않다. 어쨌든 잡음, 멱함수 행동, 척도 불변성, 사태 행동, 프랙탈 형태는 심오한 방식으로 서로 밀접하게 연결되어 있을 것이다. 앞으로 우리는 그 방식을 더욱 깊게 탐구하고 풀어내야 한다.

엔트로피 생성의 역할

앞에서 말한 개념들은 사실 비평형계의 패턴 선택 문제에 저마다 단편적으로만 접근한 것처럼 보인다. 그런데 1960년대와 1970년대에 브뤼셀에서 연구하던 프리고진과 동료들은 좀 더 일반적인 기준을 찾았다고 주장했다. 평형 상태의 자유 에너지 최소화 원칙과 비슷한 '최소화 원칙'이 비평형 상태에도 있다는 것, 달리 말해 특정 사례에서 선택된 패턴은 모종의 양을 최소화하는 패턴이라는 주장이었다. 앞에서 말했듯이 프리고진은 계가 평형에서 약간만 벗어난 상태일 때 엔트로피 생성 최소화 원칙을 따른다는 사실을 보여 주었다. 그러나 이 원칙은 계가 평형에서 멀리 벗어난 상태일 때는 일반적으로 유효하지 않은 듯했다. 자발적 패턴은 보통 그런 계에서 형성되는데 말이다. 우리가 지금 판단하기로 모든 비평형계들에 일반적으로 적용되는 최소화 원칙은 없는 것 같다. 따라서 패턴 선택 문제를 다루려면 각 계의 구체적인 세부 사항을 고려하는 수밖에 없다. 우리에게 주어진 선택지는 실험에 의지하는 것, 즉 실험에서 나타난 소산 구조들의 특징을 살피고 범주화하는 것뿐일 때가 많다.

그런데 비평형 패턴 선택에 대한 '일반' 원리로서 보편적이지는 않지만 폭넓게 적용되는 듯한 후보가 하나 **있기는** 하다. 미국의 수리물리학자 에드윈 톰프슨 제인스(Edwin Thompson Jaynes, 1922~1998년)가 1950년대에 시작했던 연구에서 비롯한 이론이다. 제인스는 열역학의 미시적, 분자적 토대를 재구성하려 노력했다. 일찍이 19세기 후반에 제임스 클러크 맥스웰(James Clerk Maxwell, 1831~1879년), 루트비히 에두아르트 볼츠만(Ludwig Eduard Boltzmann, 1844~1906년) 등은 개별 원자들과 분자들의 흔들림과 충돌을 따져보는 방법으로 열과 물질의 성질을 다스리는 열역학 법칙들을 이해할 수 있음을 증명했다. 이것이 바로 통계 역학이라고 불리는 분야이다. 분자들의 아수라장 같은 행동을 평균적으로만(통계적으로만) 고려하기 때문이다. 볼츠만에 따르면, 그런 미시적 규모에서 엔트로피는 분자들의 가능한 배열 방식이 얼마나 많은가를 측정하는 잣대이다. 이후 1940년대에 미국의 공학자 클로드 엘우드 섀넌(Claude Elwood Shannon, 1916~2001년)은 그런 엔트로피 개념이 분자뿐 아니라 정보에도 적용될 수 있다고 말했다. 이때 엔트로피는 정보 단위들의 가능한 배열 방식을 정량화한 개념이 된다. 제인스는 섀넌의 '정보 이론'을 볼츠만과 후예들의 통계 역학과 통합하려 노력했고, 그 결과 비평형계에도 적용되는 통계 역학을 개발하기 시작했다. 온사게르가 꿈꾸었지만 어렴풋하게만 떠올릴 수 있었던 이론이 바로 이런 것이었다.

제인스는 그 결합에서 '사태가 어떻게 벌어지는지' 결정하는 원칙을 유도한 뒤, 그 원칙이 평형계와 비평형계에 동일하게 적용된다고 주장했다. 그 원칙이란 엔트로피가 **극대화**되는 경향이 존재한다는 것이다. 비평형계에서 이것은 엔트로피 생성 속도가 최대인 상태를 취하려고 한다는 뜻이다. 계가 엔트로피 생성을 최소화하기는커녕 오히려 극대화한다는 말이다. 이 개념은 아직 보편적으로 인정되지는 않지만, 지지하는 과학자가 늘고 있다.

엔트로피 생성 극대화 이론의 매력은, 왜 평형에서 멀리 벗어났을 때 질서 있는 패턴이 나타나는가 하는 문제를 설명할 수 있다는 점이다. 재차 환기하건대 이것은 직관을 정면으로 거스르는 현상이다. 우리는 보통 평형에서 멀어진 계는 혼돈으로 빠져들리라고 예측하기 때문이다. 게다가 이 현상은 열역학 제2법칙을 거스르는 것처럼 보인다. (실제로는 아니다.) 열역학 제2법칙에 따르면 엔트로피, 즉 무질서도는 늘 증가해야 하니까. 정말로 아리송하기는 하다. 엔트로피가 그냥 증가하는 것도 아니고 최대 속도로 증가하는 것이 사실이라면, 어떻게 그로부터 무질서가 아니라 질서가 생성될까? 제인스의 엔트로피 극대화 이론에 따르면, 그 답은 **무질서한 상태보다 질서 있는 상태가 엔트로피 생성에 더 효율적이기** 때문이다. 다르게 설명해보자. 어떤 계가 에너지를 많이 축적하고 있어서 그것을 방출할 '필요'가 있다고 하자. 이 상황을 곧이곧대로 옮긴 예를 들면, 비구름에 전하가 잔뜩 축적된 상황이다. 비구름은 땅으로 전류를 흘려 전하를 내보내려고 한다. 한 방법은 전하들이 공기 중의 물방울이나 먼지 입자로 자리를 옮겨 천천히 땅으로 내려오며 퍼지는 것이다. 이 과정은 느리다. 그러나 우리가 잘 알다시피, 그 대신 자주 쓰이는 방법이 있다. 전하들이 벼락의 형태로 단숨에 땅으로 떨어지면서, 앞에서 보았던 분지 패턴을 형성하는 것이다. 공기에서의 절연 파괴 현상이라고 할 수 있는 벼락은(121쪽 참조) **엔트로피를 최대 속도로 생산하면서** 전기 에너지를 방출할 '구조화된 통로'를 제공한다. 물리학자 로더릭 듀어(Roderick C. Dewar, 1960년~)의 말을 빌리면 "평형에서 먼 계라면 순전히 소산 구조로만 이루어진 상태보다 질서 영역과 소산 영역이 공존하는 상태일 때 엔트로피를 더 많이 생산하고 환경으로 더 많이 내보낼 수 있다."[25] 코네티컷 대학교의 로드 스웬슨(Rod Swenson)의 말을 빌리면 "세상은 기회가 있을 때마다 질서를 생산한다."

이 발상은 특별한 의미가 있다. 대류 롤 세포나 하천망 같은 구조가 에너지 부담을 배출하고 엔트로피를 효율적으로 생산하는 '통로'로 형성된다는 설명은 그렇다 해도, 어떤 연구자들은 그보다 한참 더 나아간다. 버지니아 주 페어팩스에 있는 조지메이슨 대학교의 해럴드 모로위츠(Harold J. Morowitz, 1927년~)와 뉴멕시코 주 산타페 연구소의 에릭 스미스(Eric Smith)는 생명도 비평형 상태에서 나타나는 규칙성과 구조의 사례라고 주장했다. 생명은 스웬슨이 말했던 불가피한 질서,

즉 우주가 기회를 얻자마자 터뜨리려고 기다리는 질서 중 하나라는 주장이다. 모로위츠와 스미스에 따르면, 초기 지구는 에너지를 너무나 많이 저장하고 있었기 때문에 그것을 발산할 '필요'가 있었다. 특히 수소와 이산화탄소가 풍부했을 것이다. 두 분자가 반응을 일으킴으로써 에너지를 발산할 수도 있지만, 분자들이 직접 반응하는 과정은 너무 느리다. 어쩌면 그 과정을 좀 더 쉽게 진행시키기 위해 원시 생명체들이 탄생했을지도 모른다. 생물은 수소에서 떼어 낸 전자를 활용하는 화학 반응으로 이산화탄소를 유기물질로 '고정'시킨다. 물론 지질학적 환경도 그런 역할을 할 수 있다. 어떤 환경에서는 전자가 풍부한 분자들이 생성되고, 또 다른 환경에서는 전자를 원하는 분자들이 생성되기 때문이다. 그러나 오직 생물의 세포만이 그 전이 과정을 상당한 속도로 진행시킨다. 요컨대 생명은 일종의 피뢰침으로, 즉 질서를 사용하여 엔트로피 생산 속도를 높이는 도구로 초기 지구에 등장했을지도 모른다. 모로위츠와 스미스는 "생명을 포함하는 지구권이 완전한 무생물 상태의 지구권보다 더 가능성이 높은 사건이었을 것"이라고 표현했다.

생명 그 자체

생명에 대한 이런 시각은 과학자들이 오랫동안 씨름해 온 기존의 시각과는 전혀 다르다. 아무리 원시적인 생물이라도 혀를 내두를 만큼 복잡하기 때문에, 그리고 생물의 구성 요소들은 무생물 환경에서는 비교적 드문 물질처럼 보이기 때문에, 과학자들은 지구에 생명이 나타난 것은 놀라운 행운이라고 생각해 왔다. 그러나 그런 생각은 지질학적 증거와 어울리지 않는다. 지질학적 증거에 따르면 지구에 지질학적으로 생명이 존재할 수 있는 조건이 갖춰지자마자 당장 생명이 시작된 듯하다. 땅이 굳자마자, 대기 중의 물이 응결되어 바다를 이루자마자 말이다. 게다가 과학자들은 생명이 무작위성에 굴복하기는커녕 오히려 질서를 창조함으로써 열역학 제2법칙을 무시하는 듯하다는 사실에 불편함을 느껴 왔다. 물리학자 에르빈 슈뢰딩거(Erwin Schrödinger, 1887~1961년)는 생명이 '음의 엔트로피'를 공급한다는 거북한 용어를 써 가면서까지 설명할 필요성을 느꼈다. 그런데 엔트로피 생성 극대화 원칙에 따라 비평형 질서로의 추진력이 작용한다는 개념은 이런 역설을 없애 줄 가능성이 있다. 정말로 평형을 벗어난 상태에서 질서가 스스로 나타나려는 경향성이 강하게 존재한다면, 생명이 바로 그 결과일지도 모른다.

이 시각이 옳다면, 우리는 우주에 우리뿐일지도 모른다는 생각으로 근심할 필요가 없을 것이다.

헬레쇼 세포

헬레쇼 세포의 기본 구조는 투명하고 단단한 두 판이 좁은 간격을 두고 떨어져 있는 형태이다. 손쉽게 만드는 방법은 테두리가 약간 솟은 쟁반 같은 것을 써서 아래쪽 쟁반에 액체를 담는 것이다. 유리로 된 판이라면 좋겠지만, 투명한 플라스틱(퍼스펙스, 플레시글라스)도 괜찮고 사용하기에는 오히려 더 편하다. 사진에서 위쪽 쟁반은 크기가 27×27센티미터, 아래쪽 쟁반은 34×34센티미터다. 두께 4밀리미터의 플라스틱을 에폭시 수지로 붙여 만들었다.

위아래 판을 띄우려면 네 모서리에 무언가 납작한 것을 끼우면 된다. 영국의 1페니 동전이면 간격이 딱 알맞다. 미국의 5센트 동전도 좋다. 점성이 있는 액체로는 약국에서 산 글리세린을 쓴다. 좀 더 눈에 잘 들어오고 예쁜 무늬를 얻으려면 식용 색소를 더해도 좋다. (기름 대신 글리세린을 쓰면 나중에 청소하기가 편하다.) 위쪽 판에 작은 구멍을 뚫어 그곳으로 공기를 주입해야 하는데, 나는 다 쓴 볼펜의 잉크 대롱(안쪽 지름이 2밀리미터쯤 된다.)이 딱 맞을 만한 구멍을 드릴로 뚫었다. 그리고 대롱을 구멍에 붙여 고정했다. 공기를 주입하는 방법으로 가장 간단한 것은 고무관에 플라스틱 주사기를 끼워서 쓰는 것이지만, 관을 입으로 직접 불어도 된다. 다만 비스커스 핑거링은 비평형 패턴이라는 점을 명심하자. 평형을 상당히 심하게 교란시켜야 한다는 말이다. 쉽게 말해 강하고 절도 있게 불어라!

이 헬레쇼 세포 제조법은 다음 자료를 참조한 것이다. T. Vicsek, 'Construction of a radial Hele-Shaw cell', in *Random Fluctuations and Pattern Growth*, ed. H. E. Stanley and N. Ostrowsky (Dordrecht: Kluwer Academic, 1988), p. 82.

후주

1   케플러의 추측은 400년 가까이 추측으로 남아 있다가, 1998년에서야 미국 수학자 토
     머스 캘리스터 헤일스(Thomas Callister Hales, 1958년~)가 이 추측이 사실임을 증명
     했다.

2   이 모형은 2장에서 자세히 설명하겠다. 그때 이야기하겠지만, 모형은 눈송이보다 훨
     씬 더 폭넓고 훨씬 덜 가지런한 분기 패턴들도 만들어 낸다.

3   이것은 1장에서 급속 냉각되는 금속이 취한다고 말했던 '수지상 구조'와는 다르다.
     금속의 수지상 구조는 수지상 광물보다 좀 더 규칙적이고, 눈송이의 팔을 닮았다. 말
     이 나왔으니 말인데, 이것은 신경 과학자들이 말하는 수지상 돌기, 즉 뇌에 있는 신경
     세포(뉴런)의 갈라진 말단을 가리키는 용어와도 관련이 없다. 금속학자, 지질학자, 생
     물학자 들은 자신의 대상을 나무에 비유하고 싶은 마음에서 다른 분야에서 그 단어
     를 어떻게 쓰는지는 괘념치 않고 각자 그리스 어 '덴드론'을 가져다 썼던 것이다.

4   3차원에서 자란 DLA 덩어리는 프랙탈 차원이 약 2.5이다. 브래디와 볼에 따르면, 역

시 3차원에서 자란 전기 석출물의 프랙탈 차원은 약 2.43이다.

5 '연관된다.'라는 표현은 약간 모호하다. 정확한 뜻은 다음과 같다. '망델브로 방정식'은 하나의 수(z_1이라고 하자)에서 다른 수(z_2)를 생성하는 처방이다. 처방전은 $z_2 = z_1{}^2 + c$이고, c는 상수이다. 우선 $z_1 = 0$에서 시작하여 z_2를 계산하고, 다음에는 그 값을 z_1으로 써서 새로운 z_2를 계산한다. 이 과정을 반복하면 결국에는 z_2가 무한으로 나아가거나 그렇지 않거나 둘 중 하나인데, 결과는 c의 값을 얼마로 설정하느냐에 달려 있다. 망델브로 집합은 이 방정식을 반복적으로 계산해도 무한한 해가 나오지 않는 모든 c 값들의 집합이다. 망델브로 집합이 2차원인 까닭은 c에 실수부와 허수부가 있기 때문이다. 실수부는 수평축으로, 허수부는 수직축으로 표시한다. 허수는 −1의 제곱근의 배수들을 말하는데, 혹시 이런 이야기에 익숙하지 않다면 굳이 이 문제로 지체할 필요는 없다.

6 나는 《네이처》 438호 (2005년) 915쪽에서 '프랙탈 풍경'의 미학에 관해 이야기했다.

7 프랑스 물리학자 뱅상 플뢰리(Vincent Fleury)는 쇼히처의 선구적 작업을 기리는 의미에서, 또한 1745년에 아베 드 소바주(Abbé de Sauvages, 1710~1795년)가 그 내용을 더욱 다듬었던 것을 기리는 의미에서(액체를 그보다 점성이 큰 다른 액체에 주입한다는 헬레쇼의 발상을 앞서 제안했다.), 이 이름을 쇼히처-소바주 불안정성으로 바꾸자고 제안했다.

8 전설의 다른 형태에서는 이야기가 좀 다르다. 핀의 계략이 너무 소심하다고 느꼈던지, 핀이 벌떡 일어나서 베난도너의 손을 물고 스코틀랜드까지 쫓아가는 것으로 바뀌었다. 그때 핀이 커다란 땅덩어리들을 내던졌는데, 그중 하나가 맨 섬이 되었다고 한다.

9 리히텐베르크와 볼타는 틀림없이 함께 즐거운 시간을 보냈던 모양이다. 리히텐베르크는 언젠가 친구에게 물었다. "펌프 없이 포도주 잔에 진공을 만드는 가장 쉬운 방법이 뭘까?" 답은 이랬다. "포도주를 따르는 거야! 그러면 공기가 돌아오게 만드는 최고의 방법은 뭘까? 포도주를 마셔 버리는 거지!" 리히텐베르크는 "이 실험은 실패하는 경우가 없을 거야!"라며, 물론 자신이 유효한 통계를 쌓았기에 하는 말이라고 했다.

10 내가 논문에서 이런 감사의 말을 본 것은 생전 처음이었다. "내가 부엌을 어지럽혀도 참아 준 아내에게 감사한다."

11 게다가 강은 특정한 방향으로 흐르는데, 스티븐 제이 굴드(Stephen Jay Gould, 1941~2002년) 같은 생물학자들은 진화에는 정해진 방향이 없다고 강력하게 주장한

다. 흐름이 가지를 뻗기는 하지만 어딘가를 '향해' 가는 것은 아니라는 말이다.

12 현실에서는 이것보다 좀 더 복잡하다. 강이 늘 상류에서만 성장하는 것은 아니기 때문이다. 가끔은 한 지류가 다른 지류에 붙잡혀서 흐르는 방향이 뒤집히기도 한다.

13 다만 레오폴드는 최적의 타협이 국지적으로, 즉 망의 하부 구역 각각에서 달성된다고 말했다. 유역 전체에서 균형이 달성되어야 한다고는 생각하지 않았다. 이것은 절묘하게 균형을 유지한 '카드로 지은 집'이 크게 딱 하나 있는 것이 아니라 작은 카드 집들이 많이 모여 망을 이룬 그림이라고 할 수 있다.

14 다른 방식으로 따지면 이해하기가 더 쉬울지도 모르겠다. 체질량은 몸의 부피에 정비례한다. 부피는 몸의 직선 차원들로 구성된 입방체, 즉 세제곱이다. 그러니 입방체 모양의 상자에서 일정 속도로 이동하는 데 걸리는 시간은 상자 부피의 1/3제곱에 비례한다.

15 http://oracleofbacon.org

16 사실은 선출이 전혀 무작위적이지 않았고, 연구에 참여한 사람들 중에는 네브래스카에 살지 않은 사람들도 있었다 232쪽 참조.

17 내 에르되시 수는 내가 아는 한 5다. 나는 에르빈 슈뢰딩거가 8이었다는 사실로 마음을 달랜다.

18 실제로는 어떤 페이지로 들어오는 링크와 나가는 링크가 다르기 때문에 그림이 좀 더 복잡하다. 하이퍼링크는 한 방향으로만 안내한다. 하이퍼링크를 통해 다른 페이지로 넘어간 뒤 다시 그 하이퍼링크를 통해 원래 페이지로 돌아갈 수는 없다. 그러나 버러바시와 동료들은 들어오는 링크와 나가는 링크에 대해 동일한 통계 패턴이 적용된다는 것을 확인했다.

19 이 구조를 분석한 사람은(실제로는 노드 4,000여 개를 포함하는 인터넷의 하위 집합을 분석했다.) 미할리스(Michalis), 페트로스(Petros), 크리스토스 팔루츠스(Christos Faloutsos)형제였다. 그들은 모두 컴퓨터 과학자로, 버러바시와 동료들이 월드 와이드 웹을 지도화하던 1999년에 거의 동시에 이 분석을 수행했다. 그리하여 버러바시가 발견한 것과 정확히 똑같은 멱함수 관계를 노드들의 연결성에서 발견했다.

20 실제로는 이것보다 좀 더 세련된 방식으로 페이지 순위가 매겨진다. 그 페이지를 링크한 페이지들의 연결성까지 고려하기 때문이다. 그래도 여전히 마태 효과는 작용한다.

21 『모양』의 내용을 기억하는 사람이라면, 이때 실제로 최소화되는 것은 자유 에너지,

혹은 기브스 에너지라고 불리는 양임을 알 것이다.

22 사실 현실에서는 그런 조합을 흔히 볼 수 있다. 웅덩이에서 물 위에 얼음장이 깔린 것처럼 말이다. 그러나 이것은 물이 전부 어는점 아래로 내려가지 않았거나, 물이 얼거나 얼음이 녹는 데 시간이 더 필요하기 때문이다. 이때 웅덩이는 열역학적 평형 상태가 아니다.

23 현실에서는 지구의 자기장이 한 방향을 선호하도록 편향을 가할 수 있다. 수천 년 전에 암석이 용융 상태에서 식을 때 지자기장이 그렇게 흔적을 남겼기 때문에, 오늘날 우리는 그 흔적에서 당시 지자기장의 상태 변화를 유추할 수 있다.

24 엄밀하게 말하면 꼭 그렇지는 않다. 과학자들은 구나 원환면(토러스)처럼 자기 폐쇄적인 표면에서 형성된 패턴들에 대해 흥미로운 연구를 많이 수행했다. 그런 표면 위의 패턴은 가장자리 효과를 경험하지 않는 것이 사실이지만, 표면의 전체 크기에 제약되기는 마찬가지다.

25 이때 '소산'이라는 표현은 앞에서 이야기했던 '소산 구조'를 떠올리면 헷갈릴지도 모른다. 여기에서 소산은 집중된 방식이 아니라 무작위적인 방식으로 벌어지는 확산 과정을 뜻한다.

참고 문헌

Assenheimer, M., and Steinberg, V., 'Transition between spiral and target states in Rayleigh-Bénard convection', *Nature* 367 (1994): 345.

Audoly, B., Ries, P. M., and Roman, B., 'Cracks in thin sheets: when geometry rules the fracture path, preprint ⟨www.lmm.jussieu.fr/platefracture/preprint_geometry_fracture.pdf⟩.

Avnir, D., Biham, O., Lidar D., and Malcai, O., 'Is the geometry of nature fractal?' *Science* 279 (1998): 39-40.

Ball, P., *Critical Mass* (London: Heinemann, 2004).

Barabási, A.-L., *Linked* (Cambridge, MA: Perseus, 2002).

Batty, M., and Longley, P., *Fractal Cities* (London: Academic Press, 1994).

Ben-Jacob, E., Goldenfeld, N., Langer, J. S., and Schön, G., 'Dynamics of interfacial pattern formation', *Physical Review Letters* 51 (1983): 1930.

가지

Ben-Jacob, E., 'From snowflake formation to growth of bacterial colonies. Part I: diffusive patterning in azoic systems', *Contemporary Physics* 34 (1993): 247.

Ben-Jacob, E., 'From snowflake formation to growth of bacterial colonies. Part II: cooperative formation of complex colonial patterns', *Contemporary Physics* 38 (1997): 205.

Ben-Jacob, E., and Garik P., 'The formation of patterns in non-equilibrium growth', *Nature* 343 (1990): 523.

Ben-Jacob, E., Shochet, O., Cohen, I., Tenenbaum, A., Czirók, A., and Vicsek, T., 'Cooperative strategies in formation of complex bacterial patterns', *Fractals* 3 (1995): 849.

Ben-Jacob, E., Shochet, O., Tenenbaum, A., Cohen, I., Czirók, A., and Vicsek, T., 'Generic modelling of cooperative growth patterns in bacterial colonies', *Nature* 368 (1994): 46.

Bentley, W. A., and Humphreys, W. J., *Snow Crystals* (New York: Dover, 1962).

Bergeron V., Berger C., and Betterton, M. D., 'Controlled irradiative formation of penitentes', *Physical Review Letters* 96 (2006): 098502.

Betterton, M. D., 'Theory of structure formation in snowfields motivated by penitentes, suncups, and dirt cones', *Physical Review E* 63 (2001): 056129.

Bohn, S., Douady, S., and Couder, Y., 'Four sided domains in hierarchical space dividing patterns', *Physical Review Letters* 94 (2005): 054503.

Bohn, S., Pauchard, L., and Couder, Y., 'Hierarchical crack pattern as formed by successive domain divisions. I. Temporal and geometrical hierarchy', *Physical Review E* 71 (2005): 046214.

Bohn, S., Platkiewicz, J., Andreotti, B., Adda-Bedia, M., and Couder, Y., 'Hierarchical crack pattern as formed by successive domain divisions. II. From disordered to deterministic behavior', *Physical Review E* 71 (2005): 046215.

Bohn, S., Andreotti, B., Douady, S., Munzinger, J., and Couder, Y., 'Constitutive property of the local organization of leaf venation networks', *Physical Review E* 65 (2002): 061914.

Bowman, C., and Newell, A. C., 'Natural patterns and wavelets', *Review of Modern Physics*

70 (1998): 289.

Brady, R. M., and Ball, R. C., 'Fractal growth of copper electrodeposits', *Nature* 309 (1984): 225.

Brockmann, D., Hufnagel, L., and Geisel, T., 'The scaling laws of human travel', *Nature* 439 (2006): 462–465.

Brown, J. H., and West, G. B. (eds), *Scaling in Biology* (New York: Oxford University Press, 2000).

Buchanan, M., *Small World* (London: Weidenfeld & Nicolson, 2002).

Buzna, L., Peters, K., Ammoser, H., Kühnert, C., and Helbing, D., 'Efficient response to cascading disaster spreading', *Physical Review E* 75 (2007): 056107.

Chopard, B., Herrmann, H. J., and Vicsek, T., 'Structure and growth mechanism of mineral dendrites', *Nature* 353 (1991): 409.

Cohen, R., Erez, K., ben-Avraham, D., and Havlin, S., 'Resilience of the Internet to random breakdowns', *Physical Review Letters* 85 (2000): 4626–4628.

Couder, Y., Pauchard, L., Allain, C., Adda-Bedia, M., and Douady, S., 'The leaf venation as formed in a tensorial field', *European Physical Journal B* 28 (2002): 135–138.

Cowie P., 'Cracks in the Earth's surface', *Physics World* (February 1997): 31.

Cross, M. C., and Hohenberg, P., 'Pattern formation outside of equilibrium', *Reviews of Modern Physics* 65 (1993): 851.

Czirók, A., Somfai, E., and Vicsek, T., 'Self-affine roughening in a model experiment in geomorphology', *Physics A* 205 (1994): 355.

Daerr, A., Lee, P., Lanuza, J., and Clément, É., 'Erosion patterns in a sediment layer', *Physical Review E* 67 (2003): 065201.

Dawkins, R., *River Out of Eden* (London: Weidenfeld & Nicolson, 1996).

Dewar, R. C., 'Maximum entropy production and non-equilibrium statistical mechanics', in Lorenz, R. D., and Kleidon, A. (eds), *Non-Equilibrium Thermodynamics and the Production of Entropy: Life, Earth, and Beyond* 41 (Berlin and Heidelberg: Springer, 2005).

Dezsö, Z., and Barabási, A.-L., 'Halting viruses in scale-free networks', *Physical Review E*

가지

65 (2002): 055103(R).

Dimitrov, P., and Zucker, S. W., 'A constant production hypothesis guides leaf venation patterning', *Proceedings of the National Academy of Sciences USA* 103 (2006): 9363.

Dodds, P. S., Muhamad, R., and Watts, D. J., 'An experimental study of search in global social networks', *Science* 301 (2003): 827.

Family, F., Masters, B. R., and Platt, D. E., 'Fractal pattern formation in human retinal vessels', *Physica D* 38 (1989): 98.

Fleury, V., *Arbres de Pierre* (Paris: Flammarion, 1998).

————, 'Branched fractal patterns in non-equilibrium electrochemical deposition from oscillatory nucleation and growth', *Nature* 390 (1997): 145.

Garcia-Ruiz, J. M., Louis, E., Meakin, P., and Sander, L. M. (eds), *Growth Patterns in the Physical Sciences and Biology* (New York: Plenum Press, 1993).

Ghatak, A., and Mahadevan, L., 'Crack street: the cycloidal wake of a cylinder tearing through a thin sheet', *Physical Review Letters* 91 (2003): 215507.

Goehring, L., and Morris, S. W., 'Order and disorder in columnar joints', *Europhysics Letters* 69 (2005): 739-745.

Goehring, L., Morris, S. W., and Lin, Z., 'An experimental investigation of the scaling of columnar joints', *Physical Review E* 74 (2006): 036114.

Goehring, L., and Morris, S. W., 'Scaling of columnar joints in basalt', *Journal of Geophysical Research* 113 (2008): B10203.

Gordon, J. E., *The New Science of Strong Materials* (London: Penguin, 1991).

Gravner, J., and Griffeath, D., 'Modeling snow crystal growh II: a mesoscopic lattice map with plausible dynamics', *Physica D* 237 (2008): 385.

Gravner, J., and Griffeath, D., 'Modeling snow-crystal growth: a three-dimensional mesoscopic approach', *Physical Review E* 79 (2009): 011601.

Hurd, A. J. (ed.), *Fractals. Selected Reprints* (College Park: American Association of Physics Teachers, 1989).

Ijjazs-Vasquez, E., Bras, R. L., and Rodriguez-Iturbe, I., 'Hack's relation and optimal channel networks: the elongation of river basins as a consequence of energy minimization', *Geophysical Research Letters* 20 (1993): 1583.

Jacobs, J., *The Death and Life of Great American* Cities (New York: Vintage, 1961).

Jagla, E. A., and Rojo, A. G., 'Sequential fragmentation: the origin of columnar quasihexagonal patterns', *Physical Review E* 65 (2002): 026203.

Jeong, H., Tombor, B., Albert, R., Oltvai, Z. N., and Barabási, A.-L., 'The Large-scale organization of metabolic networks', *Nature* 407 (2000): 651.

Kauffman, S., *At Home in the Universe* (Oxford: Oxford University Press, 1995).

Kessler, D., Koplik, J., and Levine, H., 'Pattern selection in fingered growth phenomena', *Advances in Physics* 37 (1988): 255.

Kirchner, J. W., 'Statistical inevitability of Horton's laws and the apparent randomness of stream networks', *Geology* 21 (1993): 591.

Landauer, R., 'Stability in the dissipative steady state', *Physics Today* 23 (November 1978).

———, 'Inadequacy of entropy and entropy derivatives in characterizing the steady state', *Physical Review A* 12 (1975): 636

Libbrecht, K., and Rasmussen, P., *The Snowflake: Winter's Secret Beauty* (Stillwater, MN: Voyageur Press, 2003).

Libbrecht, K., 'The enigmatic snowflake', *Physics World*, January 2008: 19.

———, 'The formation of snow crystals', *American Scientist* 95(1) (2007): 52.

Liljeros, F., Edling, C. R., Nunes Amaral, L. A., Stanley, H. E., and Åberg, Y., 'The web of human sexual contacts', *Nature* 411 (2001): 907–908.

Makse, H. A., Havlin, S., and Stanley, H. E., 'Modelling urban growth patterns', *Nature* 377 (1995): 608.

Mandelbrot, B., *The Fractal Geometry of Nature* (New York: W. H. Freeman, 1984).

———, 'Fractal goemetry: what is it, and what does it do?', *Proceedings of the Royal Society of London, Series A* 423 (1989): 3.

Marder, M., 'Cracks take a new turn', *Nature* 362 (1993): 295.

Marder, M., and Fineberg, J., 'How things break', *Physics Today* 24 (September 1996).

Maritan, A., Rinaldo, A., Rigon, R., Giacometti, A., and Rodriguez-Iturbe, I., 'Scaling laws for river networks', *Physical Review E* 53 (1996).

Masters, B. R., 'Fractal analysis of the vascular tree in the human retina', *Annual Reviews of Biomedical Engineering* 6 (2004): 427–452.

Matsushita, M., and Fukiwara, H., 'Fractal growth and morphological change in bacterial colony formation', in Garcia-Ruiz, J. M., Louis, E., Meakin, P., and Sander, L. M. (eds), *Growth Patterns in Physical Sciences and Biology* (New York: Plenum Press, 1993).

Meakin, P., 'Simple models for colloidal aggregation, dielectric breakdown and mechanical breakdown patterns', in Stanley, H. E., and Ostrowsky, N. (eds), *Random Fluctuations and Pattern Growth* (Dordrecht: Kluwer, 1988).

Milgram, S., 'The small world problem', *Psychology Today* 2 (1967): 60.

Morowitz, H., and Smith, E., 'Energy flow and the organization of life. Santa Fe Institute Working Papers', available at 〈http://www.santafe.edu/research/publications/workingpapers/06-08-029.pdf〉.

Müller, G., 'Starch columns: analog model for basalt columns', *Journal of Geophysical Research* 103, B7 (1998): 15239–15253.

Mullins, W. W., and Sekerka, R. F. 'Stability of a planar interface during solidification of a dilute binary alloy', *Journal of Applied Physics* 35 (1964): 444.

Mumford, L., *The Culture of Cities* (London: Secker and Warburg, 1938).

Murray, A. B., and Paola, C., 'A cellular model of braided rivers', *Nature* 371 (1994): 54.

Nicolis, G. 'Physics of far-from-equilibrium systems and self-organization', in Davies, P. (ed.), *The New Physics* (Cambridge: Cambridge University Press, 1989).

Niemeyer, L., Pietronero, L., and Wiesmann, H. J., 'Fractal dimensions of dielectric breakdown', *Physical Review Letters* 52 (1984): 1033.

Nittmann, J., and Stanley, H. E., 'Tip splitting without interfacial tension and dendritic growth patterns arising from molecular anisotropy', *Nature* 321 (1986): 663.

Nittmann, J., and Stanley, H. E., 'Non-deterministic approach to anisotropic growth patterns with continuously tunable morphology: the fractal properties of some real snowflakes', *Journal of Physics A* 20 (1987): L1185.

Oikonomou, P., and Cluzel, P., 'Effects of topology on network evolution', *Nature Physics* 2 (2006): 532.

Pastor-Satorras, R., and Vespignani, A., 'Epidemic spreading in scale-free networks', *Physical Review Letters* 86 (2001): 3200.

Pastor-Satorras, R., and Vespignani, A., 'Optimal immunisation of complex networks', preprint 〈http://www.arxiv.org/abs/cond-mat/0107066 (2001)〉.

Perrin, B., and Tabeling, P., 'Les dendrites', *La Recherche* 656 (May 1991).

Prigogine, I., *From Being to Becoming* (San Francisco: W. H. Freeman, 1980).

Prusinkiewicz, P., and Lindenmayer, A., *The Algorithmic Beauty of Plants* (New York: Springer, 1990).

Rigon, R., Rinaldo, A., and Rodriguez-Iturbe, I., 'On landscape self-organization', *Journal of Geophysical Research* 99 (B6) (1995): 11971.

Rinaldo, A., Banavar, J. R., and Maritan, A., 'Trees, networks, and hydrology', *Water Resources Research* 42 (2006): W06D07.

Rodriguez-Iturbe, I., and Rinaldo, A., *Fractal River Basins. Chance and Self-Organization* (Cambridge: Cambridge University Press, 1997).

Rodriguez-Iturbe, I., Rinaldo, A., Rigon, R., Bras, R. L., Ijjasz-Vasquez, E., and Marani, A., 'Fractal structures as least energy patterns: the case of river networks', *Geophysical Research Letters* 19 (1992): 889.

Rayn, M. P., and Sammis, C. G., 'Cyclic fracture mechanisms in cooling basalt', *Geological Society of America Bulletin* 89 (1978): 1295.

Sapoval, B., Baldassarri, A., and Gabrielli, A., 'Self-stabilized fractality of seacoasts through damped erosion', *Physical Review Letters* 93 (2004): 098501.

Sapoval, B., *Universalités et Fractales* (Paris: Flammarion, 1997).

Sander, L. M., 'Fractal growth', *Scientific American* 256(1) (1987): 94.

Shorling, K. A., Bruyn, J. R. de, Graham, M., and Morris, S. W., 'Development and geometry of isotropic and directional shrinkage crack patterns', *Physical Review E* 61, 6950 (2000).

Skjeltorp, A., 'Fracture experiments on monolayers of microspheres', in Stanley, H. E., and Ostrowsky, N. (eds), *Random Fluctuations and Pattern Growth* (Dordrecht: Kluwer, 1988).

Sinclair, K., and Ball, R. C., 'Mechanism for global optimization of river networks from local erosion rules', *Physical Review Letters* 76 (1996): 3360.

Stanley, H. E., and Ostrowsky, N. (eds), *On Growth and Form* (Dordrecth: Martinus Nijhoff, 1986).

Stanley, H. E., and Ostrowsky, N. (eds), *Random Fluctuations and Pattern Growth* (Dordrecht: Kluwer, 1988).

Stark, C., 'An invasion percolation model of drainage network evolution', *Nature* 352 (1991): 423.

Stewart, I., *What Shape is a Snowflake? Magical Numbers in Nature* (London: Weidenfeld & Nicolson, 2001).

Swenson, R., 'Autocatalysis, evolution, and the law of maximum entropy production: a principled foundation towards the study of human ecology', *Advances in Human Ecology* 6 (1997): 1-47.

Swinney, H., 'Emergence and the evolution of patterns', in Fitch, V. L., Marlow, D. R., and Dementi, M. A. E. (eds), *Critical Problems in Physics* (Princeton: Princeton University Press, 1997).

Temple, R. K. G., *The Genius of China* (London: Prion Books, 1998).

Thompson, D'A. W., *On Growth and Form* (New York: Dover, 1992).

Van Damme, H., and Lemaire, E., 'From flow to fracture and fragmentation in colloidal media', in Charmet, J. C., Roux, S., and Guyon, E. (eds), *Disorder and Fracture* (New York: Plenum Press, 1990).

Vella, D., and Wettlaufer, J. S., 'Finger rafting: a generic instability of floating ice sheets', *Physical Review Letters* 98 (2007): 088303.

Watts, D. J., and Strogatz, S. H., 'Collective dynamics of "small-world" networks', *Nature* 393 (1998): 440-442.

Watts, D. J., *Small Worlds* (Princeton: Princeton University Press, 1999).

Watts, D. J., Dodds, P. S., and Newman, M., 'Identity and search in local networks', *Science* 296 (2002): 1302-1305.

Watts, D. J., *Six Degrees* (New York: W. W. Norton, 2004).

Weaire, D., and O'Carroll, C., 'A new model for the Giant's Causeway', *Nature* 302 (1983): 240–241.

West, G. B., Brown, J. H., and Enquist, B. J., 'A general model for the origin of allometric scaling laws in biology', *Science* 276 (1997): 122.

Whitfield, J., *In the Beat of a Heart* (Washington: Joseph Henry Press, 2006).

Yuse, A., and Sano, M., 'Transitions between crack patterns in quenched glass plates', *Nature* 362 (1993): 329.

형태학의 자글자글한 즐거움

한때 패턴 인식은 인공 지능이 따라잡기 힘든 인간 고유의 능력이라고 일컬어졌다. 인간은 어디서나 패턴을 읽는다. 패턴이 없는 곳에서조차. 세부가 아닌 전면적 형태, 추상적 구조(위상), 반복성 등에 주목하는 패턴 인식은 대상을 가장 빠르게 파악하는 방법이기 때문이다. 진화 생물학자들은 대상을 빠르게 파악하는 것이 모든 동물의 생존에 결정적인 요소였기 때문에 우리가 지금과 같은 형태의 패턴 인식 능력을 갖게 되었을 것이라고 짐작한다. 그렇다는 것은 곧, 우리가 파악해야 하는 대상인 자연에 패턴이 많다는 뜻이다.

그런데 패턴에 내한 과힉적 연구는 늦게서야 시작뒨 편이다. 이 책의 저자 필립 볼이 「에필로그」에서 지적했듯이, 인류가 자연의 패턴을 인식한 역사는 선사 시대부터라고 해도 좋을 것이고 좀 더 최근에 와서는 1920년대에 다시 웬트워스 톰프슨이 형태와 패턴에 대한 중요한 저작을 냈음에도, 패턴에 대한 연구가 본격적으로 이뤄진 것은 20세기 말이 되어서였다. 그 이유로 저자는 패턴 연구가 컴퓨터의 계산 능력을 동원하지 않고서는 수행할 수 없을 만큼 복잡하고 많은 요소들을 다루는 작업이라는 점을 든다. 또한 패턴 연구에 특히 유용한 개념적 도구들이 1980년대 중반부터 성숙했다는 점도 지적한다.

단 유의할 점은, 패턴 연구가 비약적으로 발달하더라도 이른바 '만물 이론'과 같은 대통일 이론을 기대하기는 난망하다는 점이다. 따라서 자연이 어떤 원리에 따라, 어떤 과정을 거쳐서 그토록 질서 정연하고 다채로운 패턴들을 자발적으로 형성하는지 살펴본 이 3부작의 내용은 '패턴 형성의 이론'이 아니라 '패턴 형성의 이론들'이다.

그중에서도 『가지』는 나뭇가지처럼, 혹은 혈관망처럼, 혹은 눈송이처럼 하나의 줄기에서 더 가느다란 줄기가 뻗어나와 복잡한 망을 이룬 구조들을 살핀다. 대상은 다양하다. 어째서인지 늘 6각으로만 형성되는 눈송이, 돌 속에 침전된 광물이지만 그 구조가 나뭇가지와 워낙 닮아서 종종 화석으로 오인되는 모수석, 하늘에서 내려다보면 꼭 나뭇가지를 닮은 강물의 지류. 좀 다른 형태의 그물망들도 있다. 이그러진 벌집 모양으로 갈라진 호숫바닥, 6각 주사위처럼 갈라진 바위, 유화 표면에 자글자글 갈라진 실금.

책은 이처럼 '갈라짐'이 공통점인 다양한 현상들의 형성 원리를 살펴본다. 생물학적 현상도 있고, 무생물계의 현상도 있다. 대개는 그렇지 않지만 나무처럼 목적론적으로 성장하는 구조도 있다. 언뜻 서로 무관해 보이는 현상들이 바탕에서는 유사한 원리를 따른다는 사실이 밝혀지기도 했고, 서로 비슷해 보이는 현상들이 알고 보니 전혀 다른 형성 원리를 따른다는 사실이 밝혀지기도 했다. 그래도 어쨌든 관통하는 키워드를 꼽으라면 프랙탈, 멱함수 구조 정도일 것이다. 기저의 원리를 밝히는 것은 꿈도 못 꾸고 단지 패턴을 재현하는 시뮬레이션 모형을 구축하는 데까지만 나아간 경우도 많다. 패턴을 이해하는 것은 그만큼 어려운 일이다.

그래도, 왜 편지 봉투를 종이칼로 찢으면 깔쭉깔쭉 뜯길까(전문용어로는 사이클로이드 형태라고 한다.), 왜 도자기 표면에 갈라진 호수 바닥과 비슷한 균열이 생길까, 왜 나뭇가지와 혈관망은 비슷하게 생겼을까 등등의 의문에 답을 들을 수 있다는 것은 신기한 일이다. 이런 연구가 단순히 형태를 비슷하게 재현하는 알고리듬을 알아냄으로써 가령 컴퓨터 그래픽에 쓸 그럴싸한 해안선을 그리는 데 그치는 것이 아니라는 점, 과학자들은 종종 형태를 재현하는 시뮬레이션으로부터 형성 원리를 밝힐 단서를 얻고 나아가 응용의 발상까지 얻는다는 점도 엿볼 수 있어 흥미롭다.

김명남

도판 저작권

1.1 Photo: Kenneth George Libbrecht, California Institute of Technology

1.4 Photo: Kenneth George Libbrecht, California Institute of Technology

1.10 Photo: (a) Lynn Boatner, Oak Ridge National Laboratory, Tennessee. (b) Eshel Ben-Jacob, Tel Aviv University

1.13 Photo: Kenneth George Libbrecht

1.14 Photo: Kenneth George Libbrecht, California Institute of Technology

1.15 Photo and image: (a) Kenneth George Libbrecht, California Institute of Technology; (b) Harry Eugene Stanley, Boston University

1.16 Images: Janko Gravner and David Griffeath, from Gravner and Griffeath, 2008.

1.17 Images: Janko Gravner and David Griffeath, from Gravner and Griffeath 2009.

2.1 Photo: Tamás Vicsek, Eötvös Loránd University, Budapest

2.3 Photo: (a) Mitsugu Matsushita, Chuo University; (b) Vincent Fleury,

가지

University of Rome 'La Sapienza';
(b) Paul Meakin, University of Oslo

3.12 Photo: Sean McGee

3.13 Images: Arne Torbjørn Skjeltorp, Institute for Energy Technology, Kjeller

3.14 Image: Paul Meakin, University of Oslo

3.15 Photos: Steffen Bohn, The Rockefeller University, New York

3.16 슈테펜 본(Steffen Bohn)이 친절하게 제공했다.

3.17 Photos: Stephen Morris, University of Toronto. (b) from Goehring et al., 2006.

3.18 After Jagla and Rojo, 2002.

4.1 Image: Andrea Rinaldo

4.4 Image: Roland Lenormand, Institut Français du Petrole, Rueil-Malmaison

4.5 After Stark, 1991.

4.6 Image: Andrea Rinaldo, University of Padova

4.7 Photo: Phillip Capper

4.8 Image: Chris Paola, University of Minnesota

4.9 Photos: Adrian Daerr, ESPCI, Paris

4.12 Image: John Beale

4.13 Images: Bernard Sapoval, CNRS

Ecole Polytechnique, Palaiseau

4.14 Image: Andrea Rinaldo, University of Padova

4.15 Photos: Vicsek Tamás, Eötvös Loránd University, Budapest

4.16 Photos: (a) Cristian Ordenes; (b) Vance Bergeron, Ecole Normale Supérieure, Lyons

5.1 Photos: (a) Henry Brett; (b) Kyle Flood; (c) Amanda Slater; (d) Andrew Storms

5.4 From Prusinkiewicz and Lindenmayer, 1990.

5.5 From Prusinkiewicz and Lindenmayer, 1990.

5.6 From Schreiner et al., in Brown and West (eds), 2000.

5.7 Photo: Barry R. Masters, University of Bern, 에모리 대학교의 페레이둔 패밀리(Fereydoon Family)가 친절하게 제공해 주었다.

5.8 Photos: (a) Lars Hammar; (b) Gary Rinald; (c) Peter Shanks

6.4 Images: a는 다음 사이트에서 구할 수 있는 NetLogo 소프트웨어로 그렸다. http://ccl.northwestern.edu/netlogo/; b: courtesy of Paros Oikonomou and Philippe Cluzel, University of Chicago

6.5 Image: Hawoong Jeong, Korea

Advanced Institute of Science and
Technology

e.1 Photo: Edwin Thomas, Massachusetts
Institute of Technology

e.2 Photos: (a) Stefan Müller, University
of Magdeburg; (b, c) Harry Swinney,
University of Texas at Austin

e.3 Image: David Cannell, University of
California at Santa Barbara

e.6 Photo: Michel Assenheimer,
Weizmann Institute of Science,
Rehovot

e.9 Images: (a) from Cross and
Hohenberg, 1993, after LeGal, 1986;
(b) David Cannell, University of
California at Santa Barbara; (c) from
Cross and Hohenberg, 1993.

e.10 Image: Alastair Bruce, University of
Edinburgh

(화보)

1 Photo: Kenneth George Libbrecht,
California Institute of Technology

2 Photo: Maciej Szczepaniak

3 Images: Eshel Ben-Jacob and Kinneret
Ben Knaan, Tel Aviv University

4 Photo: Lucas Goehring, University of
Toronto

5 Photo: Stephen Morris, University of
Toronto

6 Photo: NASA/Eros Data Cente

7 Photo: Jim Kirchner, University of
California at Berkeley

8 Photo: Simon Davidson

찾아보기

가지

가지

김명남

카이스트 화학과를 졸업하고 서울 대학교 환경 대학원에서 환경 정책을 공부했다. 인터넷 서점 알라딘 편집팀장을 지냈고 전문 번역가로 활동하고 있다. 옮긴 책으로 『지구의 속삭임』, 『우리 본성의 선한 천사』, 『정신병을 만드는 사람들』, 『갈릴레오』, 『세상을 바꾼 독약 한 방울』, 『인체 완전판』(공역), 『현실, 그 가슴 뛰는 마법』, 『여덟 마리 새끼 돼지』, 『시크릿 하우스』, 『이보디보』, 『특이점이 온다』, 『한 권으로 읽는 브리태니커』, 『버자이너 문화사』, 『남자들은 자꾸 나를 가르치려 든다』 등이 있다.

가지

1판 1쇄 펴냄 2014년 4월 11일
1판 4쇄 펴냄 2023년 9월 15일

지은이 필립 볼
옮긴이 김명남
펴낸이 박상준
펴낸곳 (주)사이언스북스

출판등록 1997. 3. 24.(제16-1444호)
(06027) 서울특별시 강남구 도산대로1길 62
대표전화 515-2000, 팩시밀리 515-2007
편집부 517-4263, 팩시밀리 514-2329
www.sciencebooks.co.kr

ISBN 978-89-8371-653-8 04400
ISBN 978-89-8371-650-7 (전3권)